量子思维

Quantum Thinking

钱旭红 等◎著

华东师范大学出版社
·上海·

图书在版编目（ＣＩＰ）数据

量子思维 / 钱旭红等著 . —— 上海 : 华东师范大学出版社 , 2022
ISBN 978-7-5760-3407-3
Ⅰ . ①量… Ⅱ . ①钱… Ⅲ . ①思维形式—通俗读物Ⅳ . ① B804-49
中国版本图书馆 CIP 数据核字 (2022) 第 222215 号

量子思维

著　　者　钱旭红 等
策划编辑　王　焰
责任编辑　王海玲　朱华华
责任校对　时东明
装帧设计　卢晓红

出版发行　华东师范大学出版社
社　　址　上海市中山北路 3663 号　邮　编 200062
网　　址　www.ecnupress.com.cn
电　　话　021-60821666　行政传真 021-62572105
客服电话　021-62865537　门市（邮购）电话 021-62869887
地　　址　上海市中山北路 3663 号华东师范大学校内先锋路口
网　　店　http://hdsdcbs.tmall.com

印 刷 者　苏州工业园区美柯乐制版印务有限责任公司
开　　本　890 毫米 × 1240 毫米　1/32
印　　张　9.25
字　　数　253 千字
版　　次　2023 年 1 月第 1 版
印　　次　2023 年 12 月第 2 次
书　　号　ISBN 978-7-5760-3407-3
定　　价　55.00 元

出 版 人　王　焰

（如发现本版图书有印订质量问题，请寄回本社客服中心调换或电话 021-62865537 联系）

《量子思维》撰写人员

序　言　　　　钱旭红

序言补记　　　钱旭红

第一章　　　　钱旭红

第二章　　　　黄国翔　马　雷　吴　健　杨　涛

第三章　　　　郦全民　吴冠军　朱广天　何佳讯　邓玉欣

　　　　　　　徐　鸣　吴瑞君　刘世洁

第四章　　　　郦全民　朱　晶

第五章　　　　吴冠军

第六章　　　　朱广天　杨　洁　郑蝉金　曹　妍

第七章　　　　何佳讯　张　迪　刘世洁　胡静怡

第八章　　　　"跨越时空和学科及生命的

　　　　　　　量子学说与量子思维"项目组

序　言

整 40 年前,1982 年我在读研究生时,开始正式学习并接触量子力学、量子化学、色彩与药理的量子化学计算等,刚 20 岁的我总隐约感觉到量子学说那难以言表的出人意料和深不可测,似乎和我们的宏观的生活或者工作感受也有相当的关联性,但又不敢完全确定,所以不敢说出来,生怕被人笑话,只能自己在心里胡思乱想、暗自琢磨。

此后的几十年,随着学习研究工作阅历的增加和岁月的流逝,我越来越确定量子学说不应该只适用于科学技术,还应该适用于其他领域。2012 年 4 月,那时我担任华东理工大学校长近 8 年,作为新晋院士做科普报告时,就开始倡导并推介"量子思维";当年 10 月出版的随笔《改变思维》(第一版),主要内容之一就是描述量子思维;当年 12 月,在英国女王大学授予我荣誉博士的仪式上,我发表演讲,题目和内容就是"Superthinking"(超限思维),这个英文词是自己专门硬造出来的,用以概括我所强调的量子思维和老子思维。被誉为欧洲第一科技人文杂志的《新发现》2015 年第 12 期(中文版)专辑介绍"量子思维"。该专辑指出,当时认可这种思维的人,全世界不会超过两位数。2015 年,校长任期届满后我卸任回归学术,应邀兼任上海科普作家协会理事长,推介"量子思维"更成为我乐此不疲的爱好。2018 年 1 月,调任华东师范大学校长伊始,就立即抽出时间、组织人力,关心量子学说的相关科研、量子思维的认知和普及。

20 世纪初建立的量子力学是人类历史上最伟大的科学革命之一。诞生一百多年以来,它在科学领域取得了辉煌成就,颠覆性地改变了物理、化学、生物等基础学科,推动了信息、能源、材料和生命等领域的空前发展,催生了以现代信息技术为代表的产业革命,促进了社会经济的极大繁荣。量子技术及其产业已成为当今世界各国竞争的制高点。我国政府也高度重视量子技术的发展,2020年10月16日,中共中央政治局会议就量子科技研究和应用前景进行了专门的集体学习,并要求加强量子科技发展战略谋划和系统布局。

量子时代的到来,为我们提供了观察、感知、研究、改变世界的新视角。简单地说,量子论既适用于微观、部分宇观和部分宏观世界,也适用于生命、生态的世界。由量子论衍生出来的量子思维是一种有别于传统经典思维(即牛顿思维)的崭新的世界观和思维方式,它揭示人类思维方式的叠加、纠缠、不确定和跃变等特点,实际上是普遍而正常的真实存在。近年来,随着量子信息学的兴起,人们越来越意识到量子思维方式具有普适性。物理学的量子学说的诞生,使人们恍然大悟,量子思维其实一直在各个领域中悄无声息地运作、发酵、生长,一直润物细无声地改变着世界。

作为一种有关世界的认知和互动方式,量子思维与中国古典思维的模糊性、跳跃性、变化性等关系密切,精神相通,特别与老子的思维和表述方式非常类似,并在当今世界的不同领域中潜移默化地发挥着重要作用。因此,对量子思维的内涵及特征进行提炼、总结、加工、诠释,对人文社会科学创新、学校教育、组织管理、经济建设、产业发展和社会治理,必将具有重要而深远的意义。

我们需要思考的是,在这些形态各异的学科或者领域背后,存在着哪些量子思维所揭示的某些共同属性,从而使得我们能够跨越壁垒,以跨学科、超学科、多视角的研究方式,深度挖掘其潜在的根源与共性,探索一种以量子思维为基础的新的认知和发展方式?要回答这个问题,我们需要以前瞻的眼光,从量子论的物理背景与各学科的研究特点出发,发掘量子论在不同领域应用的多样性和复杂性,构建一种全新的统摄自然与人文社会科学的量子思维方式。

想清楚,就得做。2018年我们提出了"超限制造"概念并加以实施,后经论证，"超限制造"在2019年被列为上海市重大科技专项。该专项由华东师范大学牵头，基于光量子理论，发展飞秒激光内雕的微纳结构孔道的物质流芯片，以解决化学、化工、材料、医械、制药、生物等领域重大工程科学问题，实现超越极限的智能绿色高效制造，探索芯片上的工厂，改变产业形貌和生态。

2020年年初，我们组建了包括物理、信息、哲学、政治学、教育学、经济学、管理学、社会学等学科专家在内的研究团队，华东师范大学校内外的专家加盟，开展"跨越时空和学科及生命的量子学说与量子思维"内部立项研究，尝试用量子思维重新诠释探明各学科、各领域的诸多概念与原理，综合考察量子思维与现代文明的互动关系，为量子思维从理论探索推广到工具应用开辟新的研究方法与独特分析视角，为量子时代多学科、多视角的学科交叉与前沿创新，为卓越人才教育与培养，以及经济与社会等的发展和治理提供有效的方案。呈现在读者面前的这本专著，就是我们集体完成的研究成果。

需要特别指出的是，本专著提出的量子思维，目前并不涉及辨析人类大脑深部的物理运行机制，而只是对人类的认知行为与思维方式所呈现出的**类量子模式**的论述。量子思维的建立，也并非要替代牛顿的经典思维。事实上，量子力学理论建立之后，经典力学仍然在相当大的范围内适用。华东师范大学率先开展量子思维的跨学科研究，旨在让大家认识量子思维的重要性，从而在人类社会发展的新时代拥有且运用多样性、多元化的思维，使思维方式始终与时俱进。

2021年10月16日，在华东师范大学70周年校庆和中共中央政治局会议集体学习量子科技一周年之际，我们通过会议、网络、学报等途径公开发布了《量子思维宣言》，并在当月《哲学分析》上发表。在2021年10月《科学》(Science)杂志华东师范大学70周年校庆专刊《卓越70年：华东师大持续致力于前沿跨学科研究》（"70 years of excellence：ECNU's ongoing commitment to cutting-edge，cross-disciplinary research"）发表《超限制造：用于流动化学的芯片上工厂的大规模定制》（"Beyond limits manufacturing：Mass customization of factory-on-a-chip for flow chemistry"）和《跨越时空和学科及生命的量子学说与量子思维》（"Quantum doctrine and thinking across time and space，disciplines，and life"），介绍量子及其应用的科技进展。有趣的是，2022年5月，联合国教科文组织召开第三次世界高等教育大会，会议主题就是"超限：再创高等教育的新路径"（"Beyond Limits. New Ways to Reinvent Higher Education"），强调"采取量子跃迁式的进步方式去再创高等教育"（take a quantum leap to reinvent higher education），可见全球和教育界都已经正视量子思维日益增长的影响力。

　　本书是2021年发布的《量子思维宣言》的延续和拓展。我们深知本书有关量子思维的研究还只是一种初步探索，疏漏和不足在所难免，期待更多的学者、专家参与研究，也欢迎真诚的学术性批评和讨论。

钱旭红

2022年8月13日于上海

序言补记

众人关注的 2022 年度诺贝尔物理学奖和化学奖分别在日前和今天公布。非常巧合，此两奖的内涵突出了量子思维和老子思维的重要性，我十年前开始强调关注这两种思维及其类近关联性，可是时常有人困惑不解，而我则一直乐此不疲，看到今日结果，当然十分开心。

诺贝尔物理学奖获得者安东·塞林格（Anton Zeilinger）等，以纠缠光子确定贝尔不等式在量子世界不成立，纠缠光子之间的相互作用是非定域的（与距离无关），证明爱因斯坦等人对鬼魅般远距量子纠缠的怀疑是错误的。其研究真正推动量子力学从理论走向应用，开创了量子信息学及其量子计算、量子通信和量子精密测量等应用方向，为当下量子技术革命奠定了基础，并认为经典世界与量子世界不存在十分明晰的界限。

化学奖获得者夏普莱斯（Karl Barry Sharpless）等于 2001 年创立点击化学。他非常欣赏老子的一句话，"故有之以为利，无之以为用"，认为其道出了"点击化学"中的哲学真谛。20 年前，他几乎完全放弃了 2001 年获得诺奖的研究领域，义无反顾地进入全新领域，从而完成了另一个诺奖级发现。他认为，最高级别的创新不是已有事物的改进，而是做出大众想要却意想不到的颠覆。

让我们少点禁锢，多些前瞻。

钱旭红

2022 年 10 月 5 日

目　录

第一篇

基础与思想

第一章　改变思维之量子思维

1.1　经典思维与量子思维

经典力学的出现,对千万年来主要与宏观物质世界打交道的人类而言,意义非凡。经典力学认为世界事物都是由清晰的、非此即彼的经典粒子组成的,其规律规则都是由点、线、面、角、圆等清晰确定、无误差、纯理性的单元所组成的。但是当今,量子力学横空出世,我们逐渐发现,生活中的许多事物或现象并不严格遵守以牛顿力学等为代表的经典力学的规律,例如鸟的迁徙、人的嗅觉等。量子论逐渐主导人类社会物质文明,而人们几乎仍在不知不觉中继续使用经典力学的思维去应对世界,由此导致的混乱和错误不胜枚举。因此,人们不得不面对世界的底层是由"波粒二象性"的量子所组成的这一基本事实。原有的经典逻辑、经典概率,今天在多大范围内可以继续适用,成了我们迫切需要明晰或解决的问题。

1.1.1　经典力学与经典思维

在没有工具帮助我们观察世界的时代,人们主要依靠自身的各个器官直接感受宏观世界,或者说是感受量子性质弱化、量子退相干的宏观现象与结果,所以人类早期主要与宏观事物打交道,如土地、植物、矿产、钢铁、机械、采矿、运输等,无法了解微观世界的实际运作方式,觉察不到那个统治世界的神奇底层规律。而基于牛顿经典力学的经典思维由于适应了肉眼观察、惯性思维的时代需要,统治了我们的大脑数百年。

牛顿(Isaac Newton)是经典物理时代最重要的代表性人物之一,他继承与发展了笛卡尔(René Descartes)和伽利略(Galileo Galilei)的思想,以客观、精确、机械、惯性的数学模式描述了天体运动等自然规律。17 至 19世纪,甚至 20 世纪初期,牛顿力学观演化成主导西方乃至全人类思想和思维模式的世界观,与热力学、电磁学等结合在一起,催生了工业革命,人类发明并拥有了蒸汽机、火车、汽车、飞机等,推进了人类文明的发展。牛顿之后的几百年,人们在科学上的进步远远地超过之前 2000 年所取得的成就,而以牛顿为代表的经典力学也成为人们日常生活的常识,并深刻地影响着世人,直到现在。经典力学的成功和影响,不再仅仅局限于物理学,甚至超越了自然科学领域,渗透到我们生活的方方面面。

经典力学继承了人们观察研究规律时采取分割分解、合成还原的思考习惯,其最基本的假设是,世界可以划分为各个独立的部分(实际如此处理后,各部分之间相互关联的某些信息由此就丢失了,难以完全恢复),并由独立的各个部分组成。所以,整体可以被轻易地拆解成部分,而被拆解的各部分行为是独立的,并且是可以被"完全"掌握的。同时,部分规律之和等于整体规律,即部分之和等于整体(这又是一个有严重弊病的假设)。于是,人们顺理成章地认为,自然的一切完全就像一台精密的机器,通过机械连接相邻的独立部件,沿着确定性的轨迹运动。如此绝对的和机械性的痕迹,在人们思考与解决问题的过程中到处可见。

世界和生态曾被视为一台运行严密的机器,国家和社会也曾分别被视为一台机器。按照这个理论,企业也是机器,强调流程、标准、程序,甚至把工人也看作机器的一部分,只需要工人的手在流水线上重复动作。机械的分解还原论的方法几乎被用在自然科学研究的方方面面,比如西方医学强化解剖学来研究探寻疾病背后的机理,血液循环理论的创立可以看作机械自然观在人体结构和功能方面的运用。牛顿等开启的人类机器时代,每个事物都有自己的特定角色,人也是维持世界运转的一个部件。而具有角色多样性、复杂性、独立性的自由人,实际上不可能,也不能变成具有可替代性的工具或者机器,单调、重复、高强度的流水线工作会让人精神崩溃。用如此机械论看待人,往往面临许多局限。

基于经典力学的经典思维的另一个称谓,就是决定论思维。这种哲学思维方式,在18、19世纪曾是科学界以及其他各界的主流思维模式。对决定论最简单、简洁的理解,就是宿命论。决定论认为,所有的事件都是完全由其先前的事件决定的,不可更改,正确的道路是唯一的,不存在自由意志,不以人们的意志为转移,不存在过程的主动性、自由性。持这种思维的人,会认为一切事情从宇宙开始时便是注定的。宇宙始发的事件导致了后继的事件,此事件再导致随后的事件,因果相连的链条一直延续到现在和未来。经典思维使我们相信,天、地、人的规律可以是彼此完全不同的,生态与社会是可以分割的。忘记了世界因你而不同,记住的是"世界有你没你一个样",结果,持这种经典思维的一部分人成为世界的颓废的旁观者,这在个人奋斗的意义上是消极的。还有持这种经典思维的一部分人则走向另一极端,成为破坏者,认为自己已经掌握了世间的一切规律,可以为所欲为,能成为世界的主宰。如此的思维模式,产生了一系列社会、生态问题,甚至灾难。

1.1.2 量子力学与量子思维

16世纪科学兴起时,科学家认为世界或者宇宙应该是上帝创造,并由上帝操控的精密机械,科学家的使命就是找到它的使用手册。而今天的人们认识到,根本不存在这样的使用手册,因为这个世界的万事万物都是相互联系、相互影响的,我们无法操控某一个"部件"去单独实现某种"功能"。

依据牛顿定律,人们在踢足球的时候,球的抛物线轨道和落点可以被计算出来。但如果扔出一个量子,结果却显示出无数个该量子的粒子性或波动性轨迹、无数个落点等存在位置的概率可能性。量子物理学常常是违反直觉的,符合直觉的很可能就不是量子物理学!甚至量子问世之初,人们普遍认为其对自然界的描述很荒谬,是不可信的,但随后无数实验和事实证明了量子力学的可靠性和巨大作用。量子力学建立一百多年来，取得了无数次革命性的成功，从半导体到激光，从原子能到信息技术，从天体物理到宇宙早期演化，从基本粒子到物质结构等，导致了人类社会结构和生产生活方式的深刻变革。早在 30 年前，诺贝尔奖得主莱德曼（Leon Lederman）就指出，量子力学贡献了当时美国 GDP 的三分之一。现在，量子论可能已经是当代人类文明的主要贡献者，量子力学还在进一步以更大的步伐发展着。

在过去的传统机械工程、电机工程年代，一切事物几乎都以规范化、有秩序、惯性的方式进行，经典思维应用起来显然得心应手。但到了今天的信息时代，众多事物已经至少部分是由量子科技作为底层技术或者衍生出的初级版本的硬件为基础，如计算机芯片和网络等，测不准或者不确定性就会出现，牛顿经典思维已经很难广泛普遍适用。而一旦进入量子科技支撑的人工智能时代，牛顿经典思维的无力感将更为突显，量子思维的测不准、叠加、纠缠和跳跃等特有属性将分分秒秒地呈现出来。如，量子力学中有一个术语叫"量子纠缠"，它说的是各个量子所拥有的特性在相互作用之后已经综合形成一个整体，即便再把量子分开，它们之间仍然有关联，仿佛存在奇妙的超距作用。网络时代，时起时落、瞬间爆发瞬间消失的互动和舆情，国外出现的"社会激射"群众运动，就在一定程度上揭示了事物呈现出的新特征。

量子思维告诉我们，因为世界在底层基本结构上具有很强的关联性，所以我们应该以整体全面的眼光看待世界，即理解整体超越部分，整体大于部分之和，整体衍生出部分并决定了部分的性质。与此同时，部分也包含了整体的信息。世界具有全息"复数"性质，具有多样性、多维性、多种可能性、多样选择性。在人们观察、测量或者做决策之前，选择可能性是无限的、变化着的，可一旦人们最终选择完成，所有其他与之相悖的可能性，因人、事、物的波函数被微扰而崩塌，只剩下确定性。世界五彩缤纷，人、事、物有无数可能的发展方向，但由于与不同主观的互动，哪怕微扰般的互动，结果也会因时、因地、因人而不同。

量子思维告诉我们,微观世界的运行存在跳跃性、不连续性和不确定性。薛定谔(Erwin Schrödinger)及其后续的研究者都认为或发现,生命和人类是居于经典宏观世界和微观量子世界交界处的神奇存在,居于交界处的生命和人类的运行也存在跳跃性、不连续性和不确定性。人、事、物发展的前景不可精确预测。人、事、物间的联系互动具有"蝴蝶效应"般的特色,异常复杂。微观量子世界,以及具有宏观量子效应的世界,不可能在未被干扰的情况下被测量和观察到。这提醒人们,在厘清人、事、物活动过程的言行中,作为参与者的人,不可能完全客观,而总是处于至关重要的不可忽视的影响者或者干扰者的地位与角色。

在量子世界,观察结果与观察者密切相关,可谓仁者见仁,智者见智。这些都源自真实世界具有多种可能性的波函数,当你观察时,它才坍缩(collapse)为确定性状态,即你看到的模样。因此,就会出现这样的现象,某个问题你不认真看待它时,它就是认真的,反映了一定程度的真实;当你很认真对待它时,它又弥散稀薄而去,反映了相当程度的另一种真实。彼时,雾气就像你面前的一堵墙;此时,雾气就会被你的目光轻松地穿越而过。具体感觉和观察如何,取决于你当时的心情和目光。因此,基于量子理论的量子思维,其类量子模式的"真实"在于,你观察的待测事物,在未被观测时,它具有一种"复数"形式,既此又彼,从整体到局部,从宏观到微观,具有多种多样的可能性;而一旦被观测,被观察者所在的时空环境,以至于当时的心境与状态影响,就会被干扰而坍缩为一个与观察者相关联的精确状态,即具有"观察者效应"的唯一状态。心境与状态不同,看待事物的结果也会随之变化。事情怎么会变成这样?了解这一点后,我们可能会恍然大悟:海森堡(Werner Heisenberg)、泡利(Wolfgang Pauli)在初创量子论时乐于与心理学家交往以获得灵感……

1.1.3　经典思维与量子思维的关系

在过去近四百年的时间里,经典思维一直是近代科学的核心。人们出生并且成长于牛顿或者半牛顿的世界中,经过启蒙时代的洗礼,几乎所有人都把牛顿经典思维当成宇宙的真实图景和科学真理的体现,甚至视其为绝对真理,乃至是另外一种科学神学。尽管此后也有新科学的发展,但经典思维依然是我们现在普遍的、根深蒂固的、不容置疑的思维视角和模式。

如果说"波"与"粒子"两者泾渭分明、非此即彼,是经典力学所描绘的物质的主要特点,那么,"波"和"粒子"的复杂叠加、纠缠、不确定的"波粒二象性"就是量子力学所描绘的物质的主要特点。量子论强调物质的真实状态"是波也是粒子,非波也非粒子,还是波也还是粒子",它不仅整合了"波"和"粒子"特性的"波粒二象性",而且是完全超越于两者各自的一个全新状态,呈现的是"波粒子"的"波函数"。在这里,"波粒二象性"只是人们用经典力学和传统概念理解和诠释量子状态时一个折中性、无可奈何的趋近描述。真正理解物质的真实状态,不应在"波"和"粒子"之间做非此即彼的选择,而应进一步将两者融合并超越、超限,从而达到全新的概念和现实,即"波函数"。

更进一步讲,如果说"波"与"粒子"黑白确定、泾渭分明是经典思维描绘处理人、事、物的主要特点,那么,彼此难分、应景而变的"波粒二象性"是量子思维描绘处理人、事、物的主要特点。这种思维不是左右、矛盾、东西、古今等对立概念的是与否,或者单纯连接加和及互补叠加,而是融合的、第三个境界的、超越性的、全新坐标、更高维度的思维方式"波函数"。

经典的世界及其思维特征在于机械、肯定、精确、定域、因果、被动、计划,而量子世界及其思维带来的是差异、可能、难测、离域、混沌、互动、变幻。最典型的就是"薛定谔的猫"这个诠释,其是关于微观量子性与宏观经典性之间的关联。从经典思维的角度判断,猫要么是死的,要么是活的;而从量子力学或量子思维角度看,这个猫既是活的又是死的,仅仅在你观察时呈现为你所发现的那个唯一确定状态。经典思维与量子思维这两种思维导致两种迥异的世界观,分别影响着经济、社会和教育等领域。

过去人们认为微观用量子，宏观用经典，后来人们发现，量子与经典理论的边界并没有那么清晰，这使得两者的融合成为可能。如在 20 世纪 70 年代，计算机难以模拟复杂化学反应：使用牛顿的经典物理学，可以模拟真正的大分子，但无法模拟化学反应；使用量子物理学，可以模拟化学反应，但由于计算量巨大到无法实现，故只能应用于小分子上。莱维特（Michael Levitt）等人开创性地将经典物理学与量子物理学相结合，解决了蛋白质和药物设计，实现了经典理论与量子论的融合，也因此获得了 2013 年的诺贝尔化学奖。

牛顿经典思维理解处理世界人、事、物的原则是，相邻的不可分割，不相邻的可以分割处理，事物具有静止或者运动惯性；经典思维以机械分割的理念看待生态与社会，"格式化"是时常出现的认知和言行特征。而量子论则认为，相邻的不可分割，不相邻也不可分割，因为世界是一个相互关联的整体，事物在静止或者运动中具有跳跃性；量子思维以非定域、纠缠等关联的理念看待生态与社会，"不确定"是时常出现的认知和言行特征。

我们需要关注的是，完整诠释世界的理论既包括经典思维，也包括量子思维，并非哪个思维更重要，而在于哪个思维更有效、更可靠地诠释世界、改变世界、兼容世界。经典不限于宏观尺度，量子不限于微观尺度，经典和量子可以双向渗透与互补，从而为我们呈现一个多姿多彩、多样性共存、各有魅力的世界。

从薛定谔方程可以衍生推导出牛顿方程，反之，则无法做到。正像经典力学是量子力学的特例，经典思维也应该是量子思维的特例。世界的根本底层规律是量子性的，而量子性主要体现在但又不限于微观世界；我们经常打交道的是世界宏观的部分，而经典性主要体现在但又不限于宏观世界；但毫无疑问，越微观、越无形，量子性越强。具体现实中哪一种思维更适用，得视具体情况，运用前的判据可包括被观察研究对象的空间尺度大小、时间长短、复杂程度和经典方法是否失效等。

1.2　量子思维与老子思维

面向世界和未来,清醒、平和、虔诚地面对我们的中华文明史和科技史,做到自省、自觉、自信,是当代人应有的态度。中华文明固有的思维和精神的基因,在历史长河中几经变迁,仍旧熠熠生辉。

汤因比(Arnold Joseph Toynbee)长期研究以希腊模式为代表的西方文明和以中国模式为代表的东方文明。他曾直言不讳地预言,人类的希望在东方,中华文明将为未来世界转型和 21 世纪人类社会提供无尽的文化宝藏和思想资源。他认为,中国培育的强调相互关联、不可分割的"融合与协调的智慧"给人类前途以无限的启示并推动人类的发展。儒家的仁爱,为中华文明提供了能整合人类社会的人文主义价值观。佛教的中道思想,使中华民族在漫长岁月中有分寸地建立和坚守着自己的文明。道家对宇宙与人类相互关系的认识和对自然和谐的追求,以及对人类统治与征伐自然和环境欲望的嘲笑,为人类文明提供了节制性与合理性永续发展的哲学基础。

在华夏这片土地上,老子学说和孔子学说都体现了全球性的特征,但老子的学说中有一点很突出,即凡事不主张过多的人为干预推动。相当一部分对老子有认同的东方人或者西方人,科学家或者政治家,发自内心地尊敬他的学说,多位在量子物理或者化学方面做出突出贡献的诺贝尔奖获得者对老子及其学说充满崇拜和敬仰。老子学说在海外的传播过程,虽然没有太多外力的支持,看似"无为"的过程,却产生了良好的结果。这就是老子学说的影响力。一个国家、一种文明应该有能够影响全世界的魅力,这正是我们目前所缺乏的。

量子力学的"波粒二象性"有三层内涵:"光既是波,也是粒子","光不是波,也不是粒子","光仅仅是光量子"。千年前由道近佛的禅修者常说"见山是山,见水是水","见山不是山,见水不是水","见山只是山,见水只是水"，其中已经有某种类似于量子思维的思维方式。尽管古代中国没有任何实质的量子力学科学实验基础，但在冥冥之中，中华的道家哲理和文化已经与量子思维具有一定的类近性。

量子思维和老子学说在某种意义上是互通的。"道，可道，非恒道；名，可名，非恒名"，就是相当程度的不确定、测不准。在《道德经》中，对于道本体，多态叠加、纠缠关联、恍惚、测不准一类的描述比比皆是，达十数章之多，这可能也是人们几千年来难以真正读懂《道德经》的原因之一。玻尔（Neils Bohr）在解释其量子物理理念时也欣喜于中国道家学说表达了他想表达的意思，近日二度获得化学诺奖的夏普莱斯曾经长期每天花一小时研读老子的《道德经》。

老子讲"三生万物"，从思维的角度来理解，"三生万物"提醒我们要注意事物的多样性、差异性、复杂性、创造性。当你遇到什么事情，进行分析，或者讲话，找三个不同的切入点或者支点，就能在一定程度上代表整体。《道德经》总共不过五千言，但我们可以从人文的角度看，可以从理工的角度看，也可以从国家治理的角度看，甚至可以从军事的角度看，它也是多态叠加的。

《道德经》中看似短短的几句话，实则告诉我们新的思维方式、新的方法。"无"与"有"二者同出于"道"而异名，"无，名天地之始；有，名万物之母"，无之奥妙不确定，有之明晰有边界，有无相生，"同谓之玄，玄之又玄，众妙之门"，这些都类似于一种"无有二象性"。如果说"无"接近于"波动性"，那么可以说"有"接近于"粒子性"。

13—14世纪在意大利各城市兴起的文艺复兴，于16世纪扩展到整个欧洲，掀起了思想解放运动以及科学与艺术革命，揭开了西方近代文明的序幕。对宏观世界理性的、实验性的把握，是欧洲超越古代中国而成为世界文明的领先者和中心的重要原因之一。17世纪，牛顿建立了经典力学，18至19世纪，热力学、麦克斯韦（James Maxwell）电磁学相继问世，从而奠定了近代工业的基础。热力学三个定律，犹如真正的上帝，将宇宙里的一切做了根本性的、不可逾越的规定,使产业进步、社会进步有了方向和动力,使辨别谬误有了根本的标准参照系。

20 世纪,在人们认为经典理论和思维成为"天经地义"或者"绝对真理"的时候,横空出世的量子力学奠定了现代产业和社会形态的基础,衍生出激光、超导、半导体、电脑和网络;DNA 双螺旋和人类基因组计划,催生了当代医学和生物及材料产业。对微观世界的深刻把握,使世界又发生了不同于 17 至 19 世纪的惊人变化。美国得益于此,取代欧洲成为世界文明的领先者和中心。

近现代,长期引领世界的中华文明落后于世界一百余年,于是我们不停地学习西方并开始追赶,社会与科技有了蓬勃发展。然而我们需要注意到,从中学开始,我们就学习牛顿力学,即使在大学也很少学习或者关注量子力学,因此容易被惯性的、经典的牛顿式思维所俘虏,会习惯性地从"波动性"或者"粒子性"中简单地二选一,被确定性思维影响和固化,造成了我们思维和言行上常常出现不由自主的惯性。如此我们就会既丢掉了本民族固有的"有无相生",有无"同出而异名""玄之又玄"的玄妙"不确定"思维,又受制于东方民族崇古唯上的思维和西方的牛顿经典思维。而陷入思维僵局或者陷阱的人,是难以走到最前沿、引领未来的。

"改变思维",不是指一种思维向另一种思维的转变,而是强调从单一性思维向多样性、融合性思维的转换,从局限性思维向超越性、超限性思维的转换选择。"改变"的前提是同时拥有全面而多样的思维,如一个人走向卓越的必不可少的四种思维,即形象思维与逻辑思维、批判性思维与创造性思维,否则谈不上改变。改变思维,既要回归本源,又要走向"更现代"。量子学说和老子学说本身包含了形象与逻辑、批判性与创造性这四种思维,是综合培养训练四种思维最好的实践和素材。

量子思维是更前沿并更根本的底层性思维、第一原理性的思维,老子思维是源自中华且能影响全球的最具普适性的思维、本源性思维。在有关世界本体和规律认识方面,量子思维与老子思维有相当程度的类似性和包容性,两者的结合体现了古代和现代、西方和东方、科技和人文、传统和前沿等多方面的结合,一定能产生出诸多精彩。

比如,"中国人更偏向于辩证思维,而形式逻辑思维比较少"这种状况是近一千年、几百年才有的思维倾向,并不是一开始就如此,而且以墨子学说为代表的形式逻辑和数理思想在产生之时极其超前。由于没有及时反思、自省、弥补和超越,我们的民族和文明在近现代遭遇了命运凄惨的一百多年。从严格意义上讲,中国在春秋战国的百家争鸣时期,文化、思维、精神方面都非常辉煌,之后才逐步地衰微。因此,我们要回归本源,想一想为什么春秋战国时期产生了像老子、庄子、孔子、墨子这样的人物。我们在欣赏、汲取西方文明的同时,在任何时候都不能忘记我们自身的文明传统和应有的担当,不能忘记立足全球的前沿,在当代重新出发,再为人类做出贡献。人类文明和科技的发展史,提醒我们需要自省、自觉、自信,我们需要不断更新观念、改变思维。我们既要依照老子的思维模式,回归本源,重新思考,流程再造,跨越各种人为的局限,更要运用量子思维,聚焦第一性原理,获得新发展的各种可能性,走向未来,不断超越。

1.3 量子思维与人文精神

从历史的长河中,我们可以清晰地看到经典力学和量子力学对我们生活的影响是天翻地覆的,同时在无意识的情况下,每个人的思维方式也随着知识体系的更迭而不断变化。经典思维和量子思维这两种思维方式对我们来说同等重要,缺一不可、相辅相成。

量子论从诞生至今已经有一百多年,它对科技的进步、社会的发展起到了巨大的作用。但是,因为量子论难以理解,与直觉惯性思维差异大,不易普及,对量子论的讨论绝大部分还限于自然科学与技术和工程领域,仍未完全地走进人文社科领域。这样就可能存在一个问题:我们虽生活在这个量子时代,但大部分人并不知道量子论对我们现实生活的影响。笔者认为,我们需要有所准备并面对的是,在过去的一百年间,量子论颠覆了整个自然科学与工程,在今后的一百年里,它有可能进而颠覆人文社会科学。

1.3.1　人类社会的危机

过去,我们习惯了源自牛顿力学的经典思维,认为事物之间泾渭分明,除极少数相邻的事物外,一切都可以分割处理,忽视了科技发展与人文社会的关联关系。当我们认知了源自量子力学的量子思维,就会明白事物之间并不都是泾渭分明的,一切都是一个整体,相互关联,或强或弱,无法分割处理。科技发展与人文社会本身就是两面一体。

众所周知,以人工智能、量子科技和合成生物学为标志的科技浪潮正在改变人们的物质生活和精神生活。一方面,科技是第一生产力,科技改变生活,是不争的事实;另一方面,科技快速发展带来很多问题,如人工智能带来的就业问题,基因编辑带来的伦理问题,无人驾驶带来的法律问题等。

由于人类对自身违反大道本源和规律的妄欲和贪婪缺乏认知和自律,科技发展就会带来严重的生态问题、社会问题、人的问题。我们中国人讲得道多助,失道寡助,道法自然。所谓道法自然,有两方面的含义:第一,人类要发现并遵从自然的规律,从而获得幸福,学会创造,发展文明;第二,我们可以在自然的容忍条件范围内充分利用这些自然规律,发明我们需要的工具,获得最大利益。

如果人类能充分遵"道",则发展不会遇到大问题。但如果过度放纵自身的欲望,想尽办法发明更多的工具,掠夺性地改造自然、改造人类,将个人或者人类欲望甚至妄想放在第一位,就会给人类的生存和发展带来极大的问题,甚至带来危机,因为这些都涉及我们能否以德配天,能否合乎大道规律。

如,人工智能的普及使得人和机器的交流越来越顺畅,副作用是人与人之间的沟通越来越少,也越来越专门化。结果就是人与人之间情感纽带少,共同语言少,接触方式少,人的内心容易陷入孤独痛苦,因而会产生很多社会问题。而一部分失去工作且不必为食品等基本生存条件担忧的剩余劳动力,若不创造价值或者参与劳动,就找不到生存的意义,他们的内心也会非常迷茫空虚。针对这些情况,需要科技与人文融通来解决这些人的价值观、人生观、世界观问题,帮助人们找寻未来的意义。

实际上,真正能代表世界的只有世界本身,我们所有的一切都是从不同角度向它无限趋近,每一种方法都存在自身的缺陷。只有科技与人文思想的互学互鉴和交叉融合,才可能解决人类社会面临的共性难题和重大挑战。

1.3.2 新文科,新思维

量子科技和思维驱动的社会大变革时代,一定是哲学社会科学大发展的时代。人文哲学社会科学的发展水平反映了一个民族的道德水准、思维能力、精神品格、文明素质,关系到社会的繁荣发展。文科教育能培养有自信心、自豪感、自主性的新人,产生有影响力、感召力、塑造力的文化,是形成国家民族文化自觉的主战场、主阵地、主渠道。但是,当今世界弥漫着对于人类精神走向衰微甚至终结的悲观情绪,不少人认为不久的未来,人工智能将超越人类。这种观点的产生在很大程度上是因为人们囿于经典思维,对量子思维缺乏了解。要想走出这样悲观的情绪,就需要发展新文科以指导人们的生产和生活。

在经典自然科学领域中,如研究日全食,研究对象和研究者本身以及所使用的工具,即主体和客体是可以完全分离、区分的;而在人文社会科学中,如研究自己、研究社会,研究对象和研究者本身以及工具,即主体和客体具有不可分割性。无独有偶。在量子物理中,被观察对象的属性与观察者的存在以及所使用的观察工具的相互微扰不可能完全杜绝,难以完全分离,观察者或者观察工具的微小变动,都会对观察结果造成不可忽视的影响,这几者常常是糅合在一起的,难以区分清晰。

传统上,自然科学与人文社会科学,包括心理学,其表现形式和内涵规律普遍存在明显差异。而用量子思维的眼光看世界,发现前后两者的差异有缩小的趋势,两者逐步走向弥合。以心理学为例,玻尔是最早进行量子论和心理学的类比研究的人,海森堡也曾指出量子论与心理学的诸多联系和方法上的相似之处,强调研究对象和测量工具的不可分割性。量子物理和人文社会科学相距并不遥远,在方法上有一定的相似性,只在关注对象方面有所差别。

量子论的影响超出了科学范围,在哲学乃至宗教领域引起强烈的回声,揭示出我们存在于一个"参与者的宇宙",一切认识都是相对于参与者、实验者、观察者、认识者而言的,都是打上标记烙印的。但是目前,我们的许多人文社科研究仍局限于用经典思维的理论和手段去研究宏观的、群体性的现象,而没有关注到微观的、个体的性质,也没有注意到具有量子特性的"社会激射"群体现象。因此,在未来文科的发展中,可以利用量子思维的工具、理论,在考虑研究对象、研究者以及工具间的不可分割性的同时,研究社会与人的关系。

新文科建设既是对传统人文社会科学的传承、创新与发展,也要求将科学技术因素融入人文社会科学之中,实现多学科的融合与创新。因此,我们认为,新文科建设重在构建新的学科范式和人才培养模式。新文科发展不仅应该关注知识和技能,更应关注思维和精神;不仅要关注智慧,更要走向智能;不仅要注重并保持传统文科特色的思维发散与收敛,也要实现基于量子思维的新文科的创造与发展。新文科应该为人类的和平发展和国家的卓越发展服务,为培养卓越人才服务。

新文科建设需要转变"育人"理念,强化"使命"意识。长期以来,由于人类最根本的世界观和思维方式是由"科学",特别是经典科学所塑造的,我们早已习惯了使用基于牛顿力学的经典思维方式或沿用传统的经典力学对世界进行解释。基于这种经典思维的育人理念,通常体现为格式化、因果论、非此即彼、惯性判断,这导致长期以来固化的育人理念和流水线生产的育人模式,进而存在着机械、被动、计划、僵硬、不灵活、单一等缺陷。高校新文科建设应该构建面向未来、具有全球视野的育人观,这种育人观就是圆通包融、超越超限的新思维模式。我们要推行中西之和,培养学贯中西的创新型教育家;加强古今之和,把中国传统文化根植在"数字土著"的血液中;推崇经典与量子之和,促进两种不同思维方式的互补、渗透与双向延伸;还要坚持文理之和,为学生构建科学精神、人文精神和信仰精神。在开拓文科学术研究新领域、新方法、新模式的基础上,通过学术卓越追求育人卓越,进而推动文科教育的创新发展,培养能够担当民族复兴大任的新时代文科人才。

新文科建设需要在保持传统文科研究优势的基础上,实行适度的量子跃迁、量子转向,更好地推动科技与人文的融合。国内外的研究表明,运用量子思维可以为解决人文社会科学中的"复杂问题"提供新的视角、问题和方法:量子思维正在给语言学中"多态叠加"研究带来革命性变化;量子理论和思想对哲学产生了巨大的影响,应用量子思维使得哲学开拓出更多方法和可能性;在管理学探索中,无论是否标示"量子思维"这个关键词,要想在研究中体现针对"不确定性"的先进性和前沿性,量子思维都是基本的前提和潜在的假设,比如,颠覆性创新、共享经济、平台模式、商业生态和可持续发展等,无一不是以量子思维为基础的;在教育领域,量子思维对于揭示教育本质、指导育人行为、呵护个体差异、革新教育评价都有重要价值。

1.3.3 未来的科技与人文

如今这个时代物质丰富,但是人们的思维水平和精神境界参差不齐,社会整体处于亚健康状态。人工智能和合成生物学的发展告诉人们,一个物质更加丰富的时代有可能来临,超人类革命有可能发生,如果处理不好物质与精神、科技与伦理之间的关系,届时社会将产生更大的动荡。因此,我们需要在发展科技的同时,注意提供人文滋养和关怀,防止人类的异化,让人类成为超越自身局限、地球局限并拥有无限关怀的宇宙物种。

在当今时代,我们要特别强调科技和人文的相互关联,如果把科技与人文分开,只是把科技当作实用的手段,而不是从人类道德和人所承担使命的角度来强调科技,将会产生一个非常大的缺憾,导致人本身的异化。假如在人文学科发展的过程中只强调与科技的分离,就会导致人文学科自身解决现实问题能力的缺失。

深受量子论影响的现代科技可以给人文学科研究提供新的研究材料、新的理论工具、新的技术手段,比如说"大数据"技术。首先,它可以成为人文学科研究的新材料,以往人文学者解读文字、声音、图像,而现在要进一步学会解读数据,能够透过数据不只是看到因果关系,更重要的是看到一些前人所没有看到的、无法看到的关联、同步、涌现等关系;其次,人文学科应该充分利用"大数据"发展而来的数据库、云计算等分析工具,实现人文学科研究的升级转换。

人们在发展科学时要顾及社会和自然的伦理,所以才有了环境伦理、动物伦理、医学伦理等。不过,以前这些伦理是在后面追赶先行的科学。例如在绿色化学时代,化学跑在伦理学的前面,就必须给化学套上"笼头"和"紧箍咒",即伦理帽子,使之不伤人,不伤害自然生态;进入转基因时代,伦理拼命想给转基因套上"笼头",虽然最后是套上去了,但并没有出现有学术规范性的"绿色转基因"的说法。现在比转基因影响更大的,是人工智能。比较而言,化学针对材料,转基因针对动植物,而人工智能针对人类,这决定了现代伦理学或者未来伦理学不能再等待,应该超前发展,主动地和人工智能合作,引导发展有伦理的人工智能。这就要求提前大力发展相关的伦理学,制定一整套人工智能的伦理规范,培养产业和社会需求的"首席伦理官"阶层。现代科技发展不断加速,我们的确可以用外在的力量控制它,而更好的方法是让人文内嵌于科技,让制约的力量从科技内部随之产生。老子思维强调"大制无割""道法自然",量子思维强调叠加、纠缠、不确定等整体关联。目前人为的分割性、孤立性、确定性的处理模式比比皆是,某些在我们国家表现得尤为突出,而自然的融合互补、超越跨界行为模式,人们却很少关注。许多复杂性难题、重大挑战阻挡在人们面前,这些都需要探索、研究、应用量子思维去加以解决。

比如,在资源利用方面,人们习惯强调发掘"有用的成分",而不是"成分的有用",结果效益低下、资源浪费和环境污染同时出现;人们按照自己的喜好对社会或者生态进行分割化、格式化、标准化操作,结果多样性消失,引起失衡和混乱;人为设置的产业行业的划分及区别,常常是画地为牢,重复浪费;人为僵化地认为流程工业和离散工业互不相干,化工和电子没有关联,就出现了我们的集成电路和芯片制造很容易被人卡脖子、设绊子;在育人培养中过多地强调分科学习,背离了全面而自由发展的初衷,使得被培养者可能出现学科性格、专业性格,甚至偏向偏执,从而难以实现健全成长或者卓越发展。

由此可见,未来的科技与人文的发展趋势,就是交叉、融合、升维,各种羁绊、界限、分科等人为的自我设限,应该使之逐步融化消失。与此同时,人类未来新形态的文明,将会展现在方方面面。以下所列举的形貌和内涵及其界限可能会消失或者部分消失,如居家与办公,实验室与工厂,城市与农村,大楼与田间,穿戴与出版,外科与内科,西医与中医,机器与人智等。

最为惊人的变化,是在面向重大需求时或者在共性关键问题的解决过程中,将会出现科技与人文间数个学科专业相互交叉、融合、跨越的超学科或超专业,由此培养出许多卓越的人才。这些卓越的他或者她,不再可以被单独清晰地分辨出属于哪个学科、专业、行业、产业,他或者她可一专多能,可以应付甚至引领不同的行业产业,并使这些行业产业融合发展。而这些未来的卓越男女每个人都会有多个称呼或者头衔,例如科学家+工程师+艺术家。

2022 年 5 月，在西班牙巴塞罗那由联合国教科文组织召开的第三次世界高等教育大会上，我们欣喜地看到，有关全球高等教育的 2030 路线图主题就是"超限：再创高等教育的新路径"，拟采取的步骤包括"量子跃迁""重塑""超学科""新路径"等。这也从一个侧面告诉人们，立足前沿并面向未来的探索者们所见略同。对我们所有人而言，要想预测、应对并引领未来的变化和趋势，了解并掌握量子思维非常重要且必不可少。

第二章 量子理论的形成、特征及其
对科学技术领域的影响

2.1 量子论的诞生与发展

19 世纪的最后几年,物理学的研究推进到了微观领域,相继在实验上有了一连串著名的发现:1895 年伦琴(Wilhelm Röntgen)发现 X 射线,1896 年塞曼(Pieter Zeeman)发现原子谱线分裂效应,1897 年汤姆逊(Joseph Thomson)发现电子。物理学是建立在实验基础之上的科学。实验物理学在微观领域中的进展为经典物理学向近代物理学过渡打下了基础,量子论就是在这个背景之下诞生的。

2.1.1 "量子"的诞生

19 至 20 世纪之交,经典物理学已经发展到一个相当"完美"的阶段,牛顿力学、电磁学、热力学与统计物理学的理论体系基本成熟。当时物理学界的流行看法是,物理学的大厦业已建成,物理学没有什么新东西有待发现,剩下的就是如何修补、装饰这座大厦了。

然而,英国物理学家开尔文(Lord Kelvin)觉察到经典物理学的"不祥之兆"[1]。他在 1900 年明确提出,在热和光物理理论的上空仍飘浮着两朵小小的"乌云",即经典物理学中的黑体辐射理论和光以太学说理论在实际运用中遇到的困难。使人意想不到的是,其后正是从这两朵"乌云"中分别结出了量子力学和相对论两个重大硕果,颠覆和重塑了物理学的理论体系。

量子力学发源于上述两朵"乌云"之一,即黑体辐射的研究,这最初源自人们在炼钢炉的高温段所遇到的温度测量误差问题。基于经典统计力学推出的瑞利-金斯定律,在高频段与实验不符,造成了所谓的紫外灾难;基于实验经验得出的维恩(Wilhelm Wein)近似在低频段与实验不符,使人迷惑不解。为了解决上述困难,德国物理学家普朗克(Max Planck)大胆地提出一个新公式。该公式与实验数据符合得很好,且在低、高频段分别与瑞利-金斯定律和维恩近似的结果相一致,从而解决了上述难题。普朗克的这个工作,不仅在于发现了一个新公式,还在于提出了一个重要的假设,即被黑体吸收或辐射的能量不是连续分布的,而是与频率成正比,一份一份地以离散化的形式存在。1900 年 12 月 14 日,普朗克在德国物理学会报告了他的发现[2],并将他所认为的一份一份的能量的基本单元 $\varepsilon = h\nu$(ν 是频率,h 即后来所说的普朗克常数)称为"能量单元"(energieelement),不久又改称为"能量子"(elementarquantum)。这一天就成了"量子论"的诞生日。不过,普朗克认为离散化的一份一份的能量仅存在于吸收或辐射能量的过程中,电磁场本身的能量仍是连续的。他的本意还是想在经典物理的框架之内做一点小小的修正工作,并没意识到自己已经打开了一个潘多拉的魔盒。

普朗克的"量子"学说提出来之后,起初并未被学术界所普遍接受。1905 年,爱因斯坦将普朗克的假设用于解释光电效应实验[3]。该实验表明,电子逸出功的阈值只与照射光的频率有关,而与光的强度无关。这与基于经典物理的解释完全不同,使人们深感困惑。结合普朗克的假设,爱因斯坦提出了"光量子"概念,认为频率为 ν 的辐射能量是 $h\nu$ 的整数倍;光照在金属表面时,只有光频率超过某个最小值 ν_{min} 的倍数才会有电子逸出。但与普朗克的认识不同的是,爱因斯坦认为电磁场本身的能量也是以一份一份的量子形式存在的。十年后,爱因斯坦的这个假设被美国物理学家密立根(Robert Millikan)的实验证实[4]。

虽然光电效应中的光量子预言被实验所证实,但仍有相当一部分人对光量子的现实存在性表示怀疑。1923 年,美国物理学家康普顿(Arthur Compton)公布了他的团队所完成的 X 射线散射实验[5],有关实验结果与爱因斯坦光量子理论符合得很好,从而驱散了人们的各种怀疑。不久之后,光量子被命名为光子。

1906 年,爱因斯坦还利用能量不连续的概念成功地解释了固体比热研究中遇到的困难[6]。在此之前,按照经典统计力学理论,固体定容比热是个定值,但实验显示,在极低温条件下其值会趋向于零。这个现象困扰了人们很长时间。四年后,爱因斯坦的固体比热理论被德国化学物理学家能斯特(Walther Nernst)的实验所证实。

"量子"的诞生归功于普朗克的工作,但在使人们对其从怀疑到接受的过程中,爱因斯坦等人的工作无疑起了决定性的作用。

2.1.2 旧量子论的形成

在 19 和 20 世纪交汇的时期,科学家们对原子光谱的研究也有了长足的进展。汤姆逊于 1897 年发现电子,提出原子的"葡萄干布丁"模型,即设想原子就像布丁一样,带负电的电子如同"葡萄干"镶嵌在正电荷的背景中。1910—1911 年,英国物理学家卢瑟福(Ernest Rutherford)通过 α 粒子散射实验[7]提出原子的"核式结构模型",认为原子是由原子核和绕核运动的电子组成的,类似于太阳系中的行星围绕着太阳以圆形或椭圆形轨道运转。

但是,卢瑟福的模型很快就受到质疑。按照经典物理理论,电子围绕原子核运转时会不停地向外辐射电磁波,逐渐地失去自己的能量,从而不得不持续地缩小运行半径,直至最后落到原子核上,造成原子的"崩溃"。但是,人们并未观察到原子出现这种自发"崩溃"的现象。这究竟是怎么回事呢?

初出茅庐的年轻丹麦物理学家玻尔尝试解决上述问题。他注意到,自 1885 年开始人们就发现原子光谱线的频率与某些整数平方的倒数之差成正比,而非经典物理所预言的可取连续数值。为了解释原子谱线的观察结果,玻尔运用普朗克和爱因斯坦的量子概念,在 1913 年的三篇论文中提出了原子能谱的量子理论[8]。该理论主要包含两个假设:(1) 定态假定:原子中的电子能够,而且只能够处在一系列状态中,这些状态称为定态;电子能量的改变必须在两个定态之间以跃迁的方式进行。(2) 跃迁频率法则:原子在两个定态之间跃迁时,吸收或辐射能量的频率与定态间的能量差成正比,即 $h\nu = E_n - E_m$(E_n 和 E_m 分别是两个定态的能量)。1915年,德国物理学家索末菲(Arnold Sommerfeld)推广了玻尔的理论,提出推广的量子化条件(即玻尔-索末菲量子化条件)。玻尔的量子论,是在之前普朗克、爱因斯坦量子假设的基础上发展起来的,被称为旧量子论。

应该指出的是,旧量子论仍然建立在经典理论的基础之上,只是添加了若干量子化的修正条件。该理论沿用了许多经典物理理论中的概念(例如电子的运动轨道等)。另外,其理论也不完整,不足以解决有关研究中不断涌现出来的新问题。而且,在经典物理的理论框架内硬塞进来的那些量子规则,必然会产生一些难以弥补的不融洽和分歧。因此,旧量子论还不是一个自洽、完整的理论体系。然而,量子论的迅猛发展让人们感受到,新量子理论体系的产生已呼之欲出,只是一个时间的问题了。

2.1.3　新量子论——量子力学的出现与确立

物质的本性问题,是物理学长久以来关注的重点。以人们对光的认识为例,在经典物理学兴起之初,就有英国物理学家牛顿的微粒学说与胡克(Robert Hooke)和惠更斯(Christiaan Huygens)等人的波动学说之争。到 19 世纪中后期,麦克斯韦电磁学理论的建立使波动说形成了对微粒说的压倒性优势。然而,到了 20 世纪量子论出现后,事情的发展又产生了转机。从光电效应的现象来看,光的粒子性再一次显现在人们面前。光的微粒说与波动说经历了三百年的大论战,最后在 20 世纪初量子论出现之后,以"波粒二象性"的认识而告终结。

1923 年，来自法国的德布罗意（Louis de Brogile）在他的博士论文中提出了一个大胆的观点，即所有的微观粒子都伴随着一种波[9]，并且给出了这种"物质波"的表达式。当时，这个概念的提出大大超出了人们的想象，难以为大多数人所接受。然而几年后，美国物理学家戴维森（Clinton Davission）等人发现电子具有衍射现象，证明了德布罗意假说的正确性[10]。之后，微观粒子具有波粒二象性的观点才逐渐成为人们的共识。

微观粒子波粒二象性的认识，在量子力学的产生过程中是非常关键的一步。如果说早期的量子论带领人们走到了微观世界认知的门口，波粒二象性则是一把钥匙。没有波粒二象性（特别是粒子具有波动性这一点），后面的波动力学、矩阵力学等量子力学的理论表示就无从谈起。

对量子论而言，1925 年至 1927 年这三年非常重要，在此期间产生了矩阵力学与波动力学两种关于量子论的表述形式，标志着新的量子论，即量子力学的产生。

矩阵力学的诞生与玻尔的旧量子论有密切的关系，德国物理学家海森堡一方面继承了玻尔旧量子论中关于能量量子化、定态、量子跃迁和频率条件等概念，一方面又摒弃了旧量子论中一些没有实验根据的内容，如电子轨道的概念等。根据康普顿散射的实验观察，光子和电子相互作用会伴随有动量的转移，对电子的运动将产生扰动，要求位置测量越精确，使用的 X 射线波长就越短，对电子的扰动就越大，电子就越不可能保持原来的运动状态，所以无限精确地跟踪一个电子是不可能的。海森堡还通过对谐振子系综的研究发现，交换两个物理量的乘法是不相等的，即"非对易"特性[11]。之后，在与海森堡讨论之后，玻恩（Max Born）、乔丹（P. Jordan）意识到量子力学中的物理量可用矩阵来表示[12, 13]，这就是量子力学的第一种表述方式，即矩阵力学。

波动力学则是沿着德布罗意波的概念延伸发展出来的。奥地利物理学家薛定谔在德布罗意物质波的启发下，研究了力学与光学的相似性，在 1926 年提出一个新的方程，并用于氢原子问题。这样，量子力学就有了第二种表述形式,即波动力学;薛定谔提出的这个方程就是量子体系的物质波运动方程,即薛定谔方程[14]。该方程与电磁学中的麦克斯韦方程的相同点是,它们都是关于空间与时间变量的偏微分方程,这正是当时多数物理学家所熟悉的数学形式。因此,薛定谔方程一问世,便受到不少物理学家的追捧。爱因斯坦曾对薛定谔赞誉有加,称他是"一位真正的天才"。

这样,量子力学理论体系在其产生之初,就有了在数学上完全不同的两种表述形式,即波动力学和矩阵力学。究竟哪一种是量子力学的"正宗"表述,曾有过一个短暂的争论。但很快,薛定谔、狄拉克(Paul Dirac)等人通过不同的途径发现,这两种表述形式实质上是等价的。

在1926年和1927年之交,量子力学的理论体系已基本建立起来,以波动力学与矩阵力学为两种等价的数学表述形式。1932年,冯·诺依曼(John von Neumann)把量子力学表述成希尔伯特空间的一种算符运算,建立了量子力学的公理化形式体系。20世纪40年代末,美国物理学家费曼(Richard Feynman)又创立了路径积分的表述形式。所以直到今天,量子力学共有三种等价的数学表述形式。

2.1.4 量子理论诠释的发展

量子力学是基于微观粒子运动的量子性(不连续性)而建立起来的,其正统诠释是由以丹麦物理学家玻尔为领袖的哥本哈根学派提出来的,其出发点是不确定关系和互补性原理。哥本哈根学派认为,量子力学是关于单个量子系统的理论,微观粒子的运动具有内禀随机性,由量子概率来刻画,等等。量子力学最著名的反对者爱因斯坦,尽管与玻尔关系十分友好,但他从量子力学的诞生开始就不接受哥本哈根学派诠释的观点。他相信,如同经典粒子一样,微观粒子的运动仍然服从决定论,上帝不会掷骰子,因而与玻尔展开了旷日持久的论战。

在1927年10月召开的第五届索尔维会议上,以玻尔为首的哥本哈根学派（包括海森堡、玻恩、泡利等人）为一方，爱因斯坦、德布罗意、薛定谔等人为另一方，爆发了关于量子力学的第一次大论战，最后不了了之。三年后在第六届索尔维会议的第二次大论战中，爱因斯坦先发制人，提出了著名的"光子箱"方案，力图从不确定性关系上打开突破口，在场面上一度占据了主动，但次日即被玻尔引用爱因斯坦广义相对论中的引力红移理论所挫败[15]。

　　起初，爱因斯坦一直在尝试以决定论的观点去理解量子力学，对于哥本哈根学派的诠释始终抱着怀疑的态度，正如他那句世人皆知的名言"我确信，上帝不会掷骰子"所揭示的那样。但在"光子箱"的冲击尝试失败以后，鉴于量子力学的成功，他后来也不再怀疑量子力学的内在一致性，但仍怀疑其完备性。1935 年，爱因斯坦与其合作者波多尔斯基（Boris Podolsky）、罗森（Nathan Rosen）在美国物理学学术刊物《物理评论》（*Physical Review*）上发表了题为《能认为量子力学对物理实在的描述是完备的吗》的著名论文（尔后被称为 EPR 论证），对量子力学的完备性提出质疑[16]。他们基于经典物理学的哲学前提，通过分析由两个粒子组成的体系的量子关联，指出由量子态叠加性所导致的结果违背物理理论对物理实在描述的实在性判据和完备性判据，从而指出量子力学是不完备的。爱因斯坦所认为的量子力学的"完备性"包括两个方面：一是定域性，事物的发展应满足定域因果律，不认可违反定域因果律的"超距作用"；二是实在性，物理属性应是客观存在的，与是否观测无关。综合地看，爱因斯坦所说的"完备性"指的就是需要满足"定域实在论"。这一点自然不能被玻尔等人所接受。于是，玻尔也发表了同样题目的一篇文章，以捍卫自己的观点[17]。

　　正是在爱因斯坦与玻尔的一次次对决中，量子力学得到了迅速的发展。一方面，几次对决的结果，确立和巩固了玻尔和哥本哈根学派在量子力学诠释方面的统治地位。另一方面，也应该看到，爱因斯坦是一位伟大的反对派，他每一次从反面提出的问题，都推动量子力学向前进了一大步,促使量子力学形成了更加完善的体系。因此,世人认为爱因斯坦和玻尔是量子力学理论体系的共同创立者,是很有道理的。

在科学史上,爱因斯坦对哥本哈根学派的量子力学诠释的反对虽然不算成功,但大大推动了人们对量子本质的深入探索。受"EPR论证"的启发,薛定谔于1935年发表论文,设计了著名的"薛定谔猫"假想实验,基于微观的原子内部量子态与宏观的猫的生死态的叠加,首次提出了"量子纠缠"(quantum entanglement)这一重要概念。通过对量子纠缠的分析,由量子测量问题带来的问题更加明朗化、尖锐化,也为人们探寻微观与宏观、量子力学与经典力学之间的关系提供了较为明确的思路[18]。

第二次大战结束后,关于量子力学解释的问题也有所发展,先后出现了几个与传统的哥本哈根学派相异的新理论诠释。1952年,美国科学家玻姆(David Bohm)首先提出隐变量理论[19],将以往在量子力学中的非决定论因素归于"量子势",即隐变量,宣称在隐变量存在的条件下,客观世界仍是决定论的。隐变量理论对量子力学的诠释,打破了哥本哈根学派的一统天下,有一定的突破性。但遗憾的是,该理论无法说清楚隐变量的内涵究竟是什么,给人们造成的印象是把不确定的或然因素从概率波移花接木到隐变量上,导致结论与量子力学的哥本哈根诠释一致,从而无法证实它是否真正存在。

1964年,英国物理学家贝尔(John Bell)详细考察了"EPR论证"和玻姆等人的量子隐变量理论,研究了隐变量在量子力学中存在的可能性。他基于具有量子纠缠的两个自旋粒子的量子测量分析,证明了满足定域因果关系的隐变量理论无法与量子力学相容,即贝尔定理,并导出了一个由定域隐变量假设所得到的自旋关联违反量子力学预言的不等式,即贝尔不等式[20],其实验验证成为测试量子力学完备与否的试金石,成为量子力学基础问题研究的一个转折点。另一方面,20世纪70—80年代单量子技术的发展使得贝尔不等式的实验检验成为可能。之后的几十年内,大多数实验的结果表明,满足定域条件的隐变量并不存在[21]。但是,非定域情况下隐变量的存在性，理论上还不能排除。因此，现在仍然不能确定上帝究竟是掷骰子还是不掷骰子。

1957 年，美国人埃弗里特（Hugh Everett）提出一种新的量子力学诠释[22]，十几年后这一学说因偶然的机会被他人所发掘、推广，被称作多世界理论（俗称平行世界理论）[23]。其主要观点是不存在波函数坍缩，所有的可能性都实现于不同的世界之中，各自在不同的世界中进行演化，每一次测量将观测到一个世界的结果。多世界理论向我们展示了量子力学的框架是基本完善的框架，不需要借助经典的概念，在一定程度上突破了哥本哈根学派的诠释[24]。它否定了单个客观世界的存在，其设想具有很大的颠覆性。不过，该理论自身仍然在逻辑上存在漏洞，即所谓的"优选基"问题。且因既无法证实也无法证伪，其可信性也引起了一些争议，但却成为科幻作品所喜爱的题材。

量子力学中描述微观粒子的运动可以分为两种过程。第一种为幺正（unitarity）演化过程（称为 U 过程），由薛定谔方程描述，是完全确定的过程；第二种为非幺正演化过程（称为 R 过程），具有非确定性，发生在量子测量过程中。量子力学的诠释问题，主要集中在如何对 R 过程给出合理的理论诠释。

1970 年，德国物理学家泽（Hans Zeh）提出了量子测量过程的退相干诠释[25]。到 20 世纪 90 年代初，经过祖瑞克（Wojciech Zurek）等人的工作，退相干理论逐渐发展成熟。其主要观点是，宏观物体必定和外部环境相互作用，从而与环境物体形成量子纠缠。此时，环境的作用相当于在系统不同基矢中引入随机的相对相位，平均效应使得相干性消失，从而使不同态之间的相干叠加不复存在。退相干理论有助于人们理解量子测量的本质，给出宏观世界与微观世界差异的根源。该理论与哥本哈根诠释、隐变量理论、多世界理论的相应部分有一定程度的兼容，并可从理论上进行计算，成为人们关注的研究方向。

除此以外，量子力学中还存在若干"小众"的理论诠释，如统计系综诠释、动态坍缩诠释、量子自洽历史等[26, 27]。各种不同的量子力学诠释，与哥本哈根学派诠释的主要分歧在于，后者对演化和测量过程的描述，造成了二元论的结构，即微观系统服从导致幺正演化的薛定谔方程，但对微观系统测量过程的描述则必须借助经典世界，它导致非幺正的突变。在不少人看来，这些理论从逻辑上和认知上来看都有不完美之感。比如，多世界理论就是一种一元论的尝试。

从一百多年的历史来看，量子力学仍然处于发展之中，新的现象、新的理论方法仍在不断地被发现和推出。除了在技术上给世界带来了翻天覆地的变化，量子理论的内涵和实质仍然是吸引一批又一批有志之士去探索的课题。

2.2 量子力学的基本特征与理论框架

2.2.1 量子力学的基本图像和基本特征

量子力学与经典力学的最大差异在于波粒二象性的观念，这也是理解量子力学的基本图像。初学者往往会对这种观念感到迷惑不解："电子到底是波，还是粒子？"这是因为在他们之前所接触的宏观物理现象中，普朗克常数的量级小到在实验观测中是可以忽略不计的，不存在这种二象性，电子要么是纯粹的波，要么是地道的粒子。而在量子力学的语言里，波动性与粒子性都是微观粒子所具有的属性。

我们不必追问电子到底是波还是粒子，而应当去问它在什么样的实验条件下表现出类似经典波的性质，在什么样的实验条件下表现出类似经典粒子的性质。因此，电子既是波又是粒子，既不是波又不是粒子。前一个"既是……又是……"指的是电子身上同时具有波动性和粒子性两种属性，它们会在一定的实验条件下表现出来；后一个"既不是……又不是……"是说电子既不是经典的波，也不是经典的粒子。归根到底，电子就是电子本身。波粒二象性这种看似怪异的图像，是由于人们使用了经典类比的方法,在用经典物理学的语言描述微观世界客体时,必然得到的一种并不贴切的图像。

从波粒二象性的基本图像出发,可以推论出量子力学的三个基本特征,即描述方式的概率特征、物理量时常分立取值的量子化现象、共轭物理量之间的不确定关系[28]。三者贯穿整个量子力学,成为量子力学的最基本特征,分叙如下:

第一,由于波粒二象性,微观粒子的运动具有或然性,即德布罗意波是概率波,从而得出波函数 ψ 的概率诠释。典型实验表现是,单个电子穿过双缝后,在接收屏上出现明暗相间的干涉条纹,明确地传达了单个电子发生自我干涉后结果的或然性。这种或然性体现了电子既像波又像粒子,既不是波又不是粒子的内禀属性。实验事实明确无误地显示了"波动性特有的相干性"和"上帝掷骰子"的真正或然性。这迫使人们别无选择,只能采用相干性的概率幅描述方式。于是,在接收屏上某点观测到电子穿过双缝后是该处概率幅的叠加,而不是概率的叠加。这种概率幅既具有相干叠加性,又具有概率统计性,使得微观粒子波粒二象性的统一描述成为可能。

第二,微观粒子波动性导致微观粒子能量和状态的量子化(分立化)现象。一个众所周知的事实是,在经典波(如电磁波、声波等)领域,任何一个类型的波动,当它展布或传播在无限大空间时,波参数可取连续变化的数值;但是,一旦用某种方法将波局域在有限空间内,波场所取的波参数必定分立化,它们的频率和波长均要断续化、分立化。这是因为波的传播受到边界条件的限制,决定了波长、频率只能取那些满足边界条件的特定值。这也正是经典物理学中一维弦振动、二维膜振动以及三维腔振动驻波所显示现象的原因所在。微观粒子的情况是,局域的德布罗意波的波动性同样会造成频率和波长的分立化,而且更进一步,频率和波长的分立化又通过德布罗意波特有的内禀性质转化为该粒子能量和动量的分立化。因此,任何局域化的德布罗意波必然伴随着能量、动量等可观测物理量的量子化,这是微观粒子具有德布罗意波波动性的必然结果。

第三,微观粒子的波动性导致了力学量之间不确定关系。由于存在波动性,物理量的测量必然会存在涨落,可以用其标准差等来刻画。在量子力学中,微观粒子体系的力学量用算符表示,它们之间不可随意交换,即具有不可对易性。可以证明,任意两个共轭力学量之间都有不确定性关系,即海森堡不确定性关系。例如,坐标和动量是一对共轭力学量,它们之间的不确定性关系意味着粒子的坐标和动量不可能同时具有确定的数值。因此,量子理论原则上不存在(经典物理中常见的)静止粒子的概念和运动轨道的概念。需要指出的是,虽然在历史上不确定性关系对量子力学的建立起过重要的作用,但在量子力学理论中它不是一条基本原理,而是从中推导出来的一个结论。

2.2.2 量子力学的理论框架

量子力学包含四个基本公设,即波函数公设、算符公设、测量公设和演化公设。此外,还有一个相对独立的假设,即全同性原理(或者说量子力学的第五个公设)。上述的各个公设构成了量子力学公理化体系的理论基础[28-30]。

波函数公设是量子力学的第一个公设,指的是微观粒子的量子态可用波函数 $\psi(\mathbf{r}, t)$ 做完全的描述,这里的 $\mathbf{r}$ 和 t 分别代表位置和时间。ψ 是粒子坐标和时间的复值函数,其模平方为概率密度。ψ 在定义域内(除个别点、线、面外)处处单值、连续、可微,对定义域内任意部分区域模平方可积;如果 ψ_1 和 ψ_2 是体系的波函数,那么它们的任意复系数线性叠加也是体系的波函数;全体的波函数集合组成描述量子态的希尔伯特空间。

波函数公设的内容有五个方面的含义,即任意量子态可用波函数所完全描述、波函数的概率诠释、对波函数的数学要求、波函数的线性叠加原理(量子态叠加原理)、全体波函数集合组成希尔伯特空间。所谓的空间,是指具有一定意义的数学对象的集合,其中定义了加法、乘法,且满足结合律、分配律等线性运算规则。定义了内积运算的线性空间称为内积空间，完备的内积空间称为希尔伯特空间。因此，量子态空间具有完备性。

算符公设是量子力学的第二个公设。它的描述是，任一可观测力学量 Ω 可用线性厄米算符 $\hat{\Omega}$ 表示。算符 $\hat{\Omega}$ 作用于希尔伯特空间状态上，体现为状态之间的线性映射。在由力学量 Ω 到算符 $\hat{\Omega}$ 的众多对应规则中，基本规则是坐标 x 和动量 p 对应的坐标算符 $\hat{x}$ 和动量算符 $\hat{p}$，它们满足对易规则 $\hat{x}\hat{p} - \hat{p}\hat{x} = i\hbar$，这里 $\hbar = h/(2\pi)$ 称为约化普朗克常数。

测量公设是量子力学的第三个公设。该公设的描述是，对处于某个量子态的微观粒子的物理量进行观测时，一定会导致波函数的坍缩。即在测量过程中，波函数将随机地坍缩为该算符的某个本征态，测得该物理量的值一定是其本征值中的一个。这个过程称为约化（reduction）过程，简称 R 过程。若对处于某个状态的微观粒子系综进行物理量的多次重复测量，所得的期望值为算符的平均值。测量公设是所有量子力学公设中唯一与经验事实（实验）相联系的公设。

第四个公设是演化公设，也叫薛定谔方程公设。它描述的是，微观粒子体系的状态波函数满足薛定谔方程 $i\hbar\frac{\partial}{\partial t}\psi(\vec{r}, t) = \hat{H}\psi(\vec{r}, t)$，其中 $\hat{H}$ 为哈密顿量。该方程在量子力学中的地位相当于牛顿方程在经典力学中的地位。它描述体系量子态随时间做幺正演化的过程（U 过程），是一个满足经典因果律的过程。

除此之外，还有一个全同性原理（不可分辨性）的假设，即当两个全同粒子处于相同的物理条件下，它们将有完全相同的实验表现，原则上无法区分它们。这个公设主要用于全同多粒子系统，也有人把它作为量子力学的第五个公设。

从量子力学的几个公设来看，波函数公设和算符公设分别是对量子力学中物理状态和物理量表示的界定，测量公设和演化公设则是对微观粒子体系行为的描述，全同性原理则是针对多粒子体系量子行为而提出的。在这些公设中,测量公设和演化公设是两个最重要的假设。测量公设中,所涉及的状态坍缩是不可预测、不可逆、斩断相干性和非定域的,因而不遵守经典的因果律,更多地反映了事物的或然性一面;演化公设中,状态波函数的演化遵守与经典观念一致的因果律,保持着相干性,不存在不可预测的成分。量子态演化中的决定论形式和量子测量中的非决定论形式,使两种因果观有机地结合,是微观世界中粒子运动新因果观(量子力学因果律)的体现[28]。

2.2.3 量子测量、量子纠缠与空间非定域性

量子测量与经典测量有很大的不同。在对量子叠加态进行单次测量时,量子态的坍缩具有随机、不可逆、斩断相干性的特征。对一个相干叠加的量子态的测量,总是会得到一个单态,这个结果往往令人感到困惑。例如量子光学中的预选择和延迟选择现象、连续测量造成初态不坍缩的量子芝诺效应[31],都是经常被人们谈起的量子测量的极端化实例。

量子理论认为,自然界的微观物理体系分成纯态系综与混合态系综。人们通常所说的具有相干叠加性的状态,主要是针对纯态系综而言的。在纯态中,按照测量公设,测量一个物理量,得到的必然是这个物理量所表示算符的本征值,测量后系统的态将坍缩到相应的本征态。因此,需要按照该算符的本征态族进行展开,相当于将这个本征态族作为一组正交完备基,这就是"表象"的概念。因此,测什么、怎样测,都会影响到表象的选取,也会在一定程度上影响测量的结果。但是,实验中的主要物理量的平均值,则是不依赖于表象的选取的,这也反映出力学量算符和动力学态矢量是微观系统的两个理论要素。实验表现是自然的、客观的,不随人们的意志而改变的,但理论是人为的、主观的,按各种层次的考量都是可以改变的。需要指出的是,以前的量子力学教科书和量子力学教学,很少深入论述量子测量公设和它的特殊含义,特别是测量前后波函数的坍缩假定所导致的后果。新世纪量子信息学的兴起,使这一情况发生了很大的

改变。

1935 年,EPR 论证与薛定谔猫的提出使得量子纠缠效应引起了人们的极大关注[16, 18]。量子纠缠是粒子之间关联的一种形式,但纠缠的意义并不仅仅限于关联。一旦两个粒子发生纠缠,其中一个粒子发生变化时,另一个粒子立即会随之发生相应的变化,不论它们的空间间隔多远。这是一种在经典物理中没有的、典型的量子非定域关联〔称为量子非定域性(quantum nonlocality)〕现象,爱因斯坦称之为"鬼魅般的超距作用"。由于其奇异和神秘的特性,又被人们称为"爱因斯坦的幽灵",当时有人认为它将会导致量子论的衰落[32]。有趣的是,与爱因斯坦的预见相反,几十年后量子纠缠引起了越来越多的人的兴趣,而且应用越来越广。20 世纪最后十几年内兴起的量子信息科学,在很大的程度上源自关于量子纠缠的深入探索。

近年来混合态中的量子测量也越来越受到人们的重视。混合态是指微观粒子并非处于一个纯态上,不能用一个相干叠加态的形式去表示描述的对象。比如,你所关注的体系和各种不同的环境状态之间就是一种混合态的关系,构成一个开放系统。混合态体现的是非相干的叠加关系,特点与经典的态较为相似。研究表明,对一个纠缠态进行部分测量,会导致退相干的产生,最终可能会得到非相干的混合态[33]。以著名的薛定谔猫实验为例(姑且假定这是一个可以操作的实验),可认为体系密度矩阵有如下的演化过程:测量前,猫的死活状态和粒的衰变−未衰变状态处在一个纠缠态上;在对粒子衰变状态做部分测量时,猫的死活状态将会处于一个非相干叠加的混合态上。因此,当打开盒子时,猫只会出现死或活的某个经典状态,不会出现什么活态与死态的相干叠加。

量子纠缠以及由此导致的量子非定域性的出现,直接影响到人们对相对论定域因果性的再认识。在爱因斯坦的狭义相对论中,有一条被称为光速不变的基本原理。由此原理导出的结论认为,两个在距离上满足不大于光速传播的事件(物理上称为类时间隔)是有可能存在因果性联系的,但如果在距离上满足大于光速传播的时间(物理上称为类空间隔),两个事件就不会存在因果性联系,此即通常所说的"相对论性定域因果性"。如果两个粒子之间存在量子纠缠,测量一个粒子导致态的坍缩,另外一个粒子尽管没被测量,也会产生态的坍缩,这就是关联坍缩现象。那么,坍缩和关联坍缩之间是否具有因果关联?目前从实验上看,坍缩和关联坍缩基本上是同时发生的,至少是远远超过光速传播的,显然是超光速的非定域事件。可以看出,量子纠缠是超越了相对论性定域因果性限制的非定域效应。这似乎表明,在量子理论与相对论的定域因果律之间存在不相容之处[34]。

2.3 量子物理与经典物理的关系

经常听到有人发表这样的言论:"经典力学只适用于宏观体系,量子力学只适用于微观体系。"乍一听似乎有点道理,但实际上不是那么回事。本节将从量子力学与经典力学理论的界限、理论描述的传承性、宏观尺度的量子现象实验几个方面进行阐述。

2.3.1 量子力学与经典力学理论的界限

从量子力学诞生起,它和经典力学的关系一直是热门的研究课题。早在量子力学的孕育时期,玻尔在他所提出的对应原理中就曾指出,在大量子数极限下,量子体系的行为将渐近地趋于经典体系的行为[35]。在量子力学理论形成以后,学术界一般的观点认为:经典力学适用于宏观客体,粒子运动遵循确定的轨道;量子力学适用于微观客体,其规律是概率性的。但是,宏观客体是由微观个体组成的,作为物理学的基本规律,量子力学也应当适用于宏观客体。那么,如何协调或者理解经典力学与量子力学之间的关系呢?一方面,对于宏观世界的描述,经典力学取得了巨大的成功,我们不能全部排斥它;另一方面,对于微观世界的量子行为的描述,经典力学无能为力,我们需要量子力学。另外,从拓展科学理论的一般要求而言,经典力学也应该作为量子力学在一定条件下的极限情况[36]。具体地说,经典力学应该是量子力学在宏观尺度上的近似"版本",即二者不是截然对立的,而是在一定范围内存在近似包容的关系。

从我们前面所述可知,微观粒子的一个显著的特征是波粒二象性。那么,宏观物体是不是没有波动性呢?严格地说,我们不能简单地认为宏观物体不存在波动性。事实上,宏观物体也具有波动性,只是因为极其微弱,在一般的实验中很难观测到。举例来说,考虑一个电子(微观粒子)和一颗子弹(宏观粒子)。粒子的波动性可由其德布罗意波长刻画。德布罗意波长与动量成反比,即和质量成反比。因为子弹的质量约比电子大 10^{28} 量级,所以在其他条件接近的情况下,子弹的德布罗意波长比电子小 20 多个数量级。一般而言,在现有实验条件下,电子的德布罗意波长在纳米量级,可被观测到,而子弹的德布罗意波长(因为太小)根本无法观测到。可见,"宏观"性的一面越大,能被观测到的波动性就越小。因此,不能说宏观物体没有波粒二象性,应该说其波动性太过微弱,以至难以被观测到。

至于物理量的不对易以及物理量之间的不确定性关系,最早来源于海森堡的坐标动量不对易关系 $\hat{x}\hat{p} - \hat{p}\hat{x} = i\hbar$。普朗克常数 h 的大小是 6.626×10^{-34} 焦耳秒,$\hbar$ 是约化普朗克常数,等于 h 除以 2π。这些值对宏观尺度的物体而言,实在是太微小了。拿不确定关系来说,宏观物体的内部结构引起的变化或者随机误差的变化,都远远大于这个不确定性关系的量级,因而不确定性关系在宏观尺度上难以表现出来。随着研究的问题向宏观领域的趋近,普朗克常数相对于研究的问题而言,作用逐渐减小,粒子的波动现象也逐渐减弱,就从坐标、动量不能同时测准"约略"成为能够同时测"准"的了[28]。

在 20 世纪中后期,随着实验技术的不断进步,人们观测到了许多宏观尺度量子效应。量子退相干理论提出之后,诠释了宏观物体相干性消退的原因,使人们对量子力学与经典力学的关系有了更深一步的认识。

2.3.2　量子力学与经典力学在数学描述上的关系

经典力学分析力学中有两种理论描述,即拉格朗日描述和哈密顿描述(也分别称为拉格朗日力学和哈密顿力学),分别用拉格朗日函数和哈密顿函数描述体系的行为。量子力学中,物理量用算符表示,拉格朗日函数和哈密顿函数也变成算符函数。在经典的哈密顿描述中,哈密顿函数可以写作动能与势能之和,就是体系的机械能。量子力学的哈密顿算符可以写作动能算符和势能算符之和,即能量算符。由于薛定谔方程的适用范围是非相对论情形,体系能量的意义对标的就是经典物理中的"机械能"部分,并不包含粒子的静止能量,因此量子力学的哈密顿算符的形式是直接从经典力学的哈密顿函数"移植"过去的,在不少方面两者的物理性质很相似。举例来说,在经典体系中,如果哈密顿函数不显含时间,称为保守力学系统,它的总能量数值是个守恒量,即能量守恒;在量子体系中,如果哈密顿算符不显含时间,则体系的能量平均值也不会随时间改变,能量也是守恒的。

量子力学中,由于算符不对易,其对易子运算是常用的计算手段,对易运算与经典力学中的泊松括号运算类似。可以证明,如果把泊松括号运算里的物理量(坐标、动量等)进行量子化,即转化为算符,则泊松括号运算就会转化为量子力学中的对易运算。经典物理体系的动力学方程,即牛顿方程,可以用另一个采用泊松括号描述的哈密顿正则方程来等价表示。如果将该方程的物理量进行量子化,泊松括号运算将转化为对易子运算,该方程将会过渡到量子力学中的海森堡方程。海森堡方程也是量子体系的动力学方程,与薛定谔方程等价。另外,经过比较可以发现,薛定谔方程与经典的哈密顿-雅可比方程之间存在着一定的内在联系[37]。在历史上,薛定谔就是在哈密顿力学等的启发下,提出了他那个著名的薛定谔方程的。哈密顿(William Hamilton)是一位极具创见的爱尔兰数学家。他把牛顿力学的形式发展成与光波传播相类似的形式,这对后来量子力学的发展是极为重要的。有人说,将哈密顿描述为一位被人忘却的量子力学先行者并没有什么夸张[38]。

量子力学中基于薛定谔方程所导出的、描述德布罗意波包运动的方程与经典粒子的牛顿运动方程在形式上也非常相似[称为艾伦费斯特定理(Ehrenfest theorem)]。其主要差别在于,牛顿方程直接考虑物理量的时间演化,艾伦费斯特定理考虑的是物理量平均值的演化。从量子理论的波动性诠释与态叠加原理来看,这种差异是可以理解的。

在数学处理方法上,量子力学与经典力学也存在密切的联系。例如,量子力学中较为常用的 WKB 近似方法[39-41],就是一种在适当条件下从波动描述过渡到粒子描述的近似数学方法。WKB 类似于经典光学中从波动光学过渡到几何光学的几何光学近似。20 世纪 60 年代谐振子相干态的提出,其最初动机就在于寻找量子化电磁场算符转化为经典电磁场的对应量子态[42, 43]。所以从数学上看,经典力学是量子力学的类"几何光学近似"(或称为"短波渐进")。在一定条件下从量子力学描述过渡到经典力学描述一般称为"准经典近似"。对于不同的问题,"准经典近似"成立的条件是不同的。需要强调的是,并不是任何量子现象都有经典对应。例如,电子的自旋和两个电子之间的量子纠缠等就不存在任何经典对应,从而不能使用"准经典近似"。

2.3.3 宏观量子物理效应

从 20 世纪后半期至今,随着量子理论和实验研究的深入,人们发现了许多在宏观尺度上呈现出来的量子效应。宏观尺度量子物理效应的存在更明确地表明了这样一个事实:量子理论不仅仅在微观物理领域起作用,在宏观物理世界同样起作用。

超导和超流的发现使人们较早地认识到某些宏观体系是服从量子力学规律的。早在 1925 年,爱因斯坦就导出了多体玻色子出现凝聚(称为玻色-爱因斯坦凝聚）的临界温度。但直到 1938 年发现了低温下液氦的超流现象，玻色-爱因斯坦凝聚才真正引起物理学界的重视。在 1995 年前后，美国物理学家康奈尔（Eric Cornell）、韦曼（Carl Wieman）和德国科学家克特勒（Wolfgang Ketterle）实现了气态原子的玻色-爱因斯坦凝聚[44]，因此共同获得了 2001 年诺贝尔物理学奖。

1962 年，英国物理学家约瑟夫森（Brian Josephson）发现，当两块同样的超导体中间用一块绝缘体薄膜连结，且加上足够大的电压时，薄膜两侧的电子对可以隧穿的方式穿过绝缘体薄膜[45]，并因此获得 1973 年诺贝尔物理学奖。利用约瑟夫森结，可以进行宏观量子隧穿和宏观量子退相干效应的研究[46]。近年来，约瑟夫森结也常常作为量子计算的良好载体。

1959 年，物理学家阿哈拉诺夫（Yakir Aharonov）和玻姆指出，电子波通过被屏蔽的磁体（有磁矢势但无磁感应强度的磁场）时，电子波函数的相位会发生变化。这个效应被称为阿哈拉诺夫-玻姆效应[47]，其原理完全是基于量子力学的态叠加原理，可以在宏观尺度被观测到，这是出乎很多人意料的。之后，阿哈拉诺夫-玻姆效应在多次实验中得到验证[48-50]。1984 年，阿哈拉诺夫等人又提出了与上述（有关磁的）阿哈拉诺夫-玻姆效应对偶的（有关电的）阿哈拉诺夫-开舍尔效应[51]，并在五年后被实验所证实[52]。

1984 年，英国物理学家贝里（Michael Berry）发现，量子体系在绝热演化的过程中，不仅会产生人们所熟知的动力学相位，还会出现一个附加的几何相位[53]。贝里相位的研究引起了人们对量子几何相位的关注。之后发现，阿哈拉诺夫-玻姆效应和阿哈拉诺夫-开舍尔效应中所产生的相移均属于量子几何相位。1987 年，在一般条件下的量子力学几何相位，即阿哈拉诺夫-阿南丹相位也被发掘出来[54]。近 20 多年来，量子几何相位也常常作为量子计算研究的手段之一。

近年来的研究发现，量子霍尔效应、超流、冷原子、冷分子等许多物理系统都可呈现宏观量子物理效应，因篇幅所限，在此不一一赘述。需要强调的是,大量宏观量子物理效应的发现,从一个侧面表明了量子理论的普适性。

2.4 量子概念的进一步拓展

在科学技术十分发达的今天,人们对"量子"(quantum)一词也许不会感到陌生。这是因为在日常的工作与生活中,大多数人几乎离不开部分利用量子力学原理研制出来的手机、电脑、互联网、卫星定位导航等工具;另外,在互联网、报纸等新闻媒体上,也经常可看到与量子科技(特别是近年来关于量子通信和量子计算)有关的研究进展报道。事实上,我们每天都在与量子打交道,量子早已成为我们工作、生活的重要部分,已经司空见惯了。但是,物理学上量子概念的内在含义到底是什么,现在的量子概念与量子论创立初期的量子概念有何不同,它是如何演变的,并可能如何继续演变等,并不是每个人都十分清楚的。下面我们将回答这些问题,目的是使非物理专业的读者对量子概念的进化与拓展有一个较为全面的了解。

从语义上来说,"quantum"是拉丁语疑问形容词 quantus 的中性单数(quanta 为 quantus 的中性复数),意为"多少"(how much)。德国科学家迈尔(Julius von Mayer)在 1841 年论述热力学第一定律的一封信中使用了"量子"一词,他可能是第一个将量子概念引入物理学的科学家[55]。为了研究流形几何,德国数学家黎曼(Georg Friedrich Bernhard Riemann)在其 1854 年发表的一篇论文中也使用了量子的概念。为了推导气体分子运动所满足的麦克斯韦速度分布律,奥地利物理学家玻尔兹曼(Ludwig Eduard Boltzmann)在其 1877 年发表的一篇论文中使用了"能量单元"(energieelement)的概念[56]。

普朗克、爱因斯坦、玻尔等人所建立起来的量子论,被称为旧量子论,很好地解释了当时著名的实验结果,驱散了物理学天空中的乌云。这个理论所提出的量子假设,即微观粒子的运动具有不连续性,具有划时代的意义。原因是,在经典的牛顿力学、麦克斯韦的电动力学、爱因斯坦的相对论中,粒子的运动属性(能量、角动量和运动轨道等)都是连续的。粒子运动具有非连续性,以及由此揭示出来的描述粒子运动的能量、动量与描述波传播的频率、波长之间的内在关系,颠覆了从前建立在连续性假设基础上的自然观和科学观,启动了物理学的第四次革命。

在量子力学中,起核心作用的是由概率幅所刻画的量子概率,描述微观粒子运动所具有的内禀随机性。这种随机性不是由人们对粒子运动的信息了解不够造成的,而是微观粒子所具有的固有基本属性。这种"真随机"表现为粒子运动的不连续性,导致量子叠加性、长程量子关联等[57]。所以,量子力学中的"量子"已不再是旧量子论中的"能量包"那种简单的概念,而是代表由量子力学基本原理所描述的、所有源自内禀量子随机性所表现出来的现象。这样的概念与理论可应用于许多物理学及其他研究领域,从而出现了量子光学、量子统计力学、量子宇宙学、量子化学、量子生物学、量子药理学、量子材料学、量子通信与量子计算等学科。

需要强调的是,量子力学对经典力学而言具有一定的继承性和包容性,其中许多概念具有经典对应(例如能量、动量、角动量等),经典力学可视为量子力学在一定条件下的近似(类似于几何光学可视为波动光学在一定条件下的近似)(见 2.3.1 和 2.3.2 节)。但是,量子力学中有一些物理效应(例如概率幅、自旋、量子纠缠、量子非定域等)是经典力学不具有的,被称为纯量子效应。

量子力学的一个重要拓展是量子场论,它是量子力学与狭义相对论、高能物理学等研究相结合的产物。其基本观点是,每一种基本粒子都有自己所对应的量子场,粒子是场量子真空态的集体激发。在宇宙中充满各种各样的量子场,场之间的相互作用可引起量子态的改变,导致各种粒子的产生和湮没(比如原子中光子的自发辐射和吸收),这是量子场论区别于初等量子力学的一个重要特点。注意,真空态是量子场的基态,在量子真空中并非没有任何物质存在（即真空不空），处于真空态的量子场具有量子涨落。量子场论的这种物质观与古代东方哲学的物质观颇为接近。基本粒子可分为夸克（组成质子、中子等强子的基本粒子）、轻子（如电子、中微子等）、中间玻色子（如光子、$W_\pm$ 和 Z_0 粒子、胶子、引力子等）和希格斯玻色子。在量子场论的理论框架下，这些基本粒子都作为点粒子来处理。量子场论本质上是描述多体微观粒子的量子力学理论，已被广泛地应用于粒子物理学、量子光学、凝聚态物理学等研究领域。然而，尽管量子场论取得了很大的成功（特别是根据量子电动力学理论计算所得到的电子磁矩的数值与实验测量所得到的高精密值极为符合），但它与狭义相对论只具有部分的相容性，原因是存在与量子测量有关的 R 过程的相对论解释问题。另外，到目前为止，人们也没有找到一个一致可信的引力量子场论。

即使是从事量子研究的人，也常常对量子力学的基本原理和由此导出的结论感到惊异。令人鼓舞的是，自 20 世纪 80 年代以来，由于对量子力学的基础问题的深入探索（包括 EPR 论证、贝尔不等式的提出及其实验验证、单量子态的精密操控等），量子力学理论的完备性经受住了重大的考验，使人们对量子力学的认识上了一个新台阶。其中，最为重要的是对量子纠缠、量子非定域等的深入研究，所取得的成果不仅使人们对量子力学有了更为深入的了解，而且引发了 21 世纪量子科技革命的新浪潮。这些量子力学研究的新进展，以及所发现的许多宏观量子现象，在某种意义上是对"量子"概念内涵的再度和深度挖掘，也为原有的"量子"概念赋予了新的含义。除了在科学技术其他领域（化学、生物、药学、材料、信息等）极具成效的应用，量子力学在若干人文社科领域（哲学、教育、经济、管理等）的应用研究也不断受到重视。人们逐步意识到，量子理论不仅可用于描述微观粒子运动所呈现的量子现象，也可用于描述宏观（包括生命、生态等）、宇观（如宇宙的早期演化）、人类思维等现象。英国著名科学家、2020 年诺贝尔物理学奖获得者彭罗斯（Roger Penrose）及其合作者就认为大脑的运行及其意识活动具有量子行为[58]。可以预见,随着研究的深入与拓展,人们对量子概念的认识将会不断加深,量子力学的发展也会进入新的发展阶段,并扩大其运用范围。

2.5　近年发现的宏观与生命中的量子现象

随着量子力学基本研究和实验技术的高速发展,人们发现,除却传统上微小尺度所存在的量子效应,确实还有许多宏观的量子现象、生命的量子现象存在。这种现象不仅存在,还可能很普遍,只是以前并未被我们发觉。薛定谔所指的"来自有序的有序"的量子事件,一直在对宏观世界的过程产生切实的影响。

近年来,不断有研究确证,量子效应能影响宏观物体的动态,微观光量子的波动性甚至可以在宏观物体上被直接观测。2020年,美国麻省理工学院的激光干涉引力波天文台(LIGO)实验室报道,LIGO探测器中的量子噪声可使40公斤的反射镜体移动10^{-20}米,首次测量了量子波动对宏观尺度物体的摇动。该研究成果被英国《物理世界》杂志遴选为当年最重大的10项科技突破之一[59]。

同年,来自以色列和美国的科研团队将激光束耦合到肥皂泡膜内,发现肥皂泡膜厚度受到气泡表面的微小气流扰动,会发生无序变化进而改变光的流向。这是首次在实验上观测到光传播过程中的分支光流动现象,为光量子的波动性提供了直接证据[60]。

2021年的最新研究,提供了宏观物体量子纠缠的直接证据。美国国家标准技术研究所的科研团队利用微波脉冲,在低温条件下成功地让两张微纳尺寸的铝片膜进入量子纠缠状态,该状态可持续约1毫秒。其实验具有极高的可重复性,确证量子纠缠的确存在于宏观铝片膜的振动模式之间[61]。同样利用铝膜,芬兰和澳大利亚的合作团队在低温条件下(8毫开尔文),构建了两个铝膜微机械振荡器的量子纠缠。通过将两个铝膜振荡器合并为一个量子力学实体,成功地"规避"量子力学中的不确定性原理,对振荡器的动量进行了测量[62]。这些研究成果产生的高度纠缠的量子系统,有潜力在未来的量子网络中充当长期网络节点。同时,基于量子的高效测量手段对构建更加宏观物体的量子纠缠系统、开发引力波探测相关技术、实现量子超级计算以及量子保密通信等可能具有极大的推动作用。

2021 年 11 月,《科学》杂志连续刊文,报道利用激光冻结并压缩锂、钾和锶三种气体,证明了如果一团气体足够冷且足够致密,就能让它隐形。[63-65]这些研究为"泡利阻塞"这一奇异量子效应提供了实验证据。这一效应有望用以开发抑制光散射的方法,防止量子计算机的信息丢失,提高量子计算机的效率。

上述研究的进展,不断加深我们对于宏观量子力学的理解,并将在快速发展的量子技术领域对更好地控制量子世界起到促进作用。

薛定谔在《生命是什么》一书中指出,生命是量子操控的奇迹。越来越多的研究表明,在复杂、温暖、混乱却又高度有序的生命体系中仍然存在量子相干性。量子效应对生命的遗传、代谢、感官都产生了极其重要的影响。

量子效应深入参与生命基本过程,生命由量子力学驱动。电子以量子隧穿的方式在呼吸反应链中穿梭,保证线粒体的能量合成[66]。波粒二象性使得电子和质子能够量子隧穿,跨越酶促反应的能量壁垒,让光合作用成为现实。量子节拍存在于微生物、植物的光合作用系统中,光捕获系统中激子以量子漫步的方式找到最高效的路径将能量传递至反应中心[67]。除了电子(激子)相干性,振动相干性在光系统的高效能量传递中同样发挥了重要的促进作用[68,69]。进一步明确光捕获系统背后的量子机制,对于人工光捕获技术的开发和新型绿色能源技术的发展大有裨益。

生命体的酶促反应中存在质子隧穿的量子效应,对这些过程,研究人员已通过动态同位素效应和时间分辨技术进行了广泛研究。近年来,研究人员在光依赖性酶的结构上取得突破性进展。来自英国和中国的研究人员通过解析蓝藻的原叶绿素酸酯氧化还原酶(POR)的晶体结构,并对原叶绿素酸酯‑NADPH‑POR复合物进行模拟,揭示了POR活性位点是通过氢负离子转移和质子转移(量子隧穿)将原叶绿素酸酯还原为叶绿素的过程。该工作为研究叶绿素生物合成的酶促光催化反应提供了结构基础,其结果可被用于研究酶促氢‑隧穿量子效应的进化过程[70, 71]。

DNA双螺旋结构的碱基正确互补配对关乎遗传信息的精准复制,对于生命的进行与遗传至关重要。配对碱基氢键的质子隧穿加速了碱基异构化,被认为可能诱发基因复制错误而引起基因突变。目前领域内对这一过程进行了模拟,证明碱基对中的质子有可能隧穿至互变异构的位置,同时碱基周围的环境也可能对质子隧穿产生影响[72]。因此,生命的遗传密码或许可以被称为量子密码。

量子效应影响生命的感官系统,包括动物的嗅觉感受及导航。在多种动植物及微生物中都发现了隐花色素介导的磁感应理论。隐花色素受光激发后产生长时间、自旋叠加态的自由基对,微弱的地磁调节自旋单重态和三重态之间的微妙平衡,从而赋予知更鸟、帝王蝶等生物地磁感应和导航能力[73]。

近期发表在《自然》上的研究为鸟类罗盘量子机制理论提供了最新证据。来自德国、英国和中国的团队首次成功制备了大量光敏感的隐花色素4(CRY4),利用多种磁共振和先进光谱技术,成功证明了迁徙鸟类视网膜中的CRY4对磁场高度敏感,很可能就是长久以来寻找的磁性传感器。该团队对其中的机制进行了解析,量子力学计算结合实验证明,光激发后电子在CRY4的四个关键色氨酸之间跳跃产生黄素‑色氨酸自由基对,从而产生磁场高度敏感性,而非迁徙鸟禽中的隐花色素4对磁场不敏感[74]。

这一理论的研究也从动物拓展到了人类细胞上。日本东京大学的研究人员发现,黄素和电子供体受到光激发后产生磁场敏感的自由基对,会导致人类海拉(HeLa)细胞的自发荧光对外界磁场的变化做出灵敏响应。这一工作首次通过实验在细胞水平上直接关联了磁场效应和自由基对化学反应,与磁场对人类健康的影响研究密切相关[75]。

随着量子生物学的发展,荧光蛋白在近年来逐渐成为量子生物学的新型模式系统。荧光蛋白具有可基因操控、稳定、高量子产率等特性,作为新兴的量子生物学研究模型具有很大的优势。研究显示,室温下增强绿色荧光蛋白中可以产生光子纠缠[76],二聚的黄色荧光蛋白(Venus$_{A206}$ FPs)之间存在激子耦合[77]。这些实验证据表明,正常生理条件下,荧光蛋白中可能存在某种延长量子相干性的机制。

此外,理论研究推测,量子相干和隧穿等量子效应在离子通道超快速传导和高选择性上发挥了重要作用,甚至有可能影响脑部功能,并促进思维和意识的产生[78]。目前,这一推断还需要更多的实验支撑。

生命处于量子和经典规则的交界共管区,脆弱的量子相干性在短暂而又足够长的时间内深入参与了诸多重要生理过程,最终产生了宏观的量子生物学效应。进一步加强跨领域交叉研究,深入探究量子效应在生理过程中的具体机制,对于揭示生命的本质,促进量子效应在多学科的前沿应用具有非常重要的意义。

2.6 第二次量子革命

2.6.1 第二次量子革命产生的历史背景

纵观人类文明的发展历史,可将其划分为古代、近代和现代三个阶段。在古代,人们的思维来自直接的整体感知,逻辑上存在欠缺。从科学与技术方面来看,在古代东西方各个文明圈中,普遍存在重技术而轻科学的倾向,即使辉煌的古希腊也鲜有科学。中国古代的四大发明,对中国古代的经济、政治、文化等的历史进程产生了巨大的影响,也对世界文明的发展产生了重要的推动作用。但是,在400多年之前,无论是在东方还是西方,尽管人类社会在生产技术方面取得了很大的成就,对自然现象的了解也有长足的进步,但科学的发展一直十分缓慢。事实上,真正意义上的科学,即近代科学,直到最近 400 多年才建立起来。

那么,近代科学是如何产生的呢? 在长达近千年的中世纪黑暗时期,欧洲的科学技术成就非常有限。但在此期间,生产经验有了一定的积累,也产生了资本主义工商业。特别是 13—14 世纪兴起的文艺复兴运动,航海冒险导致的地理大发现,以及遍及西欧各国的宗教改革运动,打破了以神学为核心的局面,为思想文化的解放与科学的进步提供了重要的契机。在这样的背景下,波兰天文学家哥白尼(Nicolaus Copernicus)的重要著作《天体运行论》于 1543 年公开发表,拉开了近代科学诞生的序幕。不同于以前古希腊的先哲们所采用的观察和推演的研究传统,伽利略和笛卡尔等人倡导的以实验检验和数学分析为主要手段的科学研究方法被广泛运用并迅速发展,使近代科学的发展走上了快车道,从而大大地推动了人类文明的发展进程。

自近代科学诞生以来,物理学的发展经历了四次革命。第一次革命是力学革命,英国物理学家牛顿统一了天体和地球上物体的共同运动规律,其产生以 1687 年出版的著作《自然哲学的数学原理》为标志,也是近代科学形成的标志。第二次革命是电磁学革命,英国物理学家麦克斯韦于 19 世纪 60 年代提出了描述电、磁、光三种现象的统一理论,预言了新的物质形态电磁波,其产生以 1873 年出版的著作《电磁学通论》为标志。麦克斯韦预言的电磁波不久就被德国物理学家赫兹(Heinrich Hertz)的实验所证实。第三次革命是 20 世纪初的相对论革命,德国物理学家爱因斯坦将时间、空间的弯曲和引力的作用统一起来,预言了引力波的存在。第四次革命是 20 世纪 20 年代的量子革命,与前几次革命不同,它由一大群欧洲物理学家(包括德国物理学家普朗克、爱因斯坦、海森堡、玻恩,奥地利物理学家薛定谔、泡利,丹麦物理学家玻尔,英国物理学家狄拉克等)为解释所发现的微观粒子(电子、光子等)的许多奇特现象而建立起来的理论[79]。

物理学的革命不仅大大加深和拓宽了人们对物质世界及其运动规律的认识,而且导致了重要的技术革命。力学革命和热力学的发展导致了第一次技术革命的产生,以 18 世纪纺织机和蒸汽机的诞生为标志。此次革命使人类社会的生产力发生了重大飞跃,发明了火车、汽车、轮船、飞机等,使人类步入机器时代。电磁学革命引导了第二次技术革命,以 19 世纪末到 20 世纪初发电机和电动机的发明与应用为标志。这次革命把生产的工业化提高到了一个崭新的阶段,不仅发明了发电机和电动机,许多电气设备,包括电灯、电话、无线电通信、光纤、X 射线、雷达等技术也被研制出来并得到广泛应用,使社会生产力推进到电力时代。量子革命催生了第三次技术革命,以 20 世纪中期及尔后发明和应用的半导体(电脑、手机等)、激光(光通信、互联网等)、核能、超导、全球卫星定位系统等为标志。此次技术革命使人类社会发生了前所未有的变革,使人类进入今天的信息时代。

值得注意的是,尽管牛顿力学和麦克斯韦的电磁学使物理学发生了革命性的变化,导致了重要的技术革命,但有关概念和原理基本上是古代自然观与哲学观的继承和发扬,因而易于被人们所接受。与此不同的是,相对论和量子力学要求人们改变以往的时空观和物质观。特别是量子力学的原理及其所导致的许多结论,不仅有悖于常理,而且要求从根本上改变人们几千年以来形成的自然观、理论观、实在观、整体观、因果观等[80]。尽管量子力学在解释和预言微观粒子的行为一次又一次被实验所证实,取得了惊人的成功,但自从量子力学诞生以来,有关其物理基础的探讨与争论一直没有停止过,并出现了许多量子力学的物理及哲学诠释,这在科学的发展史上是绝无仅有的[81](参见 2.1.4 节)。

2.6.2　第二次量子革命的兴起与发展

20 世纪的前 30 年,通过普朗克、玻尔、爱因斯坦、德布罗意、海森堡、薛定谔、狄拉克、玻恩等一大批杰出科学家的共同努力,在旧量子理论的基础上,建立了描述微观粒子运动规律的量子力学。与经典力学不同,量子力学揭示了微观粒子运动的非连续性、不确定性等属性。基于量子力学原理,人们成功地研制了晶体管、激光、核反应堆等器件或技术;之后,又开发了电脑、手机、光纤、互联网等,人类社会由此进入了信息时代。这个过程,即第一次量子革命,不仅成为原子和分子物理、光物理、凝聚态物理、核物理、粒子物理、低温物理等众多物理分支科学与技术的共同理论基础,而且被广泛应用于自然科学的其他分支学科。例如,量子力学与化学结合形成了量子化学,与生物学的结合形成了量子生物学,与材料科学的结合形成了量子材料学,等等。第一次量子革命的产生和发展对科学与技术领域产生了重大的影响,大大加快了物质文明的进程,使人类社会发生了前所未有的变化。

2.6.2.1 第二次量子革命的兴起

第一次量子革命中开发的器件基本上未用到微观粒子的纯粹量子特性(特别是量子纠缠),从本质上来说,它们属于经典器件。尽管爱因斯坦、薛定谔等人早就注意到纠缠是量子力学的标志性特征,那为什么在后来相当长的一段时期内对量子纠缠等的研究并未引起人们足够的重视呢? 原因是,当时实验技术水平的限制,使得人们无法对一个或少数几个微观粒子的单量子行为开展行之有效的实验研究;另外,人们还未能意识到量子纠缠、量子非定域性等基本量子特性的潜在应用价值;再者,哥本哈根学派的影响力、玻尔对"EPR 论证"的反驳、量子力学在解释所发现的量子现象所获得的巨大成功等,使大多数人忽视或搁置了对量子纠缠等量子力学基本问题的进一步探索。

为了能从实验上检验贝尔不等式,需要对单量子体系的行为进行主动精密的操控。从 20 世纪 70 年代开始,单量子测控技术取得了重大进展,人类认识和改造世界的能力进入了一个新的历史高度。例如,研制成功了捕捉单个原子的原子阱,可使原子与环境分离并对其进行精密调控;使用扫描隧道显微镜,可用于移动单个原子并按需要排列原子;运送单个电子的设备也研制成功。这些进展为测控单量子态,研究量子纠缠,从而为从实验上检验贝尔不等式等打下了重要的技术基础。

1972 年美国物理学家克劳瑟（John Clauser）和 1982 年法国物理学家阿斯佩克特（Alain Aspect）等人利用量子光学实验[21]检验了贝尔不等式，验证了定域隐变量假设不成立，不仅否定了关于量子力学不完备性的质疑，而且明确证明了量子纠缠的存在性，使其作为量子力学的重要特征而被确认下来。反过来，贝尔不等式的检验和量子纠缠等问题的研究进展，极大地推动了单量子实验新技术与理论的发展，还指明了有重大意义的研究方向，即将单量子操控技术运用于量子计算等问题的研究。在此基础上，产生了量子力学与信息科学的交叉学科——量子信息科学与技术（quantum information science and technology），并引领最近 30 年来物理科学与技术及其相关领域的发展，拉开了第二次量子革命的序幕[82-86]。

贝尔定理的提出和克劳瑟、阿斯佩克特等人的实验的意义大大超出了人们的预料，也远远超出了对量子力学的可靠性与完备性检验。这些研究表明，任何利用与经典力学等价的概念和结构重新描述量子力学的企图都不可能成功；人们无法摆脱量子力学所得出的（量子纠缠等）结果的反直观特性，而必须加以接受。科学家们开始认识到，这些反直观特性不仅是量子力学的重要特征，而且是一种全新的、超越经典物理范畴的，但尚未利用的宝贵物理资源；特别是，量子纠缠是可控的，可以用来处理和传输量子信息。

对于多体量子问题的计算，由于描述体系量子行为的希尔伯特空间很大，用传统的计算机进行计算十分耗费机时，很多问题也不可能用传统计算机解决。另一方面，摩尔（Gordon Moore）提出的电子计算机发展技术的摩尔定律（即在单个集成电路芯片上可以容纳的晶体管数目大约每隔 18 个月增加一倍）将会失效，原因是当芯片尺寸缩小到纳米尺寸时会呈现显著的量子效应。再者，从经济上来说，由于电子芯片尺寸的不断缩小，电子计算机的制造费用也将随时间指数增长。于是，后摩尔时代计算机技术如何发展，就成为迫切需要解决的重大问题。

基于上述原因，20 世纪 80 年代初美国物理学家费曼等提出利用量子希尔伯特空间作为信息编码方式来模拟量子体系的演化,指出这样的量子计算机可超越经典计算机[87]。三年后,英国牛津大学多伊奇(David Deutsch)提出,可在量子力学原理下设计出功能比图灵机更强的计算装置,即量子图灵机,进一步完善了量子计算机概念[88]。1994年,美国麻省理工学院肖尔(Peter Shor)提出利用量子叠加性与纠缠态有效地解决整数的素数因子分解问题的量子算法,被称为量子肖尔算法[89]。1996年,美国贝尔实验室格罗弗(Lov Grover)提出利用量子纠缠态进行编码并运行数据库搜索的量子算法,即量子格罗弗搜索算法[90]。这些量子计算的思想和算法的提出,极大地推动了量子计算的研究,提出了利用线性量子光学、腔量子电动力学、离子阱、量子点、超导约瑟夫森结、里德堡原子等实现量子计算的方案,使量子计算成为备受关注的研究方向。

除量子计算外,关于量子信息传输的研究也取得了重要的进展。量子叠加和量子纠缠也是很多量子通信方案的核心,特别是量子密集编码(quantum dense coding)和量子隐形传态(quantum teleportation)技术。通过使用量子密集编码技术,可对两个相互纠缠的量子比特(qubit)之中的一个进行操作而传送两个比特的经典信息。早在1970年美国哥伦比亚大学的贝内特(Charles Bennett)和威斯纳(Stephen Wiesner)就提出了量子密码的概念,但直到1992年才正式发表[91]。受此启发,1984年,美国IBM公司贝内特和加拿大蒙特利尔大学布拉萨德(Gilles Brassard)提出了量子密钥分配方案,即BB84协议[92]。1991年,英国牛津大学埃克特(Artur Ekert)基于贝尔定理,提出了基于量子纠缠的密码术,被称为E91协议[93]。

量子隐形传态是量子力学在量子通信领域最惊人的应用之一,由贝内特等人于1993年提出[94]。通过量子隐形传态技术,可将一个体系的量子态传送至另一个相距任意远处的量子体系。量子力学也在保密通信方面具有重要的应用。1982年,美国得克萨斯大学奥斯汀分校伍特斯(William Wootters)和加州理工学院祖瑞克基于量子叠加特性,证明了量子不可克隆定理[95],即不可能对任一未知量子态进行完全复制。利用量子力学这一特性,可大大提高通信密码的加密水平,实现量子保密通信。这些探索开启了量子通信的研究领域,有关理论结果已为很多实验所证实。这些实验包括利用量子光学技术的量子密集编码实验、利用光纤和自由空间的光学链接而进行的量子密钥分配实验,以及利用量子光学和核磁共振技术等的量子隐形传态实验等[96]。

由于在量子纠缠实验、贝尔不等式违反的建立以及开创量子信息科学方面的贡献,阿斯佩克特、克劳瑟和塞林格获得了 2022 年诺贝尔物理学奖。

2.6.2.2　世界主要国家大力推进量子信息科技发展

20 世纪 80 年代兴起的量子计算与量子通信研究,不仅引起了全球的极大的关注和高度重视,而且带动了量子精密测量等问题的研究,呈现出蓬勃发展的势头。进入新世纪以来,人们已经意识到,量子技术与信息技术将发生深度融合,从而对未来人类社会的发展产生不可估量的影响。世界各主要国家,包括美国、欧盟成员国、英国、日本等,都积极布局量子信息科学与技术的研究,并着力推动其技术应用[97]。

早在 20 世纪末,量子信息就被美国政府确定为保持国家竞争力计划的重点支持课题。1989 年,IBM 公司完成了世界上第一个短距离量子信息传输实验。2003 年,美国国防部在其所属博尔特·贝拉尼克-纽曼公司(Bolt Beranek and Newman Inc.,缩写为 BBN)实验室和哈佛大学、波士顿大学之间建立了世界上第一个量子通信网络。2006 年,洛斯阿拉莫斯(Los Alamos)国家实验室完成了安全传输距离超过 100 千米的量子通信实验。2009 年,美国政府发布白皮书,要求各研究机构协同开展量子信息研究。2014 年,美国国家航空航天局提出建立远距离量子通信干线计划,巴特尔(Battelle)公司提出商业化的环美量子通信网络计划。另外,洛斯阿拉莫斯国家实验室也在研发新一代量子互联网技术。2016 年 4 月,美国国家科学基金会将"量子跃迁——下一代量子革命"列为 6 大科技前沿之一;7 月,美国国家科学技术委员会发布《推进量子信息科学:国家的挑战与机遇》报告。2018 年 6 月，美国众议院科学、空间和科技委员会正式通过《国家量子计划法案》；12 月，启动该法案，计划在 2019—2023 年增加投入约 13 亿美元，连同其他常规性投入，5 年政府投入达 30 亿美元。2020 年 1 月，美国能源部宣布在未来 5 年内提供 6.25 亿美元，建立 2~5 个多学科量子信息科学研究中心，以支持国家量子计划；7 月，发布《量子互联网络国家战略蓝图》报告。2020 年 9 月，美国众议院提出《量子网络基础设施法案》；10 月，美国国家量子协调办公室发布《量子前沿》报告。美国的这一系列措施，将大力推进其量子信息科学与技术研究，加速量子网络基础设施建设。

欧洲是近代科学的发源地，量子力学也诞生于欧洲。早 20 世纪 90 年代，欧洲就意识到量子信息技术的巨大潜力，十分重视量子信息的研究。从"欧盟第五研发框架计划"（FP5）开始，就持续对泛欧洲，乃至全球的量子信息研究给予重点支持。2002 年，在欧洲空间局的《一般研究项目》框架下启动了"量子通信研究计划"。2008 年，欧盟发布《量子信息处理与通信战略报告》，提出了欧洲量子通信的发展目标；9 月，欧盟发布量子密码商业白皮书，启动量子通信技术标准化研究。1993 年至 2014 年，欧盟多国科学家联合攻关，实现了量子密钥分发、量子密码通信、太空绝密传输量子信息及量子信息存储等一系列重要突破。2016 年 5 月，欧盟委员会发布《量子宣言》。2017 年 9 月，发布《量子旗舰计划》最终报告。从 2018 年开始，启动《量子旗舰计划》。该计划将历时 10 年，投资 10 亿欧元，连同各成员国的配套经费，总经费超过 40 亿欧元。该计划的目标是建立极具竞争力的欧洲量子产业，包括量子通信、量子计算、量子测量等，增强欧洲在量子信息科学与技术方面的科学领导力和卓越性。2019 年 6 月，欧盟宣布，将在《量子旗舰计划》的支持下，在欧洲全力推进量子通信基础设施的建设。2018 年 9 月，德国政府通过《量子技术：从基础到市场》国家量子技术框架计划，在 2018 年至 2022 年投入 6.5 亿欧元，新冠肺炎疫情暴发后又追加了 20 亿欧元。2021 年 1 月，法国政府宣布启动《法国量子技术国家战略》,在未来 5 年内投资 18 亿欧元,用于量子计算和量子通信等的研究。

英国是第一次、第二次物理学革命的领头羊,也是量子信息科学与技术的先行者之一。早在 1993 年,英国就在光纤中实现了基于 BB84 协议的相位编码量子密钥分发实验。2013 年,英国政府成立国家量子技术战略顾问委员会,设立投资 2.7 亿英镑的"国家量子技术计划",是全球首个推出的国家量子技术计划。2014 年,宣布投资 1.2 亿英镑,成立以量子通信等为核心的 4 个量子技术中心。2015 年发布《国家量子技术战略》和《英国量子技术路线图》,将量子技术的发展提升至影响国家创新力和国际竞争力的重要战略地位。2016 年,启动"国家量子技术专项",迄今总投入已超过 10 亿英镑。2018 年,启动投入 2.35 亿英镑的第二阶段"国家量子技术计划",建成连接若干大学、国家实验室和国家电信中心的量子通信网络。2020 年,英国国防部发布《2020 年科技战略》,提出以"国家量子技术项目"的模式发展新兴科学与技术。

尽管起步迟于美国和欧盟,但由于其雄厚的经济、科研实力和国家科技政策的支持,日本量子信息科技的发展非常迅速。2000 年,日本邮政省将量子通信技术作为一项国家级高新技术列入开发计划。2004 年,日本科研人员利用量子密码技术实现了加密通信,传输距离达 150 千米。2010 年,日本国家信息和通信技术研究所牵头建成 6 节点东京城域量子保密通信网络。2017 年,日本文部省发布《量子科学技术(光·量子技术)的新推进方策》,重点聚焦量子信息处理、量子计量与传感等领域。2018 年,日本文部省发布并启动《光·量子跃迁旗舰计划》。2020 年,日本统合创新战略推进会议发布《量子技术创新战略(最终报告)》,将量子技术创新作为日本未来 10 到 20 年一项重要的国家战略。其他国家,包括澳大利亚、俄罗斯等,也相继制定了量子信息发展战略计划并投入资金推动有关研发工作。

我国高度重视量子信息科学与技术的研究。2020 年 10 月 16 日,中共中央政治局就量子科技研究和应用前景举行第二十四次集体学习。习近平总书记在主持学习时强调,量子科技发展具有重大科学意义和战略价值,是一项对传统技术体系产生冲击、进行重构的重大颠覆性技术创新,将引领新一轮科技革命和产业变革方向。要充分认识推动量子科技发展的重要性和紧迫性,加强量子科技发展战略谋划和系统布局,把握大趋势,下好先手棋[98]。近年来,我国在量子信息领域取得了具有重要国际影响力的研究成果,在一系列关键核心技术方面取得突破。自 1998 年以来,组织了香山论坛等科研政策研究会议,2002 年支持量子信息领域的第一个"973 计划"项目,2006 年正式启动"量子调控"重大科学研究计划。自2016 年起,设立有关的国家重点研发计划重点专项,支持量子信息技术领域的研究。我国建成了国际上首条远距离光纤量子保密通信骨干网"京沪干线",研制并发射了世界首颗量子科学实验卫星"墨子号"。我国已完成重要量子计算体系的研究布局,研制出首个超越早期经典计算机能力的光量子计算原型机,构建了 76 个光子的量子计算原型机"九章",构建了 66 比特可编程超导量子计算原型机"祖冲之二号"。总体而言,我国在量子通信方面处于国际领先地位,在量子计算方面与发达国家处于同等水平,在量子精密测量方面也进展迅速,有望在已然兴起的第二次量子革命中抢占国际竞争制高点,构筑发展新优势,引领未来量子信息科学与技术的发展[85]。

2.6.3　第二次量子革命的内涵

20 世纪末,基于量子科技和信息科技的融合发展趋势,人们渐渐意识到,新世纪将会爆发一场新的科技革命,即第二次量子革命。2003 年,美国物理学家道林(Jonathan Dowling)和澳大利亚物理学家米尔本(Gerard Milburn)在英国《伦敦皇家学会哲学汇刊》上发表论文《量子技术:第二次量子革命》("Quantum technology:the second quantum revolution")[99],首次提出"第二次量子革命"这个术语。作者指出,我们正处于第二次量子革命之中。第一次量子革命给我们提供了支配物理现实的新规则(即量子力学)。在第二次量子革命中,我们将采用这些新规则,并利用它们开发崭新的技术。在文中,作者讨论了新量子技术的基本原理和发展这些新技术所需的工具,特别是在未来几十年中可能出现的量子技术,包括量子信息技术、量子机电系统、相干量子电子学、量子光学和相干物质技术等。几乎在同时,法国物理学家阿斯佩克特在给贝尔的论文集《量子哲学》第二版所写的序言中,也提出了"第二次量子革命"的概念。在文中,他特别强调了单量子操控技术和相关理论发展的重要性,并对第二次量子革命产生的背景和将来的重要影响做了深入的分析[100]。

从历史发展的角度来看,第二次量子革命可以说是由爱因斯坦等人量子力学基础问题的研究(包括 EPR 论证、薛定谔提出的量子纠缠概念、贝尔提出的贝尔不等式和克劳泽(John Clauser)和阿斯佩克特等人的实验检验等)所引发的,也可以说是在好奇心驱使下,科学家们对量子叠加、量子纠缠所表现出来的"鬼魅"量子特性的持久深入探索所导致的。那么,第二次量子革命的内涵是什么呢? 从目前的情况和近期的发展态势来看,可以归纳为以下几个方面:

第一,第二次量子革命是前所未有的技术革命。

第二次量子革命是一次以量子信息技术为代表的科技革命[82-86]。第一次量子革命中开发的器件或技术遵循的基本上是经典物理学原理,其原因是所涉及的对象包含大量的微观粒子,其典型做法是对这些统计系综进行整体控制,几乎未涉及或未利用单量子的操控和粒子的量子纠缠特性。所以,从本质上来说,第一次量子革命中所得到的器件仍然属于经典器件。不同的是,第二次量子革命中研发出来的器件以量子比特为基本单元;信息的产生、传输、存储、处理、操控等都具有典型的量子力学特征,其中量子叠加、量子纠缠、量子非定域、量子压缩等扮演着非常关键的角色,是地地道道的量子器件[83]。基于量子信息技术研制出来的器件,其功能远远超越相应的经典器件,能突破现有信息技术的物理极限。利用这些器件,信息处理速度、信息安全、信息容量、信息检测等都可以获得极大的提高。

目前量子信息技术的研究包括量子计算、量子通信和量子精密测量三个主要研究领域[85]。

量子计算是一种通过对量子信息单元(量子比特)进行操控的新型计算模式,执行量子计算的设备被称为量子计算机。由于量子态的可叠加特性,量子信息单元可处于多种可能的叠加状态,因此量子计算机的并行计算能力大大超越经典计算机。特别是,量子计算机可用来模拟用经典计算机无法做到或难以实现的量子多体系统随时间的演化,发现新型的虚拟量子材料,展现量子世界的神奇应用,创建用于求解特殊类型数学难题的专用机器(超越目前超级计算机所能达到的最快求解速度),等等。

量子通信是利用量子叠加和量子纠缠进行信息传输的新型通信方式,目前主要分为量子密钥分发和量子隐形传态两种。基于量子不确定性、量子测量坍缩和不可克隆等原理,可提供无法被窃听和计算破解的绝对安全性保证。基于量子不可克隆定理的量子密钥分发,保证了密钥的不可能被窃听,可实现比经典通信具有更高安全性的量子保密通信。基于量子纠缠特性的量子隐形传态,可用来直接传输微观粒子的量子态(即量子信息)而不用传输其微观粒子本身,从而可用来构建量子网络。

量子精密测量是利用量子叠加、量子纠缠、量子压缩等典型量子力学特性对物理系统的参数进行高精度、高分辨、高灵敏的测量、控制与应用的研究领域。基于所发展的量子增强的计量、传感等技术,可突破标准量子极限,得到比在经典框架内对相同的测量更好的结果。利用原子钟、光钟、量子干涉仪、重力仪、磁力计等设备,可对时间、位置、加速度、电磁场等物理量实现超越经典技术极限的精密测量,大幅度提升卫星导航、水下定位、医学检测和引力波探测等的准确性和精度。

第二,第二次量子革命有望揭开量子世界的深层奥秘。

20世纪20年代量子力学的诞生,催生了第一次量子革命。在第一次量子革命的发展进程中,尽管爱因斯坦等著名物理学家对量子力学的基础提出了质疑,但并未引起人们的重视。玻尔领导的哥本哈根学派对

"EPR 论证"的反驳和量子力学的不断成功,令人很难怀疑它可能是错误的。所以,大多数人主要关心的是能用量子力学"做什么",即用其原理去解释实验现象或解决实际问题,由此发明了晶体管、激光、核能等,而不去问"为什么"[83]。人们或是把量子力学的基础问题留给哲学家去回答,或是期待并相信以后将会有人给出明确的回答。

贝尔不等式的实验检验和量子纠缠存在性的确认,使人们对量子力学基础问题的认识提高到了一个新的高度。图 2-1 是我们基于对量子力学基础的分析给出的微观粒子的量子态、量子运动的不连续性、量子随机性、量子叠加性、量子非定域性、量子纠缠之间的关系。其中,量子非定域性是指,在空间中两个彼此分离任意远的量子系统之间存在的瞬时非因果性量子关联,它是一种不能用定域实在论诠释的现象。

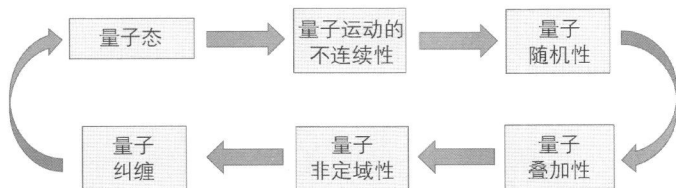

图 2-1 微观粒子的量子态、量子运动的不连续性、量子随机性、
量子叠加性、量子非定域性、量子纠缠之间的关系

需要指出的是,并不是每个系统与其他系统都能相互纠缠,只有通过某种制备(如相互作用)之后,系统之间才存在相互纠缠,才会呈现量子非定域性。从图中可以看出,量子纠缠的根源在于量子非定域性,量子非定域性源于量子叠加性,量子叠加性源于量子体系的量子随机性,而量子随机性源于微观粒子运动的量子不连续性(见图 2-1 中所标示的箭头指向)。在所有这些因素中,量子随机性是量子力学所具有的最基本的特征[99]。

尽管与以前相比,我们对量子力学有了新的认识,但关于量子力学的基础仍然存在若干尚待解决的问题。目前科学界关注的主要问题包括:

一是量子随机性的本质。微观粒子运动所表现出来的量子随机性不是用概率，而是用概率幅来描述。这种随机性不同于经典粒子的随机性，因为它不是由人们对体系的信息掌握不够所导致的，而是微观粒子的运动具有自身的内禀随机性（或称为基本量子随机性）。那么，从更深的层次上去看，这种内禀量子随机性（"真随机"）是从何而来的呢？当然，我们暂且可把它当作一个假设接受下来。但是，随着研究的不断深入，将来有可能对这种内禀量子随机性获得更为深入的了解。为了描述量子随机性，为量子力学提供坚实的理论基础，需要发展量子概率论。在此基础上，使我们能够从根本上解决费曼所指出的"没有人懂量子力学"的问题，也有望开拓概率与数理统计学理论研究的新领域。

二是量子测量问题。量子力学的几个基本公设，大多是规定物理系统的状态、演化和动力学变量的数学描述，其中只有一个，即测量公设，与实验测量（经验事实）相对应。这个公设，又称为"投影假设"，是由著名美籍匈牙利裔科学家冯·诺依曼在建立量子力学的公理化形式体系时明确提出来的，是一个关于量子系统 R 过程（即系统从被测前的状态"坍塌"到测量后的状态）的基本假设。问题是，测量所导致的"波包坍塌"的物理机制是什么？测量过程能否在现有量子力学的基础上进行定量描述？是否需要现有的拓展量子力学理论？与此相关的另一个重要问题是，服从经典规律的系统均是由服从量子规律的微观粒子组成的，如何在理论上协调不确定的微观世界与和我们看上去确定的宏观世界（薛定谔猫佯谬）的描述？是否需要进一步拓展，甚至从根本上改造现有量子力学理论（如彭罗斯等人所建议的那样，对于 R 过程需要构建非线性量子力学理论[58]），使之可用来描述量子测量中发生的波函数坍缩过程？量子与经典的边界是什么？

三是量子非定域问题。量子纠缠的存在已为大量实验所证实并逐步得到公认，成为第二次量子革命中量子技术的最重要资源。但是，人们对量子纠缠所蕴含的非定域量子关联的起源还不太清楚。另外，量子纠缠所蕴含的量子非定域性、整体性也似乎与爱因斯坦的相对论、与经典因果性不相容。这是因为,对处于量子纠缠的两个量子体系的其中一个进行测量,会瞬时(超光速)地影响另外一个体系的测量结果。当然,如果我们将内禀量子随机性作为一条基本假设,则概率性的量子非定域性还能与相对论因果性"和平共处"[57]。否则,经典物理中的定域因果性要被量子物理中的非定域因果性所取代,从而,除实在观外,人们的整体观、因果观等都需要做出重大的改变。

事实上,除实现量子计算、量子通信、量子精密测量等为代表的量子信息技术革命的目标外,量子信息研究者们开展这些研究的另一个重要动机是增进我们对量子力学直观上的把握,使其预言更加让人明白易懂。因此,应十分重视量子力学基础问题的研究。毫无疑问,对以上这些基础问题的探索,不仅有利于揭开量子世界所隐藏的深层次奥秘,发展量子理论,而且可能为第二次量子革命进程中提出的关键科学与技术问题提供坚实的理论支撑和新型的物理资源。

第三,第二次量子革命有望揭示物质和时空的起源。

物质的基本粒子(如电子、光子等)的起源是物理学的一个基本问题。从量子场论的观点看,这些基本粒子可以看作真空态上的元激发,真空不空,这和以老子等为代表的东方哲学家的观点十分相近。但是要问,真空是由什么构成的? 如果它们是某种意义上的"以太",那么以太又是由什么构成的呢? 另外,研究表明量子场论和爱因斯坦的广义相对论也不自洽。为了解决这个问题,20 世纪 60 年代提出了超弦理论,认为自然界物质的基本单元由各种各样的"弦"组成,由弦的激发产生各种粒子,试图构造一种将自然界的基本粒子和四种基本作用力统一的理论,但由于实验条件等远未成熟而没有取得成功。

1989 年,美国著名物理学家惠勒(John Wheeler)提出"万物源于比特"(it from bit)的思想。他基于信息、物理、量子之间的关系,试图回答关于存在的永恒性问题,认为在物理学中信息比其他任何东西都重要,因为每一个外在实在的属性（it），都只能基于我们从得到的信息（bit）中获得其有意义的陈述。随着量子信息科学与技术的兴起，美籍华裔物理学家文小刚（Xiao-Gang Wen）提出弦网凝聚理论，认为真空是一个有弦网结构的量子比特海洋，拓扑物态起源于多体系统里的量子纠缠，弦的密度波即是光波（电磁波），弦的端点即是电子，由此可揭示电子、光子等基本粒子的起源[82]。

　　20世纪初诞生的相对论和量子力学是现代物理学的两大支柱。尽管有不少物理学家一直在努力将两大理论协调和融合起来，但遇到了很大的困难。2010年，加拿大不列颠哥伦比亚大学教授拉姆斯东克（Mark Raamsdonk）发表题为《利用量子纠缠构建时空》的论文[101]，指出量子纠缠有可能是引力几何化的基础，从而可能是时空的起源，为促成相对论和量子力学的协调与融合带来了希望。

　　总而言之，第二次量子革命是以量子叠加和量子纠缠的控制与利用为核心、以量子信息科学与技术为主导的技术革命。在第二次量子革命的发展进程中，我们有望了解微观世界的深层次奥秘，并揭示物质和时空的起源。第二次量子革命的兴起与发展，也将对其他科技、人文、社科领域产生重要的影响，从而使人类社会的生产、生活等产生翻天覆地的变化。

第二篇

理论与演进

第三章　量子理论对人文社会科学的影响

3.1　量子人文社会学科的总体进展概况

　　量子力学的诞生使人们认识世界的方式产生了翻天覆地的变化,不仅在科学技术方面影响深远,而且在人文社会领域具有潜移默化的作用,这意味着新思维范式正在取代传统的认知模式,激发我们去构建愿景,探索、总结、研究、提炼量子理论带给我们的改变。于是,从哲学、政治学、教育学、经济学、管理学几大学科入手,探秘量子理论在不同人文社科领域产生的作用,分析量子思维在不同学科中的运作机制就显得尤为重要,也只有如此,我们才能更辩证、更全面、更透彻地认识世界和解释世界。

3.1.1　量子哲学

　　我们知道,量子力学在描述和预言微观现象方面取得了极大的成功,而其提供的世界图像却因为违反人们的日常直觉而显得令人无法捉摸,于是,在哲学层面上,出现了多种关于量子力学本性的诠释,但迄今没有形成令人满意的共识。

　　如前所述,量子力学中,长期处于正统地位的是哥本哈根诠释。根据这种诠释,在微观世界中,量子客体的行为具有固有的随机性,当试图对两个不相容的力学量进行测量时,这种随机性就会显现出来。而在测量之前,询问客体处于什么状态是没有意义的。比如,双缝实验中,在将一个电子或光子打到像屏上(进行测量)之前,问它究竟会通过哪一条狭缝根本没有意义。基于这样的认识,玻尔才宣称:物理学不是告诉我们世界是什么,而是告诉我们关于世界我们能够谈论什么[102]。由此可见,从哲学层面上说,哥本哈根诠释带有浓烈的现象主义和工具主义色彩。对于量子客体,我们只能通过测量来加以认识,由测量所记录的仅仅是量子的现象,而量子力学也就是帮助我们把可观测的现象关联起来的一种工具,说得更具体一点,它是一种有用的解释和预言工具。

如果坚持传统实在论的基本信念,那么,对像电子这样组成宏观物体的微粒而言,不管我们是否对其进行观测,它都在"那里"存在着,并以确定的方式运动着。这样一来,哥本哈根诠释就不再令人满意。爱因斯坦是坚定的实在论者,相信"上帝不会掷骰子",因此,这好比在双缝实验中电子不可能以幽灵般的方式行事。如果量子力学不能对电子的行为做出确定的描述,那就表明它是不完备的。事实上,EPR论文中提到一个思想实验,原本是想要论证量子力学理论是不自洽的,并且它对物理实在的描述是不完备的,而客观上则揭示出量子系统具有一个非常深刻和奇异的特性——纠缠性。

这个思想实验是让我们考察一个原先单一的粒子分解成两个相同的粒子 A 和 B,但其运动方向完全相反的情形(见图 3-1)。

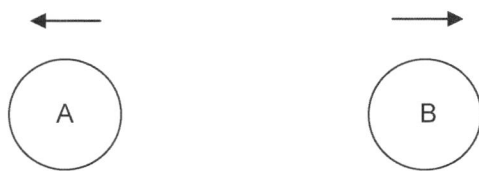

图 3-1　原先单一的粒子分解成两个相同的
但运动方向相反的粒子 A 和 B

根据量子力学中的海森堡不确定性原理,一个粒子的位置和动量是一对不相容的力学量,因此我们不能同时确定 A(或 B)的位置和动量。然而,由于 A 和 B 是完全相同的,根据对称性,A 离开中心点(爆炸点)的距离就等于 B 离开中心点的距离,这样,通过对 B 的位置进行一次测量就能知晓 A 此时所在的位置。另一方面,根据动量守恒定律,对 B 的动量进行一次测量就可以推断出此时 A 的动量。由于位于 B 处的观测者是自由的,也就是说,他可以突然想要测量 B 的位置,也可以突然想要测量它的动量,因此,依据他的选择,他最终可以知道 A 的确定位置,或者 A 的确定动量。

爱因斯坦等人坚持认为:"在不以任何方式干扰一个系统的情况下,如果我们能够确定地(即概率为 1)预言一个物理量的值,那么就存在一个对应于该物理量的物理实在要素。"[103]假定 A 和 B 反向飞行足够长的时间,彼此的空间距离拉得足够远,根据狭义相对论的定域因果性,任何物理信号的传播速度不可能比光速更快,这样,对 B 实行的一次测量至少不会立刻对 A 产生影响。基于上述情况,依据 B 处的观测者所做出的选择,通过对 B 的位置的测量就可预言 A 的位置值,因而,A 必定具有一个真实的位置;同理,A 也必定具有一个真实的动量。也就是说,A 的位置和动量都是物理实在的要素,它们在测量前客观上都具有确定值。

然而,根据量子力学理论,A 的位置和动量是一对彼此不可对易(不相容)的力学量,在对 A 进行测量之前,它处于一种不确定的叠加态,位置和动量都不具有确定的值,只有当对 B 进行测量后,我们才能够知道 A 处于何种确定的状态。这表明,量子力学理论对物理实在的描述是不完备的。

玻尔运用整体性的思想对爱因斯坦等人所提出的挑战及时地做出了回应。在玻尔看来,在 EPR 实验中,即使彼此相距很远且没有直接的物理信号在 A 和 B 之间穿梭,但是由于 A 和 B 是一个整体中的两个部分,原本就存在着不可分割的关联,因此,谈论 A 的状态时,不能忽略对 B 实行的测量。然而,爱因斯坦坚持他的定域实在论,拒绝接受这种"幽灵般的超距作用",致使他的思想始终与量子力学相冲突[102]。

根据物理学家玻姆的分析,EPR 实验中关于物理实在所提出的判据隐含两个假定:(1)实在世界能分解成一个个独立存在的要素;(2)每个要素在一个完备理论中都应当有一个严格确定的数学量[104]。从上述量子力学的叠加原理可以看出,态叠加的概念与定域实在论的客观确定性是不相容的。然而,玻姆所做的进一步研究表明,放弃定域实在论的思想,也就是不要求任何状态下的物理系统的力学量都必须客观上为定域单值所确定,则量子力学的预言仍然能为含有隐变量的非定域经典理论所包容。采用一种比较形象的说法,量子力学表明上帝在掷骰子。但是,假如存在某些尚不为人知的非定域的隐变量,就可用以解释叠加的量子态的测量结果,因此,在更深的层面上,上帝其实并不是真的在掷骰子。玻姆一直致力于建立和发展基于非定域隐变量的量子力学理论。不过,由于隐变量在实验上没有特殊的表现,迄今还未能揭示或否定隐变量的存在,而对隐变量的物理来源和性质又缺乏足以令人信服的解释,因此,玻姆等人提出的隐变量理论在量子力学中始终处于边缘的位置。

1964 年,爱尔兰物理学家贝尔从爱因斯坦的定域实在论和存在隐变量这两点出发,推导出一个不等式。其研究表明,基于定域实在论和隐变量的任何理论都会遵守这个不等式,而量子力学的有些预言却可以破坏这个不等式。20 世纪 80 年代以来,一系列精巧的实验证明:贝尔不等式可以被破坏。进一步分析发现,贝尔所得出的结论实际上并不依赖于隐变量存在这一假定,也就是说,就实质而言,只需要定域实在论就够了[102]。因此,实验的结果明确支持量子力学所表现出的空间非定域性质,而爱因斯坦所坚持的定域实在论却遭到了反驳。

现在看来,在 EPR 论证中,爱因斯坦的"定域实在论",是一种试图通过引入定域的物理实在的信念,将量子力学纳入定域的经典物理的思维模式。囿于这样一种思维模式,爱因斯坦未能理解为何一个不可分割的系统的两个子系统之间具有非定域的依赖关系,这使得它们客观上处于不确定的状态。因此,如果对同一个态进行不同的测量,将会造成不同的坍缩,得到不同的结果。

实际上,EPR 实验具有非常重要的科学和哲学意义。尽管爱因斯坦等人起先是试图通过这个思想实验来表明量子力学的不完备性和不自洽性,但从实际效果来看,却揭示了量子系统最为基本和奇异的内禀特性之一,即量子纠缠。纠缠态的概念最早是由薛定谔于 1935 年在讨论著名的"薛定谔猫"的思想实验中引入的。在这个思想实验和 EPR 实验里,所给出的波函数都是纠缠态。有趣的是,这两个思想实验原旨都是为了批评量子力学的基本原理和概念的正统诠释,结果反而促使人们逐渐认清他们自身对正统量子力学诠释进行责难的问题究竟出在哪里。

到了现在我们已经知道,纠缠态是量子的多体系统(或多自由度系统)的一种特有而又普遍存在的量子态,反映了量子力学理论的本质。所谓纠缠态,简单地说,就是组成系统的粒子的状态存在不可分离的关联,而这时每个粒子均不处于确定态。用更有技术含量的语言来说,处于纠缠态的系统的态不能表达成每个粒子的纯态的直积形式。可见,量子纠缠必定体现为粒子态之间的关联,但关联不等于纠缠,因为两个关联的粒子可以均处于确定态。在 EPR 实验中,原本构成一个整体的 A 和 B 两个部分就处于这样一种纠缠态,每一部分的态都是不确定的。我们无法单独地确定某个部分处于什么状态,所能获得的只是两个部分之间的超空间关联这种整体性质,因而不能通过任何因式化分解而成为可分离的形式。所以,量子纠缠是一种没有经典对应的非定域的关联,而在测量过程中这种关联将会发生坍缩。

量子力学对我们现存的认知框架的冲击无疑是巨大的。大多经典理论只是对广阔量子世界某一限定区域中的现象进行了近似的解释。目前我们对量子力学的真正面貌还没有完全把握。哲学作为人类认识世界的根本方法,当它遇到类似量子力学的新鲜概念时,一定可以迸发出新的活力。

量子力学诞生后,哲学家们就开始研究其对哲学理论会产生什么样的影响。在现实生活中,我们能够明确地看到一辆汽车以某个确定的速度从我们身旁疾驶而过,但是量子力学却告诉我们无法同时确知一个电子的位置和速度。我们将骰子放入盒子中摇晃两下,此时不论打开还是不打开盖子,朝上的点数都已经是一个确定的值了,但是量子力学却表明在我们进行观测之前,电子的状态并不一定具有确定的值。

　　为何量子力学所描述的世界和我们所能感受知道的世界之间存在如此深刻的差异？世界是随我们对它的观察而变化的吗？我们真的能够完全感知这个世界吗？各种各样的问题随之而来。对于隐藏在我们感知之外的实在,有人试图提出诠释。其中构型空间诠释(the configuration space interpretation)和埃弗利特诠释(Everett interpretation)是两种较有影响的诠释。前者认为我们所处的世界是另一个高维空间的投影,一个客观实在的现实世界确实存在,但是由于我们所处的只是其在三维空间的投影,因此无法直接感知其全貌,而只能在三维空间中看到它的效果。这种诠释肯定了物理世界的客观性,但认为真正的物理世界超越了我们对它的感知。后者也被称为多世界理论,其认为实在世界是由无数平行宇宙构成的,宇宙中的各种物体无论大小都可以用波函数描述。各个平行宇宙本身也可以用一个波函数描述。整个实在世界就是各个平行宇宙波函数的叠加,这些波函数独自演化,互不干扰,但在某些条件下可能发生干涉。这种诠释强调波函数的实在性,同时也肯定物质世界是客观存在的,但由于我们无法从更高的角度来观察宇宙波函数的演化,因此我们感知到的只能是某个平行宇宙中的情况。

　　量子哲学的研究内容主要涉及量子力学理论与本体论、认识论等之间的联系。早在 1974 年,雅默(Max Jammer)便在他的著作《量子力学哲学:历史视角下的量子力学解释》[26]中对量子力学的哲学发展进行了阐述,主题涵盖了早期的半经典诠释、不确定性关系、量子逻辑、随机诠释、统计诠释、测量理论等内容。之后,雷德黑德(Michael Redhead)独立地提出了量子力学的数学形式主义,关注量子力学是不是一个不完整的理论,是不是一个非定域的理论,能否被现实地诠释。其研究的大部分内容是关于区分这些问题的不同含义,以及评估哲学家和物理学家迄今为止给出的各种答案[132]。普特南(Hilary Putnam)以科学实在论为前提,讨论量子力学的各种诠释[105]。人们对量子力学给出了各式各样的解读,但现有的各种诠释似乎都不能完全令人满意。虽然量子力学允许我们对许多物理现象进行比较准确的描述、计算和预测,但是如弗里贝尔(Cord Friebe)等人所说[106],我们依然没有很清楚地了解量子力学与世界的客观对象和性质之间的关系。

一个真正好的物理理论应该清楚而直接地解决两个基本问题:物理对象是什么? 它的变化规律是什么? 第一个问题的答案由理论本体提供,第二个问题的答案由其动力学提供。本体应该有清晰的数学描述,动力学应该通过描述本体如何发展的精确方程来实现。即使是很有影响力的哥本哈根诠释,对测量过程和观测者角色的处理仍然存在争议。它利用数学手段描述了一种预测方法,而不是正面描述本体论或动力学。这种批评在玻尔所处的时代就已经存在。后来研究者对这个理论进行了修正,提出了 GRW 方法,用来描述量子力学波函数的自发坍缩,但这也不是一个令科学实在论者可以完全接受的诠释。

国内的研究者对于量子哲学同样展现出高涨的研究热情,不过研究风格与国外研究有明显不同。国外学者关注的重点是量子力学各种诠释的内在含义,而国内学者更关注从量子理论出发引申出对一般哲学概念,如客观性、实在论等的思考。例如,有研究者对"科学认识的客观性原则"进行了阐述,认为量子力学所揭示的微观认识的特性并非建立在主客体不可分基础上的主体性,微观认识的本质特征仍是客观性,而非主体性,认识的客观性原则并未发生所谓本质上的危机,而仍然是科学认识所一贯坚持的原则[107]。也正因为如此,有研究者认为有必要从现代物理学(比如量子力学理论)的科学事实出发,对这种主张客观性具有属人性质和属人特点的观点进行剖析,以进一步阐述科学认识的客观性原则。

有研究者提出量子理论从非定域性、不可分离性和非个体性这三个方面挑战了自然哲学,并指出量子理论提供了结构实在的本体论框架,打开了战胜关系二元论的认识论视阈[108]。还有研究者提出,量子力学带来了关于客观性、实在论以及主客体间的分界线等哲学问题的困惑[109]。只有明确了量子力学的哲学前提,才能在争论中明辨是非。

量子力学的哲学前提蕴含在它的基本假设之中,是对量子力学的原始概念和方程的物理诠释,是理论的数学描述与经验事实之间的联系规则。这些哲学前提主要包括实体、关系、属性相统一的实在论观念,统计因果性观念和整体论观念。有研究者提出量子力学的哲学研究有两个层次:一是根据量子理论及其技术的发展,探讨具体的哲学问题;二是探讨事关理解科学理论本身的哲学框架问题。并且强调框架问题不能被简化为具体的哲学问题,也不能在传统框架内探讨,而是需要重新回到量子力学的实践中,揭示潜存的新观念[109]。

3.1.2　量子政治学

关于量子政治学的发展,我们可以定位出三个重要的时刻:1927 年,1991 年,2015 年至今。

量子政治学的第一次提出,可以追溯到量子物理学峥嵘崛起时期中最高光的 1927 年,著名的第五届索尔维会议正是在那一年的 10 月召开的,当世最有才华、星光夺目的物理学家济济一堂,围绕量子力学的诠释问题展开激辩。在那一年,哈佛大学教授、政治学家威廉·蒙罗(William Bennett Munro)在美国政治科学协会上做主席报告,题目是《物理学与政治学:重访一个旧的类比》。在这篇报告中,蒙罗提出,量子力学——他在报告里称之为"新物理学"——逼迫政治学研究者对关于国家与政府之起源的诸种古早理念做出一个全盘性的改铸,尤其是对建立在"个体自由的教条"之上的美国政治学做出改铸。盛行美国政治学界的个人主义意识形态把个体比作"原子",然而量子物理学却以实验和理论清晰无误地指出,原子既不是终极的,也不是不可再分的。

蒙罗进而提出,整个社会就如同一个物理宇宙,里面充斥着看不见的能量单元,它们以各种速度移动,穿透进权力中。政治学必须研究这些微观的能量单元,以及它们运动与彼此影响的方式。被错误比作"原子"的个体公民,更恰当的方式是被比作"原子核",它们在和其他能量单元发生的复杂互动中被实现以及被控制。那些抽象的理念,就如同"社会宇宙的电子"。政治场域中个体(individuals)与理念(ideas)的关系,就是能量场中原子核与电子的关系。与自由主义政治哲学相反,蒙罗认为,恰恰是各种政治理念及其社会装置(学校、大学、出版社、论坛等),导致了政治场域内公民同其国家的关系的多样性。理念具有穿透性的权力,让公民与国家的关系"固着"。这些提法在当时美国政治学界如同异端,不但格格不入,而且让人莫名其妙,如果不是胡说八道的话——毕竟那时量子力学本身在物理学界亦是极具争议性的存在。

量子政治学再次被人关注,是冷战之后的 1991 年。美国政治学家贝克(Theodore Beck)编辑出版了《量子政治学:将量子理论应用于政治现象》(简称《量子政治学》)。此书甫一问世,就被评论者评价为"将标识政治理论、政治设计以及最终政治实践的一个转折点"。《量子政治学》从美国政治、政治思想、后现代政治与生态学、政治概念、政治稳定性、法律政策、政治研究方法论等方面对量子政治学展开全面探讨。撰写该著各章的作者们在具体论述上观点并非全然一致,但他们的一致态度是:政治学研究必须跟上物理学研究脚步,必须去拒绝机械论、原子论与决定论的范式。《量子政治学》在引起讨论的同时,也遭到犀利的批评。批评矛头主要针对本书的副标题:宏观层面的社会与政治现象,是否可以直接套用研究微观物理现象的量子理论的洞见?

量子政治学再一次从边缘的位置向学术主流发起挑战,是非常晚近的事了——准确地说,是 2015 年至今。2015 年,政治学者卡泽米(Ali Asghar Kazemi)发表了论文《量子政治学:新方法论视角》。卡泽米从"后 9·11 世界"的诸种事件的不可预测性出发,再次强调"量子政治学"的方法论价值,并将《量子政治学:新方法论视角》视为一部"革新性著作"。

影响更大的是俄亥俄州立大学政治学教授温特(Alexander Wendt)于该年出版的《量子心智与社会科学:将物理本体论与社会本体论统一起

来》一著。尽管该书并没有深入政治学论域来讨论国家、政府、公民、权力等传统政治学论题，但由于温特本人是国际关系研究建构主义进路的核心代表人物之一，更是新现实主义进路与新自由主义进路的重要批评者（其上一本著作《国际关系的社会理论》广受赞誉），该书问世后仍然激起了国际关系学界的不小反响——这次的反响不再是赞誉，而主要是一边倒的批评。在该书中，温特将人论述为行走的波函数（通过意志力的行动，量子脑的波状态"坍缩"），这一观点遭到各方的批评，包括认同将量子理论与量子思维引入国际关系学（政治学）研究的学者们。

国际关系学界新起之秀赞诺蒂（Laura Zanotti）在其 2019 年出版的著作《国际关系中的本体论纠缠、能动性与伦理：探索诸个交叉路口》中，激进地拒绝了对社会科学的温特主义量子转向。温特的量子社会科学采取一种"强的反唯物主义"立场，"意识""自由意志"成为温特的焦点，并且"意识"被作为充盈宇宙的实体。赞诺蒂转而引入量子物理学家芭拉德（Karen Barad）在 2007 年出版的《半途地遇见宇宙：量子物理学和物质与意义的纠缠》一著中的核心思想，即"能动性实在论"。与温特完全相反，芭拉德是彻底唯物主义的，拒绝从实体出发，而从关系出发[110]。基于芭拉德的研究，赞诺蒂提出既有国际政治理论的核心问题，就是假定政治实体在其进入同其他实体的社会性关系之前已经是实体。在 2021 年出版的《针对批判性国际关系的量子社会理论：将批判量子化》一著中，国际关系研究领域另一位新起之秀墨菲（Michael Murphy）亦批评温特的量子转向，并认为"存在量子思维的多种进路"——温特主义道路走不通并不代表量子思维本身的失败。在墨菲看来，要理解"世界政治的根本性不确定领域"，只有引入量子思维，将国际关系的批判性研究量子化[111]。

值得一提的是，2017 年与 2020 年，分别有两本以"量子政治学"为题的专著出版。在私企任职的独立学者鲍曼（Marcus Bowman）在《量子政治学：超越简单的左右政治光谱》（2017 年）一著中提出，政治学要借鉴量子力学对矛盾性的容纳，来超越传统的左右光谱。具体建议是形成一个"政治圈"（political circle），在里面极端左翼与极端右翼都能成为一个中间主义者（centrist）。这种量子政治态的"圈"，使得我们的心智向诸种新的可能性打开。俄勒冈大学退休物理学教授、《量子创造力》以及《有自我意识的宇宙》等畅销书的作者哥斯瓦米（Amit Goswami）则于 2020 年推出《量子政治学：拯救民主》一著，用量子世界观批评当代政治，尤其是特朗普主义政客们以"我-中心化"（me-centeredness）的方式使用权力。这两本书尽管因为半业余性（作者分别是独立学者与退休物理学教授）而没有特别激起学界讨论的火花，但可以看出对量子政治学的讨论正在从政治学界蔓延到更广泛的交叉学科与社会公共写作领域。

3.1.3　量子教育学

人类的教育观与科学和技术的发展密切相关。物理学家们于 17 世纪末建立了经典力学体系，1687 年，牛顿的巨著《自然哲学的数学原理》首次出版。此后的一个世纪，在牛顿力学体系的基础上，人类可利用的技术不断进步。瓦特在 18 世纪 60 年代之后，对蒸汽机进行了一系列改进使其实用化，推动人类社会进入工业时代。工业时代占主导的教育制度是普鲁士式教育制度，学生在教室中整齐地排坐在一起，有如士兵出操排布的普鲁士队列，教师负责讲授与训导，学生负责聆听与服从。普鲁士式教育制度适应了工业社会的发展需求，学生被培养成为循规蹈矩的工作者，成为工业流水线的一部分，完成重复性的工作，但缺乏创新精神。

19 世纪末 20 世纪初，普朗克、爱因斯坦、薛定谔、玻尔、海森堡等众多物理大师将量子理论的大厦逐渐建立起来。随着人们对微观世界愈加熟练的操控，信息技术得到快速发展，人类开始进入智能时代。工业时代的特点之一，是人类的重复性体力劳动可以被机器取代；而智能时代的特点之一，是人类简单的重复性的脑力劳动可以被程序和算法取代。因此，与工业时代相比，智能时代对于人才的主动性和创新性提出了更高的需求。

顺应信息时代与智能时代的需求，教育界开始逐渐关注人的非智力因素与多元思维能力。哈佛大学的著名心理学家加德纳（Howard Gardner）在参与艺术教育与科学教育结合的"零点项目"过程中，考察了大量的对人类潜能的已有研究，创造性地提出了"多元智能理论"（Multiple Intelligence）。多元智能理论中的智能是在特定文化背景或社会中解决问题或制造产品的能力，主要包括八种：语言智能（Linguistic Intelligence）、逻辑—数学智能（Logical-mathematical Intelligence）、空间智能（Spatial Intelligence）、身体运动智能（Bodily-kinesthetic Intelligence）、音乐智能（Musical Intelligence）、人际智能（Interpersonal Intelligence）、自我认知智能（Intrapersonal Intelligence）和自然观察智能（Naturalist Intelligence）。

加德纳认为："人的心理和智能是由多层面、多要素组成的，无法以任何正统的方式，仅用单一的纸笔工具合理地测量出来。"[112] 这种对于人的智能的认识，正吻合了量子思维中的非定域性与非局限性，也要求我们以全局的、多方位的视角来看待学生的教育问题。多元智能理论认为，社会的发展需要多样化、层次化和结构化的人才，而人才的培养主要取决于学生的生长环境和教育作用[113]。每个学生都有一种或几种优势智能，传统的普鲁士式教育制度倾向于让所有的学生具有同样的特征，而适当的多元智能教育体系可以让每个学生获得某方面的专长。

多元智能理论中对人类大脑与计算机做了一个类比："人类大脑并不是一台计算机，而是很多计算机的组合，并且每一台计算机都有其特定的职能。"这一类比是从人类智能的多维度角度提出的，但当我们结合量子理论对这一类比进行思考时就会发现，人脑并不是以运算速度见长的计算机，无法做到每秒上万次的计算，但人脑擅长的是进行多种智能和信息之间的联结。例如，在数据库中进行信息检索时，传统计算机需遍历各种可能的匹配去寻找最终结果，而利用量子计算机中的匹配算则可以大大缩短搜索时间。诺贝尔生理学或医学奖得主麦克林托克（Barbara McClintock）在面对遗传学研究中的众多变量和假设时，常常能够不通过计算就快速进行评估并且做出结论,也就是所谓的"灵光一现"(Aha! moment)。这一案例被加德纳用来说明逻辑-数学智能与语言智能的区别。在某种程度上,这一案例也提醒我们,相较于多台并联的传统计算机,人脑也许更接近于一台量子计算机。诺贝尔物理学奖得主彭罗斯在其著作《皇帝的新脑》中也提到了类似的观点。

随着量子理论中的关联性与不确定性被越来越多的人所了解,自20世纪末以来,有许多教育领域的专家开始关注量子世界的神奇特性,并将量子理论的一些基本原理和特征与教育理念相结合,萌生了量子教育的思想。例如,陈建翔教授认为,传统教育学采取班级授课、分科教学、标准化考试的统一模式,教学过程由教师操控,教学结果有标准化的评估,属于"以教定学"的形式;而量子教育学则是"以学择教",学习过程有随机性,学习结果的评估可以因人而异[114]。教育学者们也在思考一些关乎教育本质的问题是否也具有量子的特点,例如:人的意识与认知是不是量子化的? 教育本身是否具有不确定性? 教育中是否存在跃迁等量子现象? 这些内容将在第六章"量子思维的教育启示"进行具体阐述。

3.1.4 量子经济学

量子力学的诞生,打破了西方被"机械论"统治了三百余年的局面。过去在"机械论"的引导下,世界被看作一个大机器,不同实体之间仅存在机械联系,强调从局部实体来探索整体结构;而量子力学打破了仅从宏观角度观察世界的陈旧观念,量子力学描述微观角度下物质的结构、运动和联系,更本质地还原了真实世界的面貌。

社会科学和自然科学密不可分、共同发展。牛顿经典物理时代到量子物理时代的突破性跨域也引发了传统社会科学的思维方式的转变,量子经济学就是其中重要的新兴领域之一。量子力学在微观层次下观测微观粒子的结构、运动规律;经济学对生产过程、分配以及消费进行研究,检视经济有机体在特定经济体系下的结构、行为。通过经济学社会场论，在经济科学与量子力学之间建立某种联系，可以将量子力学的一些理论与方法外推到经济科学领域。越来越多的研究已经发现金融交易等经济过程呈现出很多与量子过程的共同点，结合量子思维进行适当的建模将更准确地描述某些经济行为。

第一个在经济分析中直接利用量子技术的人是巴基斯坦数学家卡迪尔（Asghar Qadir），他在 1978 年出版的《量子经济学》一书中指出，量子力学是对以下情况进行建模的最佳数学框架："消费者的行为取决于无限多的因素，并且消费者在提出问题之前都不知道任何偏好。"[115] 他提出，就像量子力学中的粒子一样，"可以将个体视为实体并看作希尔伯特空间中的一个点"。1997 年诺贝尔经济学奖得主舒尔兹（Myron Scholes）建立布莱克-舒尔兹（Black-Scholes）期权定价模型，开"量子经济学"的先河[116]。20 世纪末，伊林斯基（Kirill Ilinski）在金融市场中引入量子场论[117]，应用量子电动力学理论，在定价模型中引入价格不确定这个随机因素，构建了资金流动影响随机定价过程的定量模型。21 世纪初，沙登（Martin Schaden）基于现代量子理论建立二级金融市场模型[118]，在现代定量金融市场中引入量子系统的哥本哈根特征，即任何测量都可能以一定的概率改变随后测量的结果，同时量子理论提供了量子跃迁过程中相干宏观效应的物理现象，这和在金融市场中探究市场周期性和相关波动行为是吻合的。对复杂、不确定性的市场数据进行统计描述时，量子理论可以提供一种更简单而有效的方法去观测整个市场的行为表现[119]。近年来，越来越多基于量子理论的经济金融模型被提出，经济学家们在应用量子模型的过程中，对复杂的经济市场有了更深的了解。除此之外，基于量子信息的不可复制性这一特征，也有研究者提出将量子作为货币形式，为提高经济管理的安全性和效率性提供一种全新的可能。

纵观量子经济学的发展历程，我们可以发现量子经济学与新古典经济学的不同。新古典经济学假设人们在做出经济决定时独立行动，基于期望效用理论,受限于建模人的喜好。而基于概率的决策在量子认识下遭到质疑:行为经济学的许多发现与经典逻辑并不一致,但与量子社会科学中假设的量子决策理论相吻合[120]。量子经济学指出,经济是一个典型的量子社会系统,基于量子货币、量子金融和量子社会科学的思想,经济被视为各有机体相互纠缠的系统,金融参与者是经济纠缠系统的一部分。经济有其自身的测量不确定性、纠缠、二元性等性质,因此量子经济学的发展为新古典主义方法提供了一个更为适合、深入的替代选择[121]。

在经济预测方面,运用量子思维也很有帮助。通俗来讲,社会的经济基础是交易各种微观商品的市场。微观商品,例如股票、商品期货等的价格运动,呈现出类量子的跃迁运动。而在用市场中各类商品的价格线性组合来表示总体价格水平的波函数时,加上一些量子性质,对从宏观观测与理解整个经济的发展运动轨迹是有一定帮助的。历史的发展,是在大概率的必然和无法预测的偶然事件中螺旋前进的。站在时间的宏观角度去看经济发展轨迹,可以在周期性和规律的经济理论中进行大趋势的预测,但从微观角度去观测个体行为时,其往往展示出类似量子力学里粒子运动的特性,即我们对个体的预测并不存在精确的可能性,能预言的是该事件发生的概率。这一点也与对量子系统进行观测有相似之处:得到观测结果之前,事件的状态并不是非黑即白的,而是一定概率下不同状态的组合;当观测者和被观测者进行测量的行为时,状态发生坍缩,最终得到观测结果。

美国金融家索罗斯(George Soros)旗下经营的量子基金是全球著名的大规模对冲基金。基于海森堡提出的"测不准原理",索罗斯认为,就像微粒子的物理量子不可能具有确定数值一样,证券市场也经常处于一种不确定状态,很难精确度量和估计。量子基金将一些金融工具以独特的复杂结构进行设计,根据市场预测进行投资,在预测准确时获取超额利润,或是利用短期内市场波动而产生的非均衡设计投资策略,在市场恢复正常状态时获取差价。量子基金具有复杂性、投资效应的高杠杆性、筹资方式的私募性以及操作的隐秘性和灵活性等特点。

在量子预测人类经济行为方面，量子理论的非交换概率结构具有定义两个彼此不相容的测度的能力，可以灵活而自然地解释决策中的顺序效应。2014 年 6 月，俄亥俄州立大学传播学院认知和脑科学中心副教授王征与其合作者在《美国国家科学院院刊》（PNAS）上发表论文《问题顺序的情境效果揭示了人类决策的量子属性》[122]，把量子理论和量子认知模型应用于问题顺序难题，通过"QQ 等量"预测为问题顺序难题提供了明确的解答，用量子概率理论成功地解释了其中不符合交换律的部分，并提出了能准确预测问题顺序情境效果的数学公式，也为量子认知科学及其"人类非理性决策行为可能基于量子概率"这一论点提供了强有力的证据。之后，量子认知模型更广泛地应用于涉及决策的经济学问题，如量子信号的团队决策问题[123]。此外，赫伦尼科夫（Andrei Khrennikov）在类量子代理的背景下讨论了奥曼定理[124]，揭示了类量子模型下奥曼定理有效性的适用条件。阿尔茨（Diederik Aerts）等采用类量子方法构建了一种新的风险选择行为模型[125]，描述了比较对象价值和做出选择决策的基本认知过程，其数学框架超越了经典概率论，扩展了期望效用函数理论（EUT）。这些研究成果均预示着量子经济学研究的未来发展前景。

3.1.5　量子管理学

随着量子力学成为科学发展的根本，任何领域都将发生颠覆性变化，其中包括与经济学密切相关的管理学领域，诞生了以量子思维为引导的新的管理范式——量子管理。与经济学的学科价值取向有所不同，管理学强调用科学与艺术相结合的理论、方法和手段解决现实问题。其学科思想的发展深受科技发展和工业革命的影响。当宏观层面的公共管理和政府管理、中观层面的产业组织、微观层面的企业经营管理面临进入新时代的复杂性、不确定性等问题时，经典物理哲学引领下的科学逻辑和方法与管理理论和实践的结合不断出现矛盾，而量子管理理论恰巧能为各个层面和各种性质的组织管理提供互补性、构建主义和参与性共谋的新逻辑[126]。21世纪初,人们意识到一些与人类决策过程有关的实验已无法用经典决策理论来解释,而基于量子干涉方程建立量子决策模型,为人类的管理决策过程增加了一个量子维度[127]。量子思维打破时空维度,建立起一个更为完整、系统的世界观,量子管理理论要求我们充分注重从整体多向性、生态性互联、主体创造力等角度去认识和把握组织有机体,只有站在事件本质的角度去分析事件,才能找寻到复杂表象背后的真实面貌,进而强调组织、整体、系统和创新的突破。

管理是一种实践,因而我们不难理解科技发展和工业革命直接影响管理思想的产生、发展和更替。管理学学科发展的源头是科学管理之父泰勒(Frederick Winslow Taylor)的古典管理学思想,体现在他的主要著作《科学管理原理》(1911年)中。他认为,要建立各种明确的规定、条例、计划和标准,使一切事务、流程、细节都科学化、制度化。他一生大部分时间所关注的是如何用科学方法提高生产效率,其管理思想的核心是"管理控制"。泰勒的古典管理学思想盛行于19世纪末20世纪初,在时间上对应于以电力为广泛应用的第二次工业革命(19世纪下半叶到20世纪初)时代。这也正是18—19世纪经典力学主导的、机械特点的经典思维时代。20世纪初,以爱因斯坦、普朗克、海森堡、薛定谔、玻尔等为代表的一批物理学家认识到一些物理实验不能用传统的牛顿经典力学来解释,从而催生了新的量子力学和量子理论,彻底改变了科学和技术的发展。

量子物理领域的研究将人类的认知论向前推进了一大步。随着互联网技术的快速发展,时间和空间的限制已经被打破,一切联系更加紧密。这种现象就像量子理论中相互关联的波性粒子一样,充满了不确定性和不可预测性。伴随着量子力学产生的量子思维超越了重视确定性、秩序和可控性的牛顿经典思维,且因其复杂因果性、非因果关联性、不确定性、动态性、不连续性等特点而能够适应变幻莫测的互联网时代,在当前社会经济中发挥重要作用[128]。在量子管理研究中,以左哈尔(Dana Zuhar)的思想为代表,她在《量子领导力》一书中融合东西方智慧,深入剖析了传统商业系统如今不再奏效的原因,对比了牛顿经典管理和量子管理模式的优劣,并提出了企业引入量子变革、构建量子管理系统的原则和路径。此外,组织研究也从强调竞争和还原主义转向伙伴关系、网络、高质量关系、社区和利益相关者谈判,表明了从个人到集体的范式转变[129]。这些思想和观念的转变,深受信息技术和互联网革命带给管理实践变革的影响。在广泛互联和超连接的世界中,价值创造的方式发生了根本性的变化。今天是万众普通人共同推动创新,共创价值的时代。当今主流的、先进的管理学理论思想,无论是否出现"量子思维"的字眼,都常常渗透着与量子思维相一致的精神内涵,可以简单地概括为:使命感驱动组织改变文化、架构和治理,从科层制转变为平台网络型结构,从独立、自给、竞争转变为开放、合作和共赢;使命感驱动管理者改变角色,从领导向赋能转变,从利己向利他转变,从控制向共创转变。但这并不是说古典管理理论完全被替代和淘汰了,只是它不再是主流和先进的思想,而存在于初级的、落后的、简单的管理场景中。

先进的公司采用量子思维进行管理。苹果公司前总裁乔布斯(Steve Jobs)通过采用量子战略,实现了高效运营、成瘾性产品设计与出色的系列创新的共存,为苹果公司创造了可持续的核心竞争优势[130]。海尔首席执行官张瑞敏说:"这是一个量子管理的时代。"他受到海森堡不确定原理的启发,打破了海尔传统自上而下的管理模式,把中层管理者剥离出来,使其成为微型企业的执行总裁。因此每个微企业都直接与自己的客户打交道,开发自己的产品。现如今,人单合一、竞单上岗、按单聚散等模式已在海尔内部形成常态化共识。在新书《人单合一:量子管理之道》(中国人民大学出版社 2021 年版)中,左哈尔用一章的篇幅专门介绍了海尔的"人单合一模式",认为中国的海尔集团是世界上第一家实施量子管理的大型跨国公司。事实上,海尔的管理代表了先进的管理理念、管理方法和管理范式,其背后的核心逻辑是与量子纠缠一致的整体性思维,是与场景主义相一致的关系文化,它们源自中国的文化传统。这表明在当前时代,面向未来,对于回答和解决世界性问题,中国思想和中国智慧具有独特鲜明的价值。

随着现代物理理论的不断发展,人们越来越意识到世界是混沌的,且处于充满未知、复杂性和不确定性的发展方向中,现代物理学的解释使我们不断接近这个世界的真实本征。打破传统固有观念,重构思维方式,将量子思维应用于人文社会科学发展是必然的趋势,量子经济学、量子管理学的理论、思想和方法将拥有更为广阔的发展前景和更为普遍的应用场景。

3.2　量子经济管理研究文献计量回望

采用文献计量方法对量子思维在人文社科中的应用进行研究分析,有助于我们从客观的角度把握研究的概貌及进展。然而,目前尚缺乏对量子人文社科研究成果的系统梳理和把握,不同领域的研究普遍呈现浅显化和碎片化倾向,研究内容相对分散[131]。为此,我们把经济学和管理学作为整体,运用文献可视化分析工具 CiteSpace Ⅴ,从文献时间分布、文献来源主要国家、主要机构以及核心作者、载文期刊等方面进行科学计量分析,以厘清量子经济管理领域的研究脉络,加强学术界和实践界对量子经济管理的认知。在此基础上,通过文献关键词共现分析、共被引网络分析和突现词检测分析,进一步探索量子经济管理研究的热点主题与前沿态势。

3.2.1　数据来源与研究方法

为获取量子经济管理研究领域最前沿、最全面的研究动态,探索其研究脉络,本章选择科学引文数据库(Web of Science,缩写为 WoS)为检索数据库,包括社会科学引文索引数据库(Social Sciences Citation Index,缩写为 SSCI）和人文艺术引文索引数据库（Arts and Humanities Citation Index，缩写为 A&HCI），以"Quantum"为关键词，以 1982—2020 年为时间窗口展开检索，检索时间为 2021 年 2 月。为保证检索结果在经济管理研究领域的准确性，设定如下检索策略：

TS = " quantum" and（WC = " Agricultural Economics & Policy" or WC = " Business" or WC = " Business，Finance" or WC = " Economics" or WC = " Engineering， Civil " or WC = " Engineering， Industrial " or WC = " Ergonomics" or WC = " Hospitality， Leisure， Sport & Tourism" or WC = " Industrial Relations & Labor" or WC = " Information Science & Library Science" or WC = " Management" or WC = " Medical Informatics" or WC = " Operations Research & Management Science" or WC = "Public Administration" or WC = "Public，Environmental & Occupational Health" or WC = " Regional & Urban Planning" ）

上述涵盖管理和经济领域的 16 个子领域，基本覆盖量子经济管理所涉及的研究领域。通过对搜索结果进行精炼，最终获得 454 篇该研究领域的相关研究成果，形成文献数据库作为数据来源。

为探索量子经济管理领域的研究脉络和热点前沿，本节以文献计量方法为依托，综合共现分析、共被引分析和突现词检测等，并与统计学、社会网络分析等方法相结合，以直观呈现该领域的核心内容与演进方向。在具体思路上，本节分析主要包括两个层面：其一为量化特征研究；其二为核心内容剖析。

在量化特征研究层面，本节主要借助科学知识图谱的分析思路，将传统文献计量方法与统计学、计算机科学相结合，以"科学文献数据"为研究对象，通过可视化分析，明晰相关研究领域的作者、研究机构、期刊分布等信息，直观地呈现该领域的发展演进过程，反映其在一定时期内的发展趋势与动向[132]。因此本节运用文献可视化分析工具 CiteSpace V 对量子经济管理领域的文献数据进行系统梳理和剖析，从文献数量的时间分布、文献来源主要国家、主要机构以及核心作者、载文期刊等方面进行科学计量分析,进而揭示该领域的研究现状。在核心内容剖析层面,主要从文献关键词共现分析、文献共被引网络分析和突现词检测分析三个维度,分别探索核心主题、关键进展和研究走向,明确研究的热点话题和前沿问题。

3.2.2 量子经济管理研究概况

其一,文献时间分布。通过对文献数量变化及时序规律的统计分析,可以系统把握量子经济管理研究的总体发展速度和研究水平,有助于评价该研究领域所处的阶段,预测发展趋势及动态。图3-2显示了1982—2020年研究文献时间序列特征。

图3-2　量子经济管理研究文献增长趋势

总体上,量子经济管理研究领域的文献数量呈持续增长趋势。该领域发展历程大致可分为四个阶段:

1982—1995年属于萌芽期。在该阶段量子经济管理领域的相关研究开始起步,文献数量呈个位数,学科发展较为缓慢。1982年,米勒(Danny Miller)和弗里森(Peter Friesen)开始使用量子理论解释组织结构的变化[133]。与此同时,量子跃迁理论也被斯瓦尼(James Swaney)和普雷姆斯

（Robert Premus）用来与经济学的现代经验主义进行探讨。80 年代末,穆恩奇（Thomas Muench）、巴兰兹尼（Mauro Baranzini）等人开始重视量子跃迁等理论模型在经济发展中的应用,其后量子管理相关的研究开始进入多个交叉领域,如人口管理、量子政治等。量子决策理论也被提出并受到关注,决策管理进入量子管理时代。

　　1995—1999 年属于生长期。20 世纪 90 年代中期以后,计算机和互联网逐渐大规模应用,推动了量子计算等研究的进展,信息技术开始成为量子管理理论的重要因素和主题[134],计算化成为这一时期的主要特征。1996 年,奥弗曼（Sam Overman）提出混沌和量子理论,这成为管理的一个新科学[126]。1997 年,鲍德温（Carliss Baldwin）和克拉克（Kim Clark）的论文《模块化时代的管理》奠定了量子管理的基础和新的起点,引发其后量子管理研究的一波高潮[135]。量子哲学理论被提出,量子管理在理论和实践上有了方法论的指导。

　　2000—2014 年属于扩散期。在这一时期,社会的混沌和复杂性改变推动量子经济管理在社会组织、公共卫生等领域进行探索。应用背景开始凸显,相关的算法模型被用于解决实际问题,并在大数据时代背景下进入实践应用领域,研究者开始用量子理论解决实际问题。

　　2015—2020 年为发展期。2015 年是大数据元年,混沌数据等新的技术带来量子经济管理在算法等领域的改进,促进理论方法和实践应用共同发展。如量子概率等新的方法不断被提出,量子管理研究也开始转向对人的行为研究,并深入到对人的大脑和智慧的探索,同时与新技术,如区块链等联合。随着当前大数据、人工智能等各类技术带来的社会变革以及人类的智慧进步,量子思维或将突破 20 世纪以前的经典思维,在经济和管理学领域掀起新的变革,成为世界范围内学术界关注的热点问题。

　　其二,文献来源主要国家。通过对该研究中的国家分布进行分析,挖掘各国对该领域研究的合作深度,展现该领域科研合作主题的价值及未

来走向。表 3 - 1 显示了 1982—2020 年研究文献主要国家分布特征，
图 3 - 3 显示了 1982—2020 年主要国家合作网络。

表 3 - 1　量子经济管理研究主要国家文献数量

序　号	国家/地区	文献数量（篇）	文献占比（%）
1	美国（USA）	145	31.94
2	英国（England）	47	10.35
3	澳大利亚（Australia）	25	5.51
4	印度（India）	24	5.29
5	中国（China）	22	4.85
6	法国（France）	22	4.85
7	加拿大（Canada）	16	3.52
8	意大利（Italy）	15	3.30
9	德国（Germany）	13	2.86
10	瑞士（Switzerland）	11	2.42
11	荷兰（Netherlands）	10	2.20

资料来源：根据科学引文数据库检索结果的国家发文数量整理。

　　根据统计结果，1982—2020 年研究文献来源国家共有 56 个，文献数
量在 10 篇以上的国家有 11 个。其中，美国位列第一，文献数量为 145 篇，
总量占比近三成；排名第二的英国文献数量为 47 篇，和美国的发文数量相
差较大；澳大利亚和印度分别位于第三、第四位，发文量为 25 和 24 篇；中
国相关研究文献为 22 篇，排名第五，体现了我国在该领域的重要地位。法
国、加拿大、意大利、德国、瑞士和荷兰相关研究的文献数量分别为 22 篇、
16 篇、15 篇、13 篇、11 篇和 10 篇。

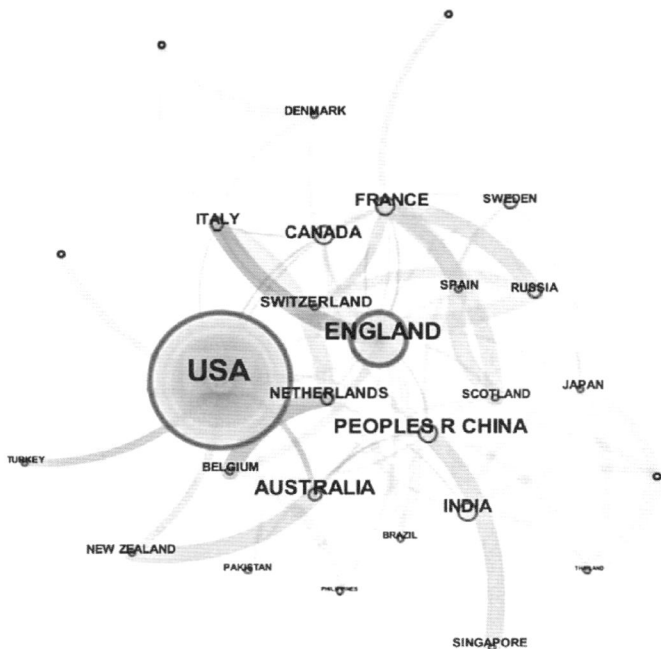

图 3 - 3　量子经济管理研究主要国家合作网络

从文献来源主要国家的合作网络图可知,参与量子经济管理研究的国家较多,涵盖范围较为广泛,各国之间合作的广度和深度不足,全球化的合作网络尚未形成。因此,应进一步加强研究的国际合作与交流,促进形成成熟、稳定的国际合作网络,推进量子思维在经济管理领域的理论发展及实践应用。

其三,文献来源主要机构。通过对该领域的机构分布进行分析,了解该领域科研重心的偏向及主要机构之间的合作情况,为后续该领域的发展合作提供参考。表 3 - 2 概括了 1982—2020 年量子经济管理研究主要机构分布及文献数量情况,图 3 - 4 呈现了 1982—2020 年主要机构合作网络。

表 3-2　量子经济管理研究主要机构分布及文献数量

序号	研　究　机　构	发文数量(篇)	国家
1	莱斯特大学 (University of Leicester)	9	英国
2	伦敦大学 (University of London)	9	英国
3	《科学家》杂志 (*The Scientist*)	8	美国
4	巴黎经济学院 (Paris School of Economics)	7	法国
5	法国国家科学研究中心 (Centre National de la Recherche Scientifique)	6	法国
6	新加坡国立大学 (National University of Singapore)	6	新加坡
7	伦敦大学城市学院 (City, University of London)	5	英国
8	佐治亚大学 (University System of Georgia)	5	美国
9	卡内基梅隆大学 (Carnegie Mellon University)	4	美国
10	苏黎世联邦理工学院 (ETH Zurich)	4	瑞士

资料来源：根据科学引文数据库检索结果的机构发文数量整理。

近 40 年来,国际上量子经济管理领域的研究机构仍以大学为主,文献数量排名前十的机构中,美国有 3 所,英国有 3 所,法国有 2 所,新加坡和瑞士各 1 所。其中,英国的莱斯特大学和伦敦大学并列第一,发文数量为 9 篇。研究还是以理论研究为主,理论与实践的结合性不强。因此,今后需要注重引导更多的企业实验室或各类科研机构参与其中,加大科研成果转化和产业实践的力度。

图 3-4　量子经济管理研究主要机构合作网络

量子在经济管理研究领域形成了一些较为稳定的国际合作网络：一是以莱斯特大学为核心，包括伦敦城市大学、纽芬兰纪念大学在内的合作网络；二是以巴黎经济学院为核心，包括俄罗斯科学院、巴黎第一大学在内的合作网络；三是以复旦大学、弘前大学、上海市计量测试技术研究院等为主的合作网络，这些研究机构的合作次数较多。仍处于独立状态的研究机构较少，如湖南大学、得克萨斯大学达拉斯西南医学中心等。

其四，文献来源核心作者。作为研究领域的中坚力量，核心作者的成果产出备受关注。根据普莱斯定律的公式 $M = 0.749\sqrt{N_{max}}$，其中，M 为核心作者的最低发文量，N_{max} 为发表论文数量最多的作者的发文量，计算得出发文 2 篇以上的作者即为量子在经济管理研究领域的核心作者。表 3-3 显示了 1982—2020 年核心作者文献数量分布情况。

表 3-3　量子经济管理研究核心作者文献数量

序号	作　　者	人数	发文数量 （篇）	文献占比 （％）
1	海温（Emmanuel Haven）	1	6	1.32
2	佩克尔（Jeffrey M. Perkel）、魏格尔 （John Wesley Weigel）	2	10	2.20

序号	作　　者	人数	发文数量（篇）	文献占比（%）
3	孔蒂（Elio Conte）、兰伯特-莫吉利安斯基（Ariane Lambert-Mogiliansky）、索佐（Sandro Sozzo）	3	12	2.64
4	匿名作者（Anonymous）、赫伦尼科夫（Andrei Khrennikov）	2	6	1.32
5	阿尔茨（Diederik Aerts）、阿尔瓦雷斯（Pedro Alvarez）、阿什蒂亚尼（Mehrdad Ashtiani）等	38	76	16.74
	合　　计	46	110	24.22

资料来源：根据科学引文数据库检索结果的作者发文数量整理。

　　根据统计结果，该领域的 46 位核心作者共发表了 110 篇论文，占文献总数的 24.22%，这与普莱斯定律要求的 50% 仍有一定差距，表明该研究领域尚未形成稳定的核心作者群，研究者较为分散，跨区域跨机构的合作研究较少，仍处于发展的初级阶段。其中，第一大合作群体以权威作者海温（Emmanuel Haven）为核心，由索佐（Sandro Sozzo）、波丽娜（Khrennikova Polina）等学者组成，主要研究领域是量子力学基础及其对社会科学的应用，聚焦于量子力学原理如何应用于心理学决策、金融学与经济学中信息模拟等相关问题。国际合作研究群体还包括扬（Broekaert Jan）、汉考克（Thomas Hancock）、乔杜里（Charisma Choudhury）、塞巴斯蒂安（Duchene Sebastien）和博耶-卡西姆（Thomas Boyer-Kassem），这些学者在量子经济管理研究领域的合作次数较多。此外，该领域仍存在较多独立研究的学者，如孔蒂（Elio Conte）、魏格尔（John Wesley Weigel）、阿尔瓦雷斯（Pedro Alvarez）等。虽然该领域的核心作者较多，但平均发文量一般，学者们需要不断努力与现实及文献对话，加强学者间的信息沟通和知识交流,积极培养更多优秀的人才,进一步推动量子在经济管理中的研究发展。

其五,文献来源核心期刊。通过对量子经济管理研究领域的期刊分布情况进行分析,可以在更高维度上把握该领域的研究态势。因此根据布拉德福定律的公式 $R_0 = 2In(e^E \times Y)$,其中,R_0 为核心期刊数量,E 为欧拉系数(值为 0.577 2),Y 为最大发文期刊的载文量,计算得出排名前 9 位的期刊为量子经济管理研究的核心期刊,如表 3-4 所示。

表 3-4 量子经济管理研究核心期刊文献数量(1982—2020 年)

序号	期　　　刊	文献数量(篇)	文献占比(%)
1	《图书馆杂志》(*Library Journal*)	45	9.91
2	《科学家》(*The Scientist*)	16	3.52
3	《科学计量学》(*Scientometrics*)	12	2.64
4	《期货》(*Futures*)	8	1.76
5	《数学经济学杂志》(*Journal of Mathematical Economics*)	8	1.76
6	《理论与决策》(*Theory and Decision*)	8	1.76
7	《控制论学报》(*Acta Cybernetica*)	7	1.54
8	《风险分析》(*Risk Analysis*)	7	1.54
9	《伦理学与信息技术》(*Ethics and Information Technology*)	6	1.32
	合　　　计	117	25.75

资料来源:根据科学引文数据库检索结果的期刊发文数量整理。

位于核心区的 9 份期刊文献数量共计 117 篇,占文献总数的 25.75%,这表明量子经济管理领域研究的文献在学术期刊中的分布较为分散,尚未形成相对稳定的期刊群。其中，《图书馆杂志》(*Library Journal*)的载文量排在第一位，为 45 篇。

此外，根据全球商学和管理学界对学术发表评估所公认的美国得克萨斯大学达拉斯分校(University of Texas at Dallas，缩写为 UT/DALLAS)界定的 24 种顶级期刊目录，1982—2020 年，量子经济管理研究的 454 篇文献中共有 9 篇被收录。其中《管理学会评论》(*Academy of Management Review*)、《运筹学》(*Operations Research*)、《营销科学》(*Marketing Science*)各有 2 篇，《管理学会杂志》(*Academy of Management Journal*)、《信息系统研究》(*Information Systems Research*)、《生产与运作管理》(*Production and Operations Management*)各 1 篇。具体见表 3 − 5。

表 3 − 5　UT/DALLAS 期刊上发表的量子经济管理研究论文

	作　者	题　　目	年份	期　刊
1	Mehta，N；Ni，J；Srinivasan，K；Sun，B H	A dynamic model of health insurance choices and healthcare consumption decisions	2017	*Marketing Science*
2	Park，S J；Cachon，G P；Lai，G M；Seshadri，S	Supply chain design and carbon penalty：Monopoly vs. monopolistic competition	2015	*Production and Operations Management*
3	Lord，R G；Dinh，J E；Hoffman，E L	A quantum approach to time and organizational change	2015	*Academy of Management Review*
4	Agrawal，P M；Sharda，R	OR Forum-Quantum mechanics and human decision making	2013	*Operations Research*
5	Shugan，S M	Causality，unintended consequences and deducing shared causes	2007	*Marketing Science*

	作　者	题　目	年份	期　刊
6	Bordley，R F	Quantum mechanical and human violations of compound probability principles：Toward a generalized heisenberg uncertainty principle	1998	*Operations Research*
7	Robey，D；Sahay，S	Transforming work through information technology：A comparative case study of geographic information systems in county government	1996	*Information Systems Research*
8	House，R J	Organizations：A quantum view	1984	*Academy of Management Review*
9	Miller，D；Friesen，P H	Structural-Change and performance-quantum versus Piecemeal-Incremental approaches	1982	*Academy of Management Journal*

资料来源：本章作者根据量子经济管理文献的发表期刊来源整理。

3.2.3　量子经济管理研究热点与前沿

其一,关键词共现分析。关键词是对某一研究领域内文献主题的高度概括和凝练,出现频次高的关键词常被用来确定该领域的热点问题[136]。因此,通过采用关键词共现分析技术(Keyword Co-citation Analysis,缩写为KCA)对高频关键词进行统计分析,可以概括得到量子理论在经济管理领域内的研究热点。图3-5呈现了1982—2020年关键词共现网络,图中节点大小表示该主题词出现的频率,节点越大,表明关键词出现频次越高;连线的粗细表示两节点间的共现关系强度。

量子经济管理研究领域的关键词共现网络以量子力学(quantum mechanics)为网络中心,关键词量子理论(quantum theory)、类量子模型

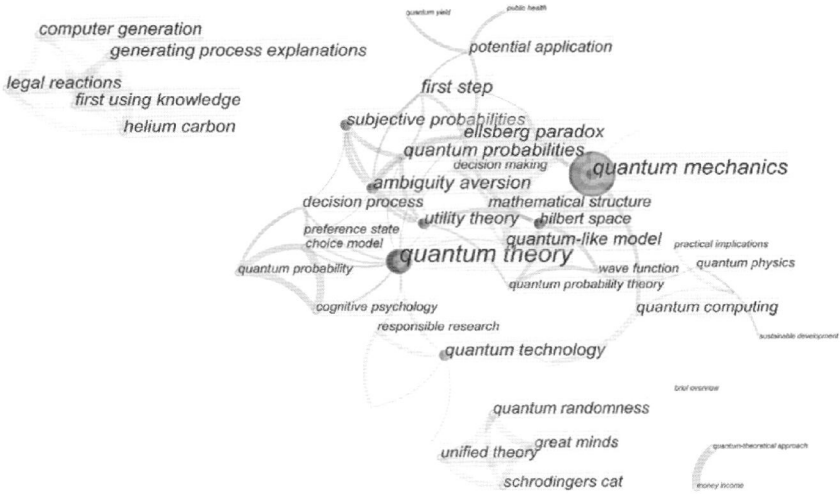

图 3 - 5　量子经济管理研究关键词共现网络

（quantum-like model）、模糊厌恶（ambiguity aversion）等关键主题紧密围绕网络中心，代表了该研究领域的热点问题，深刻影响着量子理论在经济管理领域的研究演进。此外，该关键词共现网络整体呈现较为稀疏的状态，表明研究方向较为分散，不局限于细分的研究方向，领域之间跨学科合作呈常态化，但联系不紧密。

　　为进一步科学客观地探析国际上量子经济管理研究领域的主题热点，我们采用词频－逆文档频率（Term-Frequency Inverse Document Frequency，缩写为 TF－IDF）算法对图谱中的高频关键词共现频次进行统计。TF－IDF 算法为抽取文献特征关键词的算法，其中，TF 为关键词出现的频率，IDF 为逆文本频率。对于某一特定词语的 IDF，可以由总文件数目除以包含该词语文件的数目，再将得到的商取以 10 为底的对数得到。TF－IDF 代表高词频率和低文件出现率的权重，值越高，代表其重要性越强。我们就 TF－IDF 值大于 25 的关键词，与其对应文献进行关联，形成量子经济管理研究文献主题词分布，见表 3－6。

表 3-6　量子经济管理研究文献主题词分布(1982—2020 年)

序号	高频主题词	TF	IDF	TF-IDF
1	quantum mechanics	30	2.64	79.17
2	quantum leap	29	2.64	76.53
3	quantum theory	20	3.04	60.89
4	quantum physics	17	3.22	54.72
5	quantum computer	12	3.66	43.96
6	practical implications	9	3.87	34.84
7	quantum computing	9	3.87	34.84
8	utility theory	7	4.13	28.89
9	significant difference	6	4.45	26.73
10	decision making	6	4.28	25.66
11	quantum change	6	4.28	25.66
12	quantum leaps	6	4.28	25.66
13	quantum view	6	4.28	25.66

　　量子经济管理研究领域排名前 13 位的高频关键词分别是：量子力学（quantum mechanics）、量子飞跃（quantum leap）、量子理论（quantum theory）、量子物理学（quantum physics）、量子计算机（quantum computer）、实践意义（practical implications）、量子计算（quantum computing）、效用理论（utility theory）、显著性差异（significant difference）、决策（decision making）、量子变革（quantum change）、量子跃迁（quantum leaps）、量子观（quantum view）。

　　量子社会科学的目标是利用量子物理学中的模型和概念,研究社会科学广泛领域内的问题,包括经济学、金融学、心理学、社会学和其他研究领域[137]。通过图3－5和表3－6,可以凝练出量子经济管理研究的热点主题,在此基础上,结合现实发展状况,探究该领域研究的演化脉络与热点变迁,即在研究结构上可以将其概括为量子理论方法在经济管理领域的应用。

其二,量子理论在经济管理领域的应用。量子理论认为微观物质和能量同时具有粒子和波的性质,其在空间内的可变运动以"模糊"轨迹表示,可以用抽象的、代数推导的概率波函数描述,这种概率波的特征是高度不确定性[138]。随机粒子碰撞后,会产生可预测的组合和变化,然后形成新事物[139]。玻姆认为,如果所有的动作都是离散量子的形式,不同实体之间的相互作用便构成一个不可分割的链接结构,整个宇宙必须被视为一个完整的整体,每个部分都包含关于整个物体的内容信息[140]。而事物只存在于关系中,因果关系是系统的,行为和结构由背景塑造[141]。这一观点对组织管理产生了深远的影响,表明系统或组织是自组织或自我创造的,系统内部各个部分通过相互作用而存在、成长,又通过相互作用联结成为系统[142]。个体和整体都与环境有关,通过自然而然地与外界环境的信息和能量交换而涌现出最佳状态和最优结果,从而实现自组织状态[143]。

量子物理学和量子力学领域已经能够通过使用严格的数学形式来对包括亚原子粒子和宇宙在内的各种实体的运动的复杂性和不确定性进行建模[144]。对组织内部的人来说,承认存在于一个复杂的、关系密切的世界中变得越来越重要。正如沃多克(Sandra Waddock)所指出的,公民行为是整个公司不可分割的一部分,因为它存在于整个社区和整个社会,所有人都在公司内部运作[145]。量子范式具有整体观,体现为协同作用、相互作用和集成,即模糊接口可以在短时间内急剧变化,从而形成复杂的情况,且整体大于部分的总和[146]。相互联系有助于超越日常生活的分裂和分割,从而实现整体主义[147]。在组织中,共享共同利益和拥有共同目标的个人之间存在着关系网络。高度的社会一致性反映在稳定与和谐的关系上,这使得有效的流动与利用能量和沟通需要最佳的集体凝聚力和行动。社会连贯性要求群体成员相互协调,情感上相互联系,群体的情感能量是由群体整体组织和调节的。开明的管理者和企业家会努力超越全球各地的分歧,平衡社会利益、信任和法律关系、团队合作和明星个人[148]。随着量子自然科学革命引发的科学哲学思维的变革,量子理论和方法逐渐被应用于经济管理等社会科学领域。

其三,量子方法在经济管理领域的应用。量子方法被广泛应用于经济学和金融学研究中,如价格动力学模型、股票价格、利率、私人信息的整合等。作为量子力学在经济学领域应用的典型研究,西格尔父子(William Segal, Irving E. Segal)尝试借助量子效应来解释金融市场价格演变中的极端违规行为[149]。伊林斯基(Kirill Ilinski)采用量子场论的方法来描述金融市场,并推导出资产价格和资金流量随时间演化的方程,且当资金流的速度为无穷时,其结论就退化为经典数理金融中的结论[150]。然而,沙登提出从量子理论的角度处理金融问题的新观点,并推导出市场演化的薛定谔方程,这与现代金融理论通过资产的价格来描述市场的演化是很不相同的[151]。由于量子模型在逻辑上比随机模型具有更大的普适性,量子方法能更好地揭示金融市场的属性。海温利用量子力学进行资产定价中的信息建模工作,表明量子力学的解释可以成功地应用于经济领域[152]。勃兰登堡(Adam Brandenburger)和拉穆拉(Pierfrancesco La Mura)考虑了量子信号的团队决策问题[123]。

事实上,上述量子理论和方法在经济管理中还存在大量的交叉整合运用。在将量子理论和方法引入组织管理方面,米勒和弗里森开始使用量子理论来解释组织变革,他们研究了改变组织结构不同方法的有效性,探讨了结构变革的两个维度[133]。研究结果表明,与渐进式变革相比,量子变革的趋势与高绩效的相关性更大。米勒也认为,为了应对新战略或环境,对组织结构迅速进行渐进式变革可能存在隐藏成本,而周期性但革命性的量子变革才是最为经济的战略[153]。

在此基础上，菲根鲍姆（Avi Fiegenbaum）和托马斯（Howard Thomas）通过对 1970 年至 1984 年美国保险行业中的战略集团进行分析，研究了该行业战略集团的纵向结构，并确定了这些战略集团随时间推移所遵循的战略模式。结果表明，战略适应的量子理论成功模拟了战略群体变革的过程，即量子变革模型适用于战略群体层面[154]。奥弗曼将量子隐喻和方法引入实际管理问题，发现绩效与改进之间的关系不仅是共轭的，而且是动态的，说明海森堡不确定原理的基本前提是，对一个特征进行的任何测量都会瞬间影响另一个特征[126]。

巴伯（Deborah Barber）等描述了量子组织的人力资源管理系统，包括建立和传达公司使命、愿景和价值观，基于团队的产品开发和运营团队、行为的结构化面试流程、严格和全面的绩效管理和激励薪酬流程、高度自动化和高效的人力资源基础设施，开发了整合并购的软资产尽职调查过程[155]。基尔曼（Ralph Kilmann）认为量子组织应该具有更平坦的结构和水平的层次结构、参与性的决策、员工之间的合作精神、权力下放和赋权、相互信任和团队精神，并将量子组织命名为自适应组织、网络组织、水平组织、知识创造型组织和学习型组织[156]。戴克（Bruno Dyck）和格雷达努斯（Nathan Greidanus）基于量子纠缠和不确定论假设，提出了量子可持续组织理论（Quantum Sustainable Organizing Theory，缩写为 QSOT），并探讨了与以牛顿假设为前提的传统组织理论相比，面向可持续性的量子组织理论如何更好地解决地球面临的社会生态问题[157]。洛德（Lord）等提出了一种时间和组织变革的量子方法（Quantum Approach to Time and Change，缩写为 QATC），以解决组织中与稳定性和变革相关的问题。该方法说明未来具有多种潜力，每种潜力都可以定义现在，并提供了一个新的视角帮助推进组织理论研究[158]。

其四，量子思维和量子管理的实践研究。左哈尔首先提出量子管理（Quantum Management）学说，将物理学中的量子概念引入管理学领域。量子管理以量子力学为元理论，基于量子科学哲学思维，将微观组织视为以不确定的、主体参与的、整体涌现的量子场。其强调企业以使命感为驱动力，以信任、共创、共赢为基础，通过赋能式的文化、制度、管理以及技术系统的构建，激活个体与组织的能量，实现商业生态系统的整体价值创造[159]。量子理论与思维同当前 VUCA（Volatility，易变性；Uncertainty，不确定性；Complexity，复杂性；Ambiguity，模糊性）时代的组织变革方向、公司治理发展趋势以及人才发展方向相契合[160]，引领企业管理进入不确定的量子管理时代[161]。作为世界管理领域的一个新领域，量子管理虽然正处于起步阶段，但是孕育了强大的生命力，为当前企业管理实践中的一系列问题和矛盾的解决提供了一种有效的实践方法和途径[162]，量子管理及其重要意义和现实价值得到了国内外研究者的肯定，成为当前学术界和实践界共同关注的热点话题。

量子经济管理研究在算法支持和大数据时代的背景下进入实践应用领域，研究者开始用量子理论解决实际问题。在商业实践中，量子战略或量子思维作为一种应用理念进入企业管理实践，并在教育软件、汽车制造、制造商孵化器平台等行业进行了初步尝试[188]。北京科利华教育软件集团创始人宋朝弟 1997 年便开始实施量子思想在管理中的应用。他认为人的管理受到限制，创造力也会受到限制，因此，他强调企业管理应该是愉快和有趣的。虽然当时的量子管理知识体系并不完善，但他的想法和观点已经非常具有前瞻性，并符合量子管理的特点，如乐趣、即兴创作和多样性[189]。

当制造业务遭遇瓶颈时，沃尔沃借鉴内部成功的量子管理模型，提出了一种新的量子学习模型[152]，在此基础上，推出了著名的"量子圈"团队，即公司内部没有特殊的监督、领导及团队界限，只有基本的框架和共同的整体愿景，使公司成功获得突破。

乔布斯通过实施量子战略，颠覆了经典思维科学管理理论所认为的对于任何一家公司只有一种最优战略的观点，使苹果公司具备了高运营效率和高产品设计创新共存的能力，从而形成了独特的、难以复制和模仿的竞争优势[154]。

左哈尔认为海尔是世界上出现的首个量子组织,将量子思维与自身商业模式结合起来。海尔集团首席执行官张瑞敏受海森堡不确定原理的启发,打破了海尔的传统自上而下的管理模式,形成了以小微企业为基本运营单位的平台型组织。张瑞敏称之为"能量球",可以根据不同的环境表现出不同的潜力。目前,海尔正在不断推进量子管理实践和员工"参与就是世界"的量子思维。

2021 年 5 月,中国工商银行基于量子状态不确定原理,在业内率先将量子随机数应用在客户登录、支付结算、资金交易等重要金融场景,并对客户信息进行标识和校验。与业界普遍使用软硬件生成的随机数相比,量子随机数能够更有效地查验用户身份假冒行为,防范交易数据截获重放等网络攻击,确保客户意愿的真实性,以及交易过程的完整性、安全性,有力地保障客户权益。

其五,文献共被引分析。对量子在经济管理研究领域的文献共被引网络进行分析,有助于挖掘出作为该领域基石的经典文献与权威学者,厘清该领域发展的重要理论结点。图 3-6 显示了 1982—2020 年文献共被

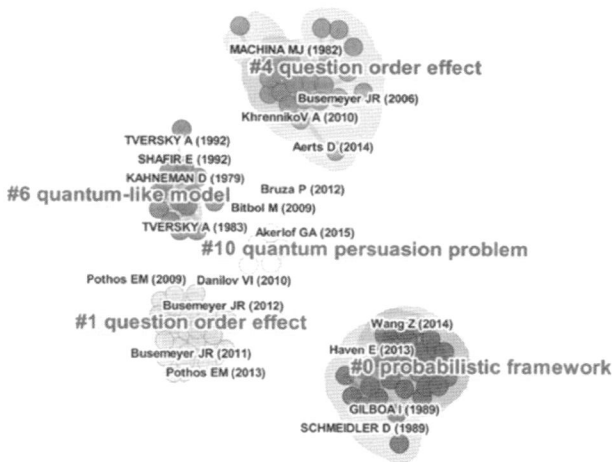

图 3-6　1982—2020 年量子经济管理研究文献共被引网络和聚类结果

引网络和聚类结果。图中不同深浅的圆环表示共被引文献聚类的节点,节点越多表示形成的聚类越多,节点越大表示引用频次越高,圆环颜色的深浅表示引用时间的先后。量子经济管理领域的研究成果被聚类为四大类,分别是概率框架(probabilistic framework)、问题顺序效应(question order effect)、类量子模型(quantum-like model)、量子说服力问题(quantum persuasion problem)。

进一步地,研究较小文献网络的变化,有助于追踪不可计数的大量文献的发展轨迹[163]。因此根据文献数据制成《1982—2020年量子经济管理研究文献共被引网络中的关键节点文献信息表》,我们主要关注"被引频次"和"中介中心性"两个指标,对排在前十位的关键文献进行重点分析。一般而言,当文献被引频次较高且中介中心性大于0.1时,表明该节点非常重要,且在该研究领域具有较高的学术影响力和学术价值[164]。具体内容如表3-7所示:

表3-7 1982—2020年量子经济管理研究文献共被引网络中的关键节点文献

第一作者	年份	被引频次	中介中心性	文章标题
Busemeyer, J R	2012	13	0.24	Quantum models of cognition and decision: Can quantum systems learn? Quantum updating
Emmanuel, M P	2013	11	0.21	Can quantum probability provide a new direction for cognitive modeling?
Busemeyer, J R	2011	9	0.17	A quantum theoretical explanation for probability judgment errors
Haven, E	2013	8	0.12	Quantum social science
Danilov, V I	2010	6	0.09	Expected utility theory under non-classical uncertainty

第一作者	年份	被引频次	中介中心性	文　章　标　题
Busemeyer, J R	2009	5	0.13	Empirical comparison of Markov and quantum models of decision making
Khrennikov, A	2010	5	0.03	Ubiquitous quantum structure, from psychology to finance
Zheng, Wang	2014	5	0.07	Context effects produced by question orders reveal quantum nature of human judgments
Khrennikov, A	2015	4	0.04	Quantum version of Aumann's approach to common knowledge: Sufficient conditions of impossibility to agree on disagree
Ashtiani, M	2015	4	0.02	A survey of quantum-like approaches to decision making and cognition

资料来源：本章作者根据共被引网络中文献被引频次从高到低整理。

计算机和互联网的大规模应用，推动了量子计算等研究的进展，信息技术成为量子经济管理研究中的重要因素和主题。从量子系统获得灵感的类量子模型（Quantum-like Model）成为量子经济管理研究的一个重点。结合图 3-6 和表 3-7，类量子建模的广义性和方法的灵活性使其适用于不确定性下的决策问题，并广泛地应用于涉及决策的经济和金融问题。

量子概念方法支持了一项日益增长的研究，即使用量子理论的数学形式来建模复杂的认知过程，如概率和相似性判断、感知、决策和知识表示[125]。已有研究发现，使用量子方法，即将量子力学相关的数学方程纳入人类行为认知科学之中，可以比经典模型更好地解释认知与决策中的偏差[165-167]。

一系列采用实验作为研究方法的探索研究更有力地说明了量子理论在认知决策领域的有效应用，深刻地强调了人类的认知行为具有量子属性[168]。

一方面,量子理论的非交换概率结构,具有定义两个彼此不相容的测度的能力,可以灵活而自然地解释决策中的顺序效应。格拉本(Peter Graben)等通过"戈尔-克林顿问题"实验,证明了人类决策的量子本质可以用顺序生成的语境效应阐释,这是量子理论应用于人类行为科学的经典案例[169]。阿尔茨和索佐在"孔雀鱼"(Pet-Fish)实验中揭示了认知的量子结构,即认知状态为什么纠缠与如何纠缠[170]。布斯迈耶(Jerome Busemeyer)和王征通过"宽窄脸实验"和"女权主义实验"解释了顺序效应,并提出量子认知中顺序效应的先验等式,为社会和行为科学中的测量阶效应提供了有力的支持[171]。

另一方面,类量子模型也被用来解释连词谬误。布斯迈耶对认知和决策中的类量子建模领域的发展产生了重大影响。布斯迈耶等使用量子形式主义,通过引入概率干涉和状态叠加来解释这种违规行为[171, 172]。之后,布斯迈耶等提出了一个类量子模型,认为可以从某些阶效应中解释连接谬误,利用类量子模型研究了违反确定事物原理的行为[165]。此外,兰伯特·莫吉良斯基(Ariane Lambert Mogiliansky)等提供了偏好不确定性模型,而依赖于心理状态的时间演化动态模型也被引入[173]。

量子认知和决策是人类行为研究方向上的一个重要领域,其不确定状态和纠缠态在很大程度上解释了在有限信息和模棱两可情况下决策制定的过程。然而,相关研究仍处于早期阶段,研究成果在实际中难以实现具体有效的应用。因此,未来研究仍需要做大量工作才能使这些理论被广泛认为是成熟的决策和认知理论。但是,基于量子理论和方法的迅速发展,可以预见,这些模型将在未来将被广泛应用于计算机科学、人工智能、经济学、金融和社会科学等各个领域[174]。

其六,突现词检测分析。普赖斯(Derek de Solla Price)认为研究前沿主要用来描述某一研究领域的动态本质。通过突现词检测分析,可以明晰量子管理研究领域热点问题的受关注程度、持续时间及更迭变化趋势,预示该领域的研究前沿和发展趋势。图 3 - 7 显示了 1982—2020 年关键词突现情况。

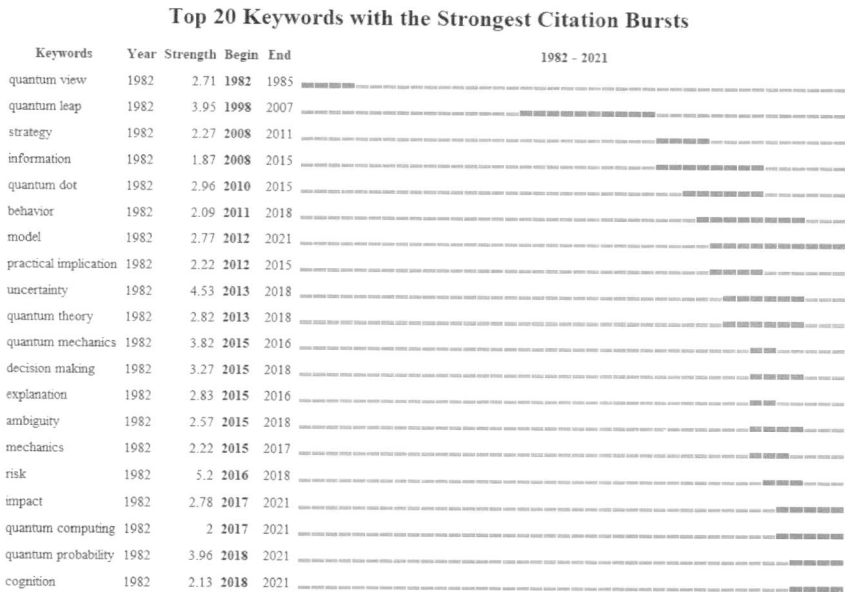

Top 20 Keywords with the Strongest Citation Bursts

Keywords	Year	Strength	Begin	End	1982 - 2021
quantum view	1982	2.71	1982	1985	
quantum leap	1982	3.95	1998	2007	
strategy	1982	2.27	2008	2011	
information	1982	1.87	2008	2015	
quantum dot	1982	2.96	2010	2015	
behavior	1982	2.09	2011	2018	
model	1982	2.77	2012	2021	
practical implication	1982	2.22	2012	2015	
uncertainty	1982	4.53	2013	2018	
quantum theory	1982	2.82	2013	2018	
quantum mechanics	1982	3.82	2015	2016	
decision making	1982	3.27	2015	2018	
explanation	1982	2.83	2015	2016	
ambiguity	1982	2.57	2015	2018	
mechanics	1982	2.22	2015	2017	
risk	1982	5.2	2016	2018	
impact	1982	2.78	2017	2021	
quantum computing	1982	2	2017	2021	
quantum probability	1982	3.96	2018	2021	
cognition	1982	2.13	2018	2021	

图 3 - 7 1982—2020 年量子经济管理研究突现词

结果显示,在最强的引文突现分析中,量子经济管理研究领域前 20 个关键词按时间先后依次为:复杂的(complex)、组织(organization)、量子(quantum)、科学(science)、公司(firm)、战略(strategy)、量子点(quantum dot)、行为(behavior)、模型(model)、话语(discourse)、力学(dynamics)、不确定性(uncertainty)、密码学(cryptography)、解释(explanation)、模糊性(ambiguity)、力学(mechanics)、决策(decision making)、风险(risk)、量子概率(quantum probability)、认知(cognition)。其中,复杂的(complex)为早期出现,量子点(quantum dot)为中期出现,量子概率(quantum probability)和认知(cognition)为新出现且持续至今;最高强度的关键词为风险(risk);组织(organization)、量子(quantum)、行为(behavior)持续时间

较长。这些情况预示了未来一段时期内量子经济管理研究的发展方向，值得学者们关注。

本节以量子经济管理研究为例，通过对科学引文数据库 1982—2020 年收录的 454 篇量子经济管理研究文献进行可视化计量与分析，揭示了量子思维在经济和管理学领域研究的总体概况、特征和趋势，论证了量子思维在人文社科研究领域的应用价值，也为国内外学者未来开展量子经济管理研究提供参考。本节的研究结论主要有以下几点：

第一，在研究概况方面，国际上量子经济管理相关研究起步于 20 世纪 80 年代，文献在总体上呈持续增长趋势，并从 2012 年开始进入新的发展热潮，配合当前大数据、人工智能等各类技术带来的社会变革以及人类的智慧进步，量子理论或将在经济和管理学领域掀起新的变革。然而，该领域文献主要来源国家、研究机构和作者之间尚未形成成熟、稳定的国际合作网络，跨地区、跨机构、跨学科之间的合作较少，合作的广度和深度有待拓展，国际合作交流有待加强。此外，文献来源核心期刊的发文数量占比较低，尚未形成稳定的核心期刊群。

第二，在研究热点方面，可以概括为量子理论方法在经济管理领域的应用研究以及量子思维和量子管理实践研究。一方面，随着量子自然科学革命引发的科学哲学思维的变革，量子理论和方法逐渐被应用于经济管理等社会科学领域。量子理论已经进入自组织领域，将对管理科学产生深远的影响。另一方面，量子经济管理研究在算法支持和大数据时代的背景下进入实践应用领域，研究者开始用量子理论解决实际问题。在商业实践中，量子思维或量子战略作为一种应用进入企业管理实践。

第三，在研究趋势和前沿方面，早期出现的关键词是复杂的（complex），量子点（quantum dot）、量子概率（quantum probability）和认知（cognition）为中期出现并持续至今，最高强度的关键词为风险（risk），这对应于量子思维的核心"不确定性"。这为未来一段时期内有关量子经济管理研究的发展预示了方向，值得学者们关注。

与物理学中量子力学的强劲发展不同，经济管理研究中的量子思维直到近些年来才逐渐出现，且对量子思维的内涵和维度方面的实证研究较少，仍处于发展的初级阶段。为此，我们立足管理学领域，根据量子思维理论维度开发测量量表，应用于管理者和管理情境，验证其与现有各种主要思维测量之间的区分效度，以及对管理绩效的预测效度。在第七章中，我们专门报告这项成果。

当前是以大数据、人工智能为基本战略资源的数智时代，加快数据资源的开放共享和应用，可以帮助产业转型、升级和创新。而经济管理与量子思维相结合，可以在大数据、人工智能环境中发挥更有效的作用，给个人、组织和社会经济发展带来更为积极的成果。因此，在第四次工业革命时代，把技术优势的应用价值转化与人作为主体的心灵和思维转化协同起来，形成自发、自适应和整合效应，既是管理研究和实践的重大命题，也是教育改革和创新的重大挑战。

作为重要实践探索，华东师范大学在钱旭红院士的倡议下创办了上海国际首席技术官学院，致力于"通过人和技术的协同转化实现科技的社会价值"，面向国家需求培养首席技术官，培养未来的科技战略型企业家。他们将拥有全球视野和技术趋势洞察力、卓越的创造力和创新思维、技术转移和商业化能力，以及突出的组织管理和创新领导力，在科创企业担任技术管理领导岗位，助力我国高新技术产业化进程加速，帮助打通科技成果转化"最后一公里"。这是一项全新的教育创新工程，将以先进的理念和系统方案改变传统商科教育。

第四章　量子思维的哲学基础和科学价值

如前所述,作为认识和把握世界的新方式,量子思维是在量子理论取得极大成功的基础上产生的,第二次量子革命进一步强化了量子思维的理论基础,为量子思维的合理性提供了新的经验证据。这样,当需要对这种新思维方式的合理性进行阐释和辩护时,一方面,我们的目光会自然地聚焦于量子理论所提供的世界图景,因为这种图景正是人们运用量子思维并确立它的必要性和有效性的本体论依据;另一方面,作为思维方式,它的运作是由人类的认知和思维过程来实现的,因此,我们还应该考虑人的心智机制是否具有一些量子或类量子特性,从而使得量子思维方式自然或合理地运作。

不过,在认识和改造世界的过程中,由于具体对象在复杂性等方面存在很大的差别,故从实用的角度看,人们往往可以采用不同的思维方式去面对和求解问题。这就提醒我们,还需要对运用量子思维的对象以及价值进行探究和分析。基于这样的考虑,在本章中,我们首先根据量子力学的诠释,特别是新近的信息诠释,阐述量子思维的本体论允诺;再结合当代探究人类心智的量子进路所取得的成果,分析运用量子思维的心智机制。在此基础上,通过考察复杂系统的特性和起源,阐明复杂性思维实质上是量子思维的"表现型",这样,就可以揭示量子思维对于研究人类社会这一特殊复杂系统的科学价值。本章我们要讨论的问题包括:量子思维作为一种新的思维方式为什么是合理的? 在量子理论的基础上,我们面对的实在世界是什么? 组成实在世界的本质是什么? 量子思维和经典思维、复杂性思维的区别是什么? 我们在什么情况下需要运用量子思维? 我们在执行认知任务时,是否意味着脑部在发生物理意义上的量子活动?将量子思维作为思考问题、认识世界的方式用于研究人类社会,它的科学价值是什么?

4.1 量子思维的本体论允诺

从哲学上讲,思维方式属于方法论的范畴,而方法论总是建立在世界观的基础上。因此,在讨论量子思维时,自然地要求我们弄清量子理论究竟为我们提供了什么样的世界观或关于世界的本体论允诺,而这种世界观内含于我们如何对量子力学做出诠释,如何理解量子力学以及量子力学所描述的世界图景。

正如前面已经指出的,量子力学在描述和预言(微观)自然现象方面极为成功,迄今尚没有科学观测和实验的结果对它构成经验性的有力挑战,故此,通常被看作科学领域中最为成功的理论。然而,量子力学所提供的世界图像却极难捉摸,以至于费曼认为:"没有人理解量子力学。"[175]当然,这并不是说关于量子力学没有或不能做出诠释。事实上,存在着包括正统的哥本哈根诠释在内的各种各样的主张,但问题是,其中没有一种诠释普遍令人满意。

随着量子信息论的出现和第二次量子革命的发生,已经或有可能为量子力学提供新的更合理的诠释,从而加深我们对实在世界的理解和把握。从技术的角度看,量子信息论的目标是直接利用微观系统的量子属性来实现(量子)信息的表达、操控、存储和传输。但要实现这个目标,就需要在物理和哲学上对量子实在的那些奇异特性(如量子纠缠和空间的非定域性)有更深的洞察。

我们知道,量子实在的奇异特性可以通过双缝实验和 EPR 思想实验等加以展示。这些特性由于违反人们的日常直觉而变得难以理解,同时也导致对量子力学做出合理诠释的困难。那么,究竟是否有可能将这些特性置于一种朴实而又深刻的本体论允诺下进行诠释,从而加深或推进对量子力学的理解呢?答案似乎是肯定的。自 20 世纪 90 年代以来,关于量子力学基础的研究已经做了大量的探索性工作,尽管存在理论和技术路线不尽相同的多种进路,但一个基本共识正在形成:量子实在本性上是信息的,而量子力学则是一种关于信息的理论。下面,我们主要介绍两种类似且有代表性的观点。

在量子信息和量子计算等方面取得一系列开创性的成就以后,奥地利物理学家塞林格也开始探究量子力学的基础问题,并且相信已经找到(至少部分)答案。他认为,通过分析信息与实在的关系,可以把奇异的量子现象理解为一条基本原理的自然结果。寻找这条原理的思路是:不管是作为普通人还是作为科学家,我们总是通过环绕着自身的信息流来建构关于实在世界的图像。在前科学时代,人们所能获得的周围环境的信息十分有限,所以,为了建构一致的图像,往往采用拟人化的方式。如今,得益于越来越先进的技术,我们拥有了比以往多得多的信息,也便有了关于宇宙、恒星和地球的更为精细的图像。由此产生的基本问题是:一个物理系统的大小与其携带的信息量之间有什么样的关系?一般来说,为了完备地刻画一个系统的方方面面,一个大的系统比一个小的子系统需要更多的信息量;如果把一个系统分成相等的两部分,则可合理地假定刻画其中的每一部分需要一半的信息量。倘若继续进行这样的分割,则刻画子系统所必要的信息量会越来越少,最终达到一个基本的极限,而这个极限就是:一个系统仅携带一个比特的信息量。

基于这样的分析,塞林格提出了量子力学一条基本的概念性原理,即每个基元系统(elementary system)携带 1 比特的信息[176]。需要注意的是,物理学中的微观客体(如电子)一般说来并不是这样的基元系统,因为它们可以具有电荷、自旋和位置等信息。那么,如何断定一个系统属于只携带 1 比特信息的基元系统呢?他认为,这只有在具体的实验情景中方可识别。在塞林格看来,一个基元系统只携带 1 比特的信息仅仅意指它只能携带关于一个提问的答案或只表征一个命题的真值,也就是说,"它'携带'1比特的信息仅仅意味着,对于可能的实验结果所能说的一个陈述"[176]。

依据这一简单又朴实的原理,塞林格能够说明量子力学中一些最令人困惑的现象。在哥本哈根诠释中,玻尔提出的互补性是基本思想之一。在玻尔看来,在不同实验条件下所能观察到的现象之间可以是互补的。例如,双缝实验中,我们可有一个明确的选择:或是听任电子的自由自在而观察干涉图样,或是窥探电子的径迹并抹去这个干涉图样。在这两种情况下,对象所处的实验条件不同,因而并不构成矛盾,而是互补的。而从塞林格的基本原理出发,这种互补性能得到自然的解释。如果双缝实验中的对象是一个基元系统,则表明它只携带 1 比特的信息,于是,问题是:如何使用这 1 比特的信息? 显然,至少存在两种不同的可能:或者使用信息去确定电子是否将产生干涉图样,或者使用信息去确定电子是穿过缝 1还是缝 2。在这两种情况下,无论选择哪一种,我们都完全用尽了可用的信息,故就不再有信息去确定其他的量。也就是说,一旦运用 1 比特的信息去确定通过哪条缝,就不再有更多的信息去确定是否形成干涉图样;反之亦然。

塞林格进一步认为,考虑到一个系统的总信息量是有限的,而组成其的各子系统的信息量之间可以存在多种多样的联系方式,则经过对这条基本原理的一般化(即推广为"N 个基元系统携带 N 比特的信息"),就可以达到对量子纠缠等现象的直接和直观的理解[176]。

可以看出,在塞林格所提出的量子力学新诠释中,有两个关键性概念有待进一步说明。一个是他所使用的"系统"概念具有特定的含义。通常,系统属于本体论的概念,意指某种独立于观察而存在并具有自身属性和结构的事物。根据塞林格的解释,在具体实验中,一个基元系统与刻画它的信息相等同,也就是说,不存在比这种信息更多的东西,否则,将与提出的基本原理相矛盾。另一个更为基本的概念是信息。塞林格似乎并不试图对信息概念做本体论意义上的理解,而是顺着玻尔的思路,认定物理学不告诉我们世界是什么,只是提供关于世界我们所能说的东西,因此,他所理解的信息概念是工具主义的:信息是用于描述实验结果的工具。

从哲学的层面上看,工具主义的观点往往与现象主义相关联,这是因为,倘若一种科学理论仅作为预测的工具,则与其直接相关联的就是各种现象。于是,塞林格认为,既然"在那里"的实在的任何性质或特征只能基于我们所获得的信息而认识,这意味着信息与实在之间的区分是没有任何意义的,所以,"如果我们现在探究信息的基本元素,我们也就自动地探究世界的基本元素"[177]。

我们认为,塞林格运用信息的观点对量子力学做出新诠释颇有启发性,也很有新意,并且依据他所提出的基本原理,也能对一些奇异的量子现象做出直观的理解。但是,由于他对信息做了工具主义的简单解读,他的原理并没有告诉我们关于基元(或联合)系统,为什么能问这样或那样的实验问题以及这些实验问题的结构如何,因此在说服力方面就显得比较苍白。而且,在确定信息与实在之间的关系时,塞林格采取了现象主义立场。虽然这样一来似乎避免了对独立于观察者而存在的实在世界的追问,但是信息概念本身却失去了所指的对象,结果变得难以把握。

无独有偶。甚至比塞林格更早一些,意大利物理学家罗威利(Carlo Rovelli)就已经运用信息的观点来诠释并重构量子力学[178]。他采用了比塞林格要弱的实在论立场。罗威利根据历史事实和理论分析强调,与经典力学一样,量子力学是一个关于实在世界中物理系统的(物理)变量(位置、速度等)的理论。就是说,物理系统由一组变量和它们之间的相互作用来刻画,而一个系统影响另一个系统通过变量的取值加以描述;已知某些变量值的知识,我们就能够预言变量的更多值。他认为,量子力学与经典力学的不同主要体现在以下三个相互依赖的方面:(1)自然界存在着基本的离散性或不连续性(discreteness),这样,许多物理量只能取某些特定值,而不是其他值。(2)一般说来,做出的预言只能是概率性的。

（3）一个物理系统的变量取值相关于（relative）另一个物理系统，相关于不同物理系统的取值并没有必要严格融贯地合在一起[179]。罗威利解释道，离散性是量子理论最重要的特征或核心，也是这一理论的名称（"量子"的基本含义即为离散的或分立的），而离散的尺度由普朗克常数所刻画；概率由物理量之间的非交换性所引起，因为对于存在非交换性的量子状态，并不是所有变量均处于峰值，故服从概率分布。

对于变量的值只能做出概率性的预言引发了量子力学的核心诠释问题：一个概率预言何时和如何化归成一个实际值？对此，罗威利的回答是："当一个物理系统 S 与另一个物理系统 S' 发生相互作用时。因为变量表征系统彼此影响的方式，所以，值的实现发生在相互作用时。"[179] 他对测量做了更宽泛的理解，认为测量就是物理系统之间的相互作用。

基于上述考虑，罗威利提出并发展了一种量子力学的关系（relational）诠释。在这种诠释中，他引入"信息"作为核心的概念。鉴于"信息"这一概念具有多义性，罗威利将其界定为"可区分的选择数目"［number of possible distinct alternatives，这正是香农（Claude Elwood Shannon）的信息论中所使用的信息概念］。物理系统所取的值是离散的，表明对于一个物理系统，我们所能获得的信息是有限的。他运用这一思想，再考虑到系统之间的相互作用，提出了重构量子力学理论的两条基本假设：对于一个物理系统来说，（1）相关的信息是有限的；（2）新的信息总能获得。看上去似乎这两条假设之间存在着矛盾，其实不然，因为当新的信息获得时，原来相关的有些信息就变得不相关。罗威利基于这两条假设，推演出了量子理论中的主要内容，并且认为量子理论实质上是关于信息的理论[178]。

不难看出，罗威利的第一条假设与塞林格的概念性原理极为相似，两者实质上都假定了刻画一个物理系统的信息是有限的。不过，与塞林格倾向于从工具主义角度理解信息不同，罗威利采用了一种弱实在论的立场。在他看来，经典力学所主张的是一种强实在论，即假定每个物理量在每时每刻均具有确定的值(信息);而在量子理论中,一个物理系统的物理量的取值是离散的,并且取什么样的实际值也只有相对于另一个物理系统才有意义。因此,他认为自己主张的是一种"稀疏"(sparse)实在论。

综合塞林格和罗威利对量子力学的诠释,我们认为,关于实在与信息之间关系的一般理解,既可坚持(弱)实在论的立场,同时也能运用信息的观点对量子现象做出合理的说明。事实上,在塞林格的诠释中,已经预设了存在着一个外在或先于认知者的实在世界,因为他一再表示信息是存在着携带者的。所以,塞林格实际上也是(弱)实在论者,倘若不是这样,甚至无法提出和阐述自己的主张。

至于把实在等同于信息,这是理解实在的一种方式。当这样看待实在时,其实已经消解了本体论与认识论之间的严格区分。因此,塞林格和罗威利对量子现象所做的诠释,均可以被认为具有本体论的意义,也就是把信息看作一个本体论的概念,因而信息是实在的,而物理实在就是信息实在。事实上,当代的物理学家越来越倾向于运用信息或计算(即信息处理或信息流)的观点来理解量子现象和诠释量子力学。比如,祖瑞克提出的"量子达尔文主义"(quantum Darwinism)就把信息作为核心概念,以解释物理实在本性上是量子的,而我们却能看到客观的经典现象[180]。

我们认为,量子力学的信息诠释,允诺了一种关于实在世界的信息本体论,即我们所处的实质上并不是一个由各种实体堆砌而成的实物世界,而是一个可由符号所表示的信息或计算的世界。这就是伟大的物理学家惠勒主张的"万物源于比特"[181]。从这种本体论来看,任何"外在"(out there)实在的属性、状态和过程只能基于我们所接收的信息,因为假如没有这样的信息,便无法对它们做出有意义的陈述。这意味着,信息与实在之间可以等同:如果我们探究了信息,也就自动地探究了实在。

对我们来说,更为重要的是:这种基于量子理论的信息观是量子思维的本体论基础。由于实在世界归根结底是信息的,而根据量子理论的信息诠释,对一个物理系统而言,其总的信息是有限的。这意味着,一般来说,我们不可能确定所有变量的任何取值,因而具有随机的成分,相应地,做出的预言是概率性的。同样,由于一个物理系统的变量的实际值总是相对于另一个物理系统,因此不同的观察者对于同一事件可以给出不同的描述或阐释,也就是说,可以获得不同的(新)信息。这意味着,我们对系统的认识应该是多方面的,且包含不确定性。

值得注意的是,我们在运用信息概念的时候,并未刻意划分出"量子信息"和"经典信息"。这是因为,从"可能区分的选择数目"这一含义来说,两者之间并没有实质的不同,差别只在于确定信息量(比特数)的具体方式(在量子信息的情况下,需要计及叠加态的信息)。这样,一旦采用信息的观点来认识具体对象,我们所关注的将是信息如何刻画、传播、处理和输出等,并在一定程度上与实现这一过程的物质基质相分离。也就是说,基于信息本体论所建立的概念、方法和模型等具有可扩展性,即在一定条件下,可用于不同尺度或层次上的系统的研究和问题求解。

所有这些均表明,一旦采用信息或计算的观点来看待世界,我们就有可能解释量子实在的那些奇异特性,并在此基础上将量子理论中的一些观念、方法和形式工具应用于相当广泛的领域,形成一种看待实在世界的新方式,而这正是量子思维的基本意含。

4.2 量子思维的心智机制

作为思维方式,量子思维需要借助人类的心智活动才能实现。那么,在人类的心智中,实现这种思维方式从而更为有效地认识事物和求解问题是否具有合理性,甚至事实上这种方式与人类的心智活动过程是否相切合? 这就要求我们来看看人类的心智机制究竟是如何发生和运作的。

有趣的是,近十余年来,一个运用量子理论中的观念、方法和形式工具来理解人类心智（特别是意识）现象和机制，已经成为一个重要的科学研究新方向。其中，以量子意识为基础，出现了量子认知（quantum cognition）和量子心智（quantum mind）等新领域。已有的理论分析和实证研究，不仅为我们理解量子思维的心智机制提供了解释框架，也为把握量子思维在心智机制上的特点提供了经验支撑。

这里，我们重点介绍和分析意识研究的量子进路。近些年，意识研究已经成为科学前沿一个非常活跃的领域，其中，最受关注的学说是量子意识理论、全局神经元工作空间理论与整合信息理论[182]。目前，运用量子理论理解意识现象的主要进路有两条：一条是假定意识为大脑所产生的物理现象，而大脑作为物理系统本质上是量子的，故可以运用量子力学对意识现象做出解释，这是一种强的量子意识进路；另一条是将量子力学的一些思想和形式工具用于理解意识现象，而不考虑大脑的具体物理过程，这是一种弱的量子意识进路。

目前，属于强的量子意识进路包括多种不同的假设或理论，主要有彭罗斯和哈默洛夫（Stuart Hameroff）等人提出的"微管量子客观还原调谐"（简称 Orch‐OR）模型[183, 184]，阿尔戈诺夫（Victor Argonov）提出的单粒子意识假说[185]，格奥尔基耶夫（Danko Georgiev）的量子信息的整合假说[186, 187]，斯塔普（Henry Stapp）的量子脑模型[188]。虽然有这些出发点不尽相同的解释模型或假说，但相比较而言，Orch‐OR 模型结合量子理论和经验证据来对意识进行系统研究，主张量子计算发生在大脑的物理层面，能用量子计算解释心理现象，已经在意识研究、量子认知和量子社会科学等领域均产生了更大的影响，引起更为激烈的争论。以下我们着重介绍和剖析这一模型。

量子意识研究试图在神经元中寻找意识的解剖学足迹，这一点与神经科学对意识的解释基础是一致的。不过，神经科学对意识的解释主要是将大脑中的神经元膜和突触活动视为基本单元，而 Orch‐OR 则假定意识源自大脑神经元内微管中更深层次、更精细尺度的量子计算，这种计算通过调节神经元膜和突触活动,将大脑过程连接到基本的时空几何,即精细尺度宇宙的结构。简而言之,意识的产生源于大脑神经元内微管中的量子振动。该理论的特殊之处有三点。一是从解释意识的物质尺度来看,Orch‐OR 在承认神经元的基础上,向更精细的物质组分尺度进行拓展,微管是意识发生的位置,微管的结构功能类似于量子计算机的量子位。二是意识体验发生的时刻,不仅与微管有关,还涉及时空几何中的量子引力。三是在解释层级上,Orch‐OR 试图在神经科学和精神层面的意识之间架起一座桥梁,即沟通低层级的神经解释和高层级的心理解释[189]。

Orch‐OR 试图严格按照量子理论基于大脑活动来解释意识的形成,进而从大脑的分子结构和生物过程出发,通过实验来证实作为大分子的微管所发挥的功能,因而,其与物理学和生物学有更密切的联系[190]。与最终会导向泛心论的神经计算进路不同,Orch‐OR 模型并不认为微观粒子有主观性或者经验"品质"。它主张,物质在微小尺度上还可以不断地"物质化"和精细化,这些微观粒子从多种同时存在的位置和状态(量子叠加)减少或坍缩为确定状态。为了论证这种假设的合理性,彭罗斯在处理微观世界与经典世界的连接边界问题时,首先回应的是如何解释量子理论中的"测量问题":有意识的观察会引起波函数的坍缩。或者,为什么我们在物质世界中"看不到"量子叠加?

彭罗斯将量子叠加视作时空分离。由于时空几何内禀的不稳定性,在纠缠、演化、还原的过程中,每个时空几何会演化出自己的新宇宙,在时空分离达到不确定性原理的阈值时,时空几何重新配置,此时量子可能选择特定的物质状态,这就是发生意识体验的时刻。因此,意识不是被有意识的观察者所观察到,不是意识导致坍缩这种主观还原,而是宇宙精细尺度下连续出现的叠加或分离在达到一定的阈值而引起量子坍缩时产生的,是客观还原的。意识是介于量子和经典世界之间的一个过程。从概念上看,彭罗斯的客观还原等价于"测量问题"中的退相干。在意识体验产生时刻的具体计算上,达到阈值的时间 $\tau \approx \hbar/E_G$,其中,$\hbar$ 是约化普朗克常数,E_G 是叠加的引力自能。在物理形式上,客观还原(简称为 OR)以量子力学和时空几何为基础。在每个 OR 时刻,随机有意识的体验时刻发生,此时的意识体验没有认知意义的原始感受性或"原始意识"。

那么,我们如何从简单的原始意识时刻获得完整的、有丰富意义的意识? 大脑如何产生主观特性? 彭罗斯和哈默洛夫引入了微管"精心调谐"的量子叠加、编码输入和记忆来作为量子偶极振荡的纠缠电子位,从而解释 OR 事件是如何被"调谐"为有认知意义的意识时刻:在生物分子控制神经元活动的规模上,以微管作为基底,量子力学定律开始发挥作用。

哈默洛夫等人对微管的精细结构在分子水平上进行了刻画。神经元和其他细胞的内部由细胞骨架组织和塑造,细胞骨架是一种支架状的微管蛋白网络,有微管相关蛋白质、肌动蛋白和中间丝。微管是直径 25 纳米的圆柱形聚合物,通常由 13 条纵向原丝组成,花生形微管蛋白自组装形成连续微管,每个微管蛋白可能因遗传变异而与其相邻蛋白不同,翻译后经修饰、磷酸化,与配体结合。微管在神经元中特别普遍,适用于树突和细胞体,用来对信息进行处理、编码和记忆。在细胞分裂过程中,微管分解,然后重新组装为分离染色体的有丝分裂纺锤体,构建子细胞极性,再重新组装以形成细胞结构并实现功能。由于神经元与其他细胞不同,一旦形成就不会发生分裂,因此神经元微管可能会无限期地保持组装状态,为记忆编码提供稳定的潜在介质。神经元胞体和树突中的微管在其他方面也是独一无二的,比如每个微管蛋白二聚体具有偶极子,由平行排列的微管蛋白偶极子组装的微管也有一个净偶极子。在轴突和生命体的所有非神经元细胞中,微管呈放射状排列,就像轮子中的辐条,从靠近中心的中心体连续延伸到细胞核,再向外朝向细胞膜。这些径向排列的微管都具有相同的极性。与轴突和所有其他细胞不同,树突和细胞体中的微管或胞体是短的、间断的和混合极性的。这些特征使得它适合记忆编码。也就是说,作为细胞骨架的一部分的微管,在许多生命活动中发挥作用,例如细胞分裂和细胞形状的维持,而且与存储和处理信息有密切关系,可以看作一种可传输量子信息的设备。

但是,在微管中的信息传递如何实现问题上,Orch－OR 模型遇到了不少争议。这些争议包括:是不是存在量子脑?大脑是不是量子相干的最佳场所?微观层面的效应如何在生物体的宏观世界中表现出来?Orch－OR 模型是不是将注意力过多地放在了生物学和化学上,而不是物理学上?等等。

为此,在承认 Orch－OR 模型中微管精细的实体结构的基础上,哈默洛夫以及来自物理学、化学、生命科学领域的科学家提出了几种模型来描述微管的信息处理能力,并回应该理论遇到的质疑。比如,微管受"潮湿和温暖"的蜂窝环境的影响,退相干的时间是否太长,因而大脑不是量子相干的最佳场所?哈默洛夫和合作者从退相干在内的细胞骨架微管中量子相干叠加的建模和模拟出发来讨论微管中的信息处理问题。他们的观点基于一类新的混合元胞自动机,这种元胞自动机能够作为量子元胞自动机或经典冯诺依曼自动机来执行计算。这些自动机能够模拟从具有多个量子态叠加的量子微观水平到具有单个稳定状态的宏观水平如何发生转变或减少[191]。也有研究者开发了不同的模型来确定神经元微管中的退相干时间,有的考虑神经元流体环境的相互作用,将神经元环境看作等离子体库,认为微管和神经元环境之间的耦合是由于偶极子和等离子体之间的相互作用而发生的。还有研究者采用量化方法推导出相互作用哈密顿量,并计算耦合系数,再根据相互作用哈密顿量估计出退相干的时间尺度。

除了退相干时间的计算,后续的研究者通过实验不断论证离域电子是微管中量子效应产生的具体位置,是连接宏观生命现象与微观世界的关键节点。他们认为微管蛋白二聚体包含离域电子,离域电子可以发生量子纠缠,通过增加微管蛋白二聚体的相干性,实现量子信息处理,从而出现意识体验。这些研究还通过麻醉等实验,间接证明微管是意识产生的生物基础。比如,秋水仙碱会使生物个体失去意识,正好说明微管存在,因为秋水仙碱使得微管发生了解聚[189]。彭罗斯和哈默洛夫还提出,在微管蛋白的量子通道中结合的麻醉气体分子,能够破坏其中的 π 共振能量转移和激子跳跃,表明麻醉剂确实作用于更小的结构——微管。他们进一步认为,使用麻醉剂来研究意识问题是具有可行性的。他们的观点也得到了新近的量子化学和量子生物学领域实验研究的证据支撑。比如,由异二聚体形成的微管有可能在更高的温度下实现长时间的信息处理[192]。

尽管有诸多争论,但是我们看到,彭罗斯和哈默洛夫提出的 Orch‑OR 模型从微管蛋白的结构以及微管中发生的能量转移和量子引力效应来解释意识产生的实体结构,比神经生物学从神经元层面解释意识产生的实体结构更精细、深入。新近的量子生物学的研究以及宏观尺度上的量子现象的研究进展,也为探索 Orch‑OR 模型在实验上提供更多的直接证据带来了可能。比如,在最新的量子物理学研究中,科学家们已经能够观测到宏观尺度上呈现出来的量子效应[61‑62]。这些研究成果的出现为今后观测微管中的量子态提供了可能性。量子意识研究并非如质疑者所言,"既没有为意识现象提供基于大脑基础上的经验性支持,也没有提供令人信服的解释机制"[193]。

更重要的是,近年来,对于光合作用和鸟类导航等个体生物现象,已经使用量子力学方法进行了实验和理论分析,为量子生物学建立了概念基础。由于意识归因于(也可能是动物的)心智,认知过程的量子基础是一个合乎逻辑的延伸[194]。事实上,已经有不少科学家开始从量子意识理论出发来讨论量子认知,并寻找这种量子认知实现过程的生化基础和机制。比如,具有长核自旋相干时间的常见生命元素可用作量子位,这些生命元素通过量子处理过程可能在大脑中起作用[195]。

从以上关于 Orch‑OR 的介绍和分析中可以看出,这一模型表观上主要还是运用物理学和生物学的概念来解释意识现象产生的量子机制。但是,如果结合前一节关于量子理论的信息诠释,则这种量子机制可以理解为量子信息和量子计算的过程,而物理或生物的概念也能从信息或计算的角度加以理解。这样,我们也可以认为,Orch－OR 模型实际上是运用量子信息解释意识现象的一个重要版本,并且在量子信息与经典信息之间架起了一座沟通的桥梁。

基于这样的考虑,我们认为,通常所说的思维方式虽然直接依赖的是心智(包括意识)过程,但从深层次上说,正是量子信息处理的具体表现。当然,这里涉及心智过程的还原问题:这样一种还原性解释是否有效?或心智现象的解释是否可还原到大脑的物理(信息)层面。有趣的是,普通人更加倾向于接受认知科学家对心理现象的还原性解释[196]。人们在实际解决问题时,并不仅仅是依据抽象的推理规则行事,而是在很大程度上取决于已有的知识、所处的情景和人类所具有的其他非形式推理的能力。

这些表明,人类的思维具有不确定性。惯常所使用的对人类经典思维方式的分类,并不能精细地刻画人类的思维特征。比如双系统理论将人类的思维方式分为直觉性思维和分析性思维,确实取得了很多重要的应用,也有大量实证研究的基础来支撑双系统理论,并可以解释一些与科学相关的社会争议产生的原因,比如对演化论的接受与拒斥[197]。这种分类方式固然明晰了人类在做出判断时的非理性情况,人类在许多推理任务中表现出了非理性,但是这种分类方式并不能精细地刻画人类的思维特征。事实上,新近的研究发现,人类在推理时的结果并不符合经典的概率描述,却可以用量子态的投影来进行解释[198]。

或许,我们将人类的思维过程中出现的不确定和不符合经典概率等称作类量子(quantum-like)特性较为合适。这是因为,这些特性在表观上属于宏观现象,但在深层次上却是源于量子效应。需要特别指出的是,当我们需要在纠缠的复合事件存在的情况下做出决定时,人类的思维才会出现类量子特性。比如在盖洛普的民意调查中,改变调查顺序后,调查结果会随之发生改变。对于这种测量测序效应问题,通过对几十次大规模调查问卷的数据进行分析,研究者证实,原本用于解释测量中非交换性的量子概率理论,可以很好地解释社会科学与行为研究中出现的测量顺序效应问题[122]。

如果我们进一步对心智现象做些细分,就可以发现,与思维方式具有更直接关联的并非意识方面,而是包括推理、记忆和决策等成分的认知方面。对于认知的量子刻画和解释,这类研究属于量子认知这一新方向,其主要是基于量子理论构建认知模型和解释认知过程,而在意识问题上采取弱的量子意识进路。问题是,随着量子认知越来越多地在刻画和解释人类思维方式上取得成功,人们自然会询问:其是否意味着我们的思维方式对应于大脑中某种量子结构,或者说大脑就是一台量子计算机?我们认为,人类思维过程具有类量子特征,不一定意味着大脑就是一台量子计算机,因为并没有有力的证据表明大脑这样一个复杂的宏观系统直接按照量子机制来运作。事实上,根据前一节中阐述的量子理论的信息诠释,从信息的一般含义上说,量子信息与经典信息之间并没有实质的不同,因此,对于考察思维方式,争论处理信息的究竟是量子计算机还是经典计算机并没有多大意义。

这样,我们讨论量子思维,不一定要将认知过程还原为量子过程,只需关注人类的思维方式显现出类量子特性。而且,量子思维并不意味着对人类思维的经典解释是完全不奏效的。比如,事实上,经典概率在模拟人类快速、直觉、低层级和无意识过程中取得了巨大成功,而其在解释高层级的复杂的判断和决策时遇到了很大的困难。从这个角度来看,量子概率或许能为描述人类思维过程提供更加完整的理论。总之,量子认知是探究人类认知和思维过程的一个新的重要方向,其究竟能取得多大的成功还有待于更多的实验研究和理论创新。

4.3 量子思维与复杂性

在阐述了量子思维的心智机制以后,我们转而来考察量子思维的应用或适用范围,即在什么情况下适合运用量子思维方式来认识事物和求解问题。显然,如果我们所面对的事物和问题是简单的,能够运用日常的或经典的思维加以有效的认识和求解,那就没有必要运用量子思维,因为这样做的认识成本更高,获益却很少。因此,只有当日常的或经典的思维不再奏效,甚至可能产生误导时,量子思维的介入和运用才是必要的和应当的。根据之前的阐述,一旦面对复杂系统和复杂的问题,经典思维的局限性就会显露出来,而这也就告诉我们,运用量子思维的目的正是认识实在世界的复杂性和求解复杂的问题。

无疑,从总体上说,我们所面对和生活的世界是复杂的:在广袤的宇观上,银河系的旋臂状结构和其他星系所呈现出的千姿百态的景象令人敬畏;在与我们的躯体相称的宏观上,多变的云彩、曲折的海岸、葱郁的森林等在结构和行为方面具有的复杂性令人称奇;在更为细小的尺度上,生物细胞和大分子在各种有序组织下表现出的功能多样性、行为灵活性也令人叹为观止。所有这些给了我们这样一个印象:实在世界的复杂性是活生生的事实。

现代物理学却告诉人们:从现象上看,世界是复杂多变,但在非常基本的层次上,组成物理系统的基本粒子在种类方面不仅是稀少的(主要就是夸克和轻子),而且支配这些粒子之间基本相互作用的规律也相当简单,用一张普通尺寸的纸就可以把物理学的基本规律全部写出来。进一步,根据当代宇宙学,我们所处的宇宙是由大约 137 亿年前的一次大爆炸所形成的。在起始阶段,连夸克和轻子这样的基本粒子亦尚未存在,而需要用来描述它的基本的物理规律也少得多,或许就只有一个"万物至理"的方程,说得通俗一些,最原始的宇宙不过是一个温度极高的"点点"。于是,把当下我们观测到的纷繁复杂的宇宙面貌与当代自然科学所提供的极早期宇宙图景联系起来思考时,就会十分自然地萌生这样的疑问:起初一个小小的"点点"何以能够演变出如今这千姿百态、千变万化的景象?为什么大爆炸不是形成简单的粒子气体或凝结成一个巨大的晶体呢? 为什么起始于大爆炸的宇宙竟能演化出具有非常复杂特征的生物体,直至哺育出我们人类这样有意识的高级动物呢?这就是复杂性起源之谜。

为了求解这一谜团,首先需要对复杂性这一概念做些界定和阐述,其实这非常困难。宽泛地说,任何系统在一定程度上都是复杂的。复杂性总是相对于简单性而言:后者则表示系统构成方式、变化模式的单一或稀少,比如,作为物理系统中的晶体往往被看作是简单的;反之,如果系统的构成方式、变化模式具有较大的变异性和多样性,且这些属性是突现的或无法还原的,则可以认为该系统是复杂的。论述复杂系统和复杂性,往往只是一些笼统的例示,比如说,生物系统是复杂系统,人类社会是复杂系统,突现现象是复杂性的体现。为了进一步理解计算模型在研究复杂系统和复杂性中的角色,有必要对这两个概念的含义稍做分析。首先需要指出的是,复杂系统与复杂性并不是两个可以分离的概念,实际上只是对同一对象的两种不同的表述:我们将具有复杂性的系统叫做复杂系统,而复杂性即是复杂系统所具有的属性或行为;也就是,复杂系统和复杂性形成了一个概念对。

在当代复杂性科学中,对于复杂系统和复杂性虽然并没有严格的定义,但通常认为存在可以刻画复杂系统的一些关键性要素,且这些要素所表明的正是系统存在变异性、多样性和突现现象。在《二是伙伴,三为复杂》这本阐述复杂性科学的小册子中,约翰逊(Neil Fraser Johnson)认为一个复杂系统是:(1)由一束存在多种相互作用的客体或"自主体"(agent)所组成;(2)这些客体的行为受到记忆或"反馈"的影响,故能根据其历史采取策略;(3)系统是"开放"的。

这样的复杂系统显现出以下的复杂性(质):(1)该系统表现得似乎是"活的",即在反馈的作用下适应性地进化;(2)该系统呈现令人惊讶并可能处于极端的突现现象,而这些突现现象典型地是在缺乏"看不见的手"或中央控制器的情况下出现的;(3)该系统呈现有序行为和无序行为的复杂混合[199]。在现实中,地震的发生、肿瘤细胞的扩散、病毒的大范围流行、交通的堵塞和金融市场的崩溃等,都是复杂性的典型表现。

在科学上,关于复杂性的刻画主要是依据信息和算法的观点展开的。起初,度量复杂性是基于计算机程序的,叫算法信息量,指的是一种计算机程序的长度。算法信息量的概念由柯尔莫哥洛夫(Andrey Kolmogorov)、蔡廷(Gregory Chaitin)和所罗门诺夫(Ray Solomonoff)在 20 世纪 60 年代各自独立地提出并使用。他们所基于的基本思想是一样的:为了确定一个具体的信息(比特)串的复杂性,需要一台理想的计算机(图灵机),它具有无限的存储能力。接着,针对这一信息串寻找一个计算程序,让该程序在这台理想计算机上运行至打印出这个信息串,然后停机。一个能够生成该信息串的最短程序的长度,就是它的算法信息量。其实,这个度量复杂性的概念与我们通常所说的物理系统的复杂性没有多大关系,因为就算法信息量来说,一个完全随机的系统的复杂性是最大的:我们找不出任何规律来压缩表征它的信息串的描述。但从我们日常的认识看,这种完全随机的系统的复杂性反而是很低的,比如说处于布朗运动中的理想气体。

事实上,决定一个实际系统复杂性的恰恰是那些非随机的方面。鉴于此,理论物理学家盖尔曼(Murray Gell-Mann)提出了"有效复杂性"概念。有效复杂性是一个度量系统复杂性的更为准确和有用的概念,用于描述一个系统所具有的规则性。我们知道,每个物理系统都与可用来描述其物理状态的信息数量相关联。这样,度量一个系统有效复杂性的基本方法是把这些信息分成两个部分,即描述系统规则性方面的信息和描述系统随机性方面的信息,而用于描述一个系统规则性所需的信息量就是它的有效复杂性[200]。

这里,我们可以就一个系统的有效复杂性和算法信息量做些比较。如果一个系统或信息串是完全随机的,比方说由一只猴子在打字机上胡乱敲击而成的符号串,那么它的算法信息量就达到最大值。但是,由于这样的符号串没有任何规则性可言,因此它的有效复杂性为零。另一个极端的情况是描述系统的信息串是完全规则的,比如说全由 A 组成,则它的有效复杂性也是非常低的,接近于零,因为"全为 A"的信息非常之短。这样看来,一个具有很大的有效复杂性的系统,它的算法信息量"既不能太高,也不能太低。换句话说,系统既不能太有序,也不能太无序"[200]。

近几十年来,复杂性科学的研究表明,有效复杂性是一个刻画系统复杂程度的重要且有用的概念。而且,在对系统复杂性起源的研究中发现,当一个自组织的系统处于有序和无序之间的混沌边缘状态时,有可能涌现出新的性质和现象。不过,有效复杂性的概念侧重的是对一个系统或信息串的静态的刻画,而没有顾及一个物理系统如何从简单的规则性开始,结果却演化出极为复杂的结构和行为所经历的过程的困难程度。也就是说,没有顾及一个系统的有效复杂性增加的动态方面。为了弥补这一不足,就需要考虑产生有效复杂性或有序信息的量(信息)与产生这些量所付出的努力(付出)之间的关系,以便更好地把握复杂性的含义。事实上,在 20 世纪 80 年代早期,物理学家贝内特为了刻画计算的复杂性,就提出了一个考虑到"信息"与"付出"这两个方面的概念。贝内特将对一个信息串或数据集的最似真说明等同于能产生该信息串或数据集的最短程序,然后再考察这一程序的计算复杂性。他把从运行该程序开始到产生信息串所需的付出叫做"逻辑深度"(logical depth)。逻辑上深的信息串具有更为复杂的结构或行为,故从最短的程序出发就需要花费更多的时间去计算这些结构或行为;反过来,如果用于说明一个系统的最短程序需要花大量的时间去计算其结构或行为,则表明该系统在逻辑上是深的。比方说,"打印 10 亿个 1"不需要做多少计算,表明它在逻辑上是浅,相比较而言,"产生 π 的前 10 亿位"就需要花费多得多的计算时间,因而在逻辑上更深。

在对复杂性的概念和度量做了这样一番阐述后,我们回过头来探究起初十分简单的宇宙为什么会演化出越来越复杂的景象这一自然的最大谜团。自从 20 世纪 80 年代以来,一个试图在科学认识的意义上来揭开这个谜团的新兴学科出现了,通常称为复杂性科学。它的基本任务是发现并刻画不同类型的复杂性,探寻不同复杂系统的共同性质和规律,弄清楚产生复杂性的内在机理。迄今为止,虽然尚无关于复杂性的一般理论,但已经在一些领域取得了重要的进展,特别是借助计算建模和计算机模拟,针对不同的复杂系统建构起了各种相对具体的模型,并在众多领域得到了广泛的和成功的应用。

在这样的背景下,一种要求我们依据对复杂系统和复杂性的理解来分析和求解我们所面对的复杂问题的思维方式应运而生,这就是复杂性思维。在面对一个复杂系统时,这种思维方式强调系统的多样性、关联性、变异性(包括突变)和整体性。这样,在求解复杂问题时,就要求我们抛弃单一的、确定的及单纯还原的思维方式,以多样的、关联的、不确定的和整合的复杂性思维方式取而代之。

从表观上看,复杂性思维与量子思维之间似乎没有多少区别,因为两者都强调从多样、关联、不确定和整体等方面来看待事物和求解问题。这样,就自然引出一个问题:既然已经有了复杂性思维方式,为什么还要再倡导量子思维?我们认为,虽然在表观上复杂性思维与量子思维相似,但实际内涵和强调的侧重点存在差异。而且,如果我们进一步探究复杂性思维的本体论依据,实际上可以将其看作量子思维的"表现型",因为量子机制正是"复杂性之母"。

关于复杂性起源于实在世界的量子机制,当代量子信息和量子计算研究的代表人物之一劳埃德(Seth Lloyd)所著《程序化的宇宙》已经给出了部分答案[201]。他从信息和计算的观点出发系统地阐述了对实在和宇宙演化的看法。

劳埃德认为,宇宙的计算本性的主要后果是它能自然地生成像生命这样的复杂系统。理解复杂系统为什么会自然生成这一问题的关键,在于宇宙是一台普适的量子计算机,而基本的物理规律虽然在形式上是简单的,但是由于它们具有计算上的普适性,因而能够产生复杂的景象。

在大爆炸的最初阶段,宇宙的状态是极其简单和对称的,说得更具体一点,起始只有一个处处相同的可能状态。由于只有一个可能的初态,这时宇宙所包含的信息量就是零比特,而它的逻辑深度或热力学深度、有效复杂性都为零。那么,宇宙中的复杂性究竟是如何起源的? 劳埃德认为,需要的东西有两个:一是一台计算机,另一个就是一群"猴子"。为了明白这一解释的含义,劳埃德把传统的猴子在打字机上敲击字母的比喻转换成它们在计算机上输入符号,并借助这个生动的比喻来说明宇宙中复杂性的起源。

在西方的科学文化中,猴子打字的故事非常著名。这个故事主要是为了说明完全随机的行为产生十分有序的结果的可能性有多大。故事有不同的版本,其中一个是这样的:假定一只猴子站在打字机旁敲击各个键,而每个符号和空格被敲击的可能性是相等的。问题是,在一定的时间内猴子打出莎士比亚的全部著作的可能性有多大。显然,如果一定数量的猴子中每只都打出足够多的页数,那么所有这些片断包含莎士比亚著作中的一个连贯段落的概率是非零的,但却小到可以忽略。按照盖尔曼的说法,"即使全世界所有的猴子花一万年的时间,每天各打字 8 小时,打出的文章包含佛里奥版本的莎士比亚著作中一个连贯的部分的概率也是可以忽略不计的"[200]。

劳埃德注意到,如果宇宙的复杂性仅仅是由随机性产生的,那么不管有多少有序和复杂行为已经显现,接下来所要发生的事件将依然是偶然的。这就是说,不管一只猴子可把《哈姆雷特》打到何处,接下来的一次键击很可能还是一个错误。正因为如此,当伟大的物理学家玻尔兹曼试图用偶然的统计涨落来解释宇宙复杂性的起源时,就遇到了几乎无法克服的困难,因为这样的统计涨落完全是随机的,类似于猴子以同等可能的方式在打字机上敲击。不过,在劳埃德看来,玻尔兹曼的思想中包含真理的瑰宝,即宇宙在最基本的层次的行为确实是随机的,因为在那里,有无数的"量子猴子"在不停地敲击。但是,这些量子猴子并非在打字机上敲击,而是在计算机上敲击。

想象一下,猴子正在一台计算机上打字,计算机转而以某种合适的语言解释猴子打的是什么并加以实现。这样一来,虽然猴子仍然以随机的方式打进一串串符号,但却有可能在计算机中产生短的、看似随机的计算机程序。根据现代的算法信息理论,只要猴子在计算机上打字,就存在一个几乎能产生任何计算形式的合理概率。而随着这些简短的程序在计算机中运行,就可以生成出复杂的结构和行为。这就是说,如果猴子不是在打字机上敲击,而是在计算机上敲击,虽然所输入的符号串本身依旧是随机的,但在计算机中却有可能变成能够执行的程序。而大量研究表明:十分简单的计算机程序就能产生复杂的结构和行为,因此,一旦所生成的简单程序得以运行,复杂性就可能自然地突现。

劳埃德认为,这个关于猴子在计算机上敲击的比喻,可以用来合理地解释宇宙中的复杂性的起源。对宇宙而言,这台计算机就是宇宙本身,而程序化宇宙的猴子则由量子力学的规律所提供,因为这些规律是内在地随机的。因此,虽然宇宙作为量子计算机在最基本层次上的动力学是很简单的,但它却以量子涨落的形式充满着"量子猴子"。正是在这些"量子猴子"的作用下,宇宙一步步被程序化,而随着一些程序的运行和冻结,各种复杂的结构和行为便突现出来[201]。

可以看出,在劳埃德所提出的关于复杂性起源的解释中,支配宇宙的最基本规律是量子力学的规律,而正是这些规律的随机性导致宇宙的程序化,也就是说,宇宙中复杂性的起源是其本身规律的不确定性的结果。

因此,虽然面对复杂系统和复杂问题,我们常常强调需要运用复杂性思维,分析对象和问题中的不确定、各个因素之间的内在关联或互补,尤其应该关注突现现象发生和预言的概率性,但实际上,由于实在世界的复杂性正是来源于量子力学的规律和量子涨落的存在,复杂性思维是量子思维的"表现型",因此,倡导量子思维并非"多此一举",而且告诉人们,可从更深的层次理解复杂性思维,并在实践中更好地对此加以运用。

4.4 社会研究的类量子视角

量子思维对科学研究究竟具有什么样的价值？这里，我们想通过介绍和阐述"量子社会科学"这门新兴的交叉学科，来对此加以说明。那么，原本属于现代物理学且主要用于刻画微观现象的"量子"概念，究竟是如何与研究人类认知和行为的社会科学发生关联的？如果考虑到上一节关于复杂性和复杂性思维的阐述，那么这种关联就显得很自然。

我们知道，人类社会是一个不断演化的复杂系统。其复杂性不仅在于组成社会的基本元素——个体——能在环境中自主地进行认知、决策和行动，而且在于个体之间、个体与群体之间或群体与群体之间存在多种多样的关联和互动，因此在整体上，人类社会呈现出许多难以预料的复杂现象。

传统社会科学旨在通过对人的认知、行为以及互动方式的研究来理解社会现象，但由于社会的复杂性和缺乏有效的方法或工具，所取得的成果并不那么理想。与此相对照，自从近代科学诞生以来，人类在理解和控制自然方面取得了无与伦比的成功。尤其是产生于 20 世纪初的现代物理学，不仅为整个自然科学奠定了更加坚实的基础，而且极大地推动了信息技术革命的发生和发展，从而不可逆转地改变了人类社会演化的轨迹。

鉴于科学特别是物理学的成功，人们自然倾向于把自然科学的理论和方法推广到社会研究的领域，或者效仿自然科学来建立社会科学。历史地看，在 18—19 世纪，以牛顿力学为代表的经典物理学取得巨大成功后，便有人开始尝试建立类似于经典物理学的社会科学理论或学科。比如，在 19 世纪 30 年代，被尊称为"社会学之父"的孔德（Auguste Comte）就提出了社会静力学和社会动力学，并将其所创立的社会学命名为"社会物理学"。然而，由于人类自身的特殊性和社会现象的复杂性，当时这种效仿经典物理学创建社会科学的努力并不成功。即便如此，日后产生和发展的社会科学,依然受到基于经典物理学所形成的经典思维世界观的深刻影响,如"力"一词从那时开始就经常出现在社会科学领域的描述中。事实上,这种影响持续至今。

20世纪后半叶以来,在复杂性科学和计算机技术等的推动下,一些社会科学领域,特别是经济学和金融学,运用数学模型展开定量研究成为一种潮流。一批受过物理学训练的经济学家和金融学家,开始将物理学中的有关模型和方法用于研究经济和金融现象,创立了"金融物理学"这一交叉学科,并在实际应用中获得了较大的成功。不过,这些模型和方法基本上属于经典物理学,特别是经典的统计物理学,所利用的主要属于形式(数学)方面,而不是实质的物理内容。这些依然属于经典思维范畴。

那么,作为现代物理学两大支柱之一的量子理论或量子力学,是否有可能为社会科学研究提供有用的模型和方法或者有价值的洞察呢?乍一想,似乎不太可能。这是由于:虽然量子理论是关于实在世界中物质客体结构和运动的普遍理论,也是迄今为止最为成功的科学理论,但通常认为,量子现象或效应在宏观层面上并不显现;而人类认知和行为被认为是属于宏观现象,服从经典的物理学规律,故不需要运用量子理论或与其没有直接的关联。然而,大约从20世纪末开始,这种观念越来越受到挑战。

从哲学上讲,这种挑战依托一个基本信念:既然基于经典物理学的世界观已经被基于现代物理学(包括相对论和量子理论)的新世界观所取代,那么我们在认识人类行为和社会现象时也应从这种新世界观出发,实现思维方式的转变,或者更具体点说,应从经典思维转变为量子思维。

而"量子社会科学"的诞生有更为直接的原因,主要有三个方面:

其一,自20世纪70年代开始,心理学和行为经济学等的实证研究表明,在面对不确定的情景时,普通人进行认知判断和决策并不严格遵循经典逻辑和经典概率。这种现象虽然可以通过假设思维的直觉性偏差获得一定的解释,但随后有些研究者发现,如果采用出自量子理论的逻辑和概率的运算,所得结果能与经验研究获得的数据很好地吻合[202]。这就启发人们可以运用量子理论中的模型和概念作为形式框架,来描述和解释在不确定条件下的人类认知和行为。

其二,长期以来,人类心智,特别是意识现象未能在基于经典物理学的物理主义框架内获得满意的解释,于是,从 20 世纪 90 年代起,一些科学家开始尝试从量子理论出发寻求答案,例如之前介绍过由彭罗斯和哈默洛夫等人提出 Orch – OR 模型。尽管自提出至今,对这一模型尚存在很大的争议,但也没有充分的理由予以否定。这样,对运用量子理论研究人类认知和行为的人来说,既可持中立的态度,也可将其作为一种潜在的激励。

其三,尤其重要的是,量子信息科学的迅速发展不仅为量子社会科学的兴起带来了巨大的推动力,而且为运用量子理论于人类认知和社会现象研究的可行性提供了有力的依据。如前所述,采用新的诠释,量子理论可以看作一种关于信息的理论;而从认知科学的角度看,人类认知(包括决策)实质上是信息加工(或计算)的过程。这意味着,至少在信息的层面上,量子理论中的模型和概念可以自然地过渡到对人类认知和行为的刻画,从而实现量子理论与社会科学之间的连接或整合。

正是在这样的背景下,自 21 世纪初起,陆续有一些学者在研究不确定情形下人的认知、决策和博弈时运用量子理论的形式模型和概念工具,这些模型和概念主要是量子逻辑、量子概率以及互补、纠缠等。近十年来,研究队伍有了较快的壮大,研究成果频频在主流的认知科学、心理学、经济学和其他社会科学的期刊上呈现。特别是:2012 年,布斯迈耶和布鲁扎(Peter Bruza)出版了《认知和决策的量子模型》[203];2013 年,海温和赫连尼科夫(Andrei Khrennikov)出版了《量子社会科学》[204];2015 年,温特出版了《量子心智与社会科学》[120]。这些专著除了包括作者的研究成果,还较系统地综述了其他研究者的工作,在一定意义上,标志着量子社会科学开始走向成熟。

这里,值得注意的是,这些成果虽然均冠以"量子社会科学"之名,但实际上,其中存在两条基本立场不尽相同的研究进路。对大多数研究者而言,他们并不旨在探究人类认知和行为中的量子效应,而只是将量子理论的形式模型和概念工具运用于心理学和社会科学,去描述或解释经验现象,这样,也就与量子理论蕴含的实质性的物理内容没有直接的联系。一般而言,他们对于人的意识或认知是否为脑中的量子效应持中立的态度。《认知和决策的量子模型》和《量子社会科学》的作者们所采用的便是这一进路。比如,海温和赫连尼科夫为量子社会科学给出了如下定义:"量子社会科学旨在借助量子物理学的形式模型和概念研究社会科学广泛领域中的问题,这些领域包括经济学、金融学、心理学和社会学等。"[204]

在这些学者中,温特所追求的目标和提出的主张有些独特和激进。他认为,传统的社会科学家面对心身二元论,要么认同基于经典物理学的唯物(或物理)主义,要么在社会科学与自然科学之间设置鸿沟,否定前者能在唯物主义的框架内进行研究;但是,鸿沟是人为的,已经严重地阻碍了社会科学的发展,而基于经典物理学的唯物主义也由于现代物理学革命而被抛弃。因此,他试图运用量子理论为社会科学和自然科学建立统一的本体论,所提出的核心主张是:人类的意识是原初意识在量子机制作用下的产物,因而,人实际上是"行走的波函数"(walking wave Functions)[120]。这里,"原初意识"是泛心论所主张的构成任何事物的基本而又非物理的要素。可见,温特认同意识的量子脑假说和泛心论,他对量子社会科学的研究又基本上属于本体论方面,因而其激进的主张自然引发了很大的争议。

目前,量子理论已经越出现代物理学的范围,在心理学、语言学、经济学、社会学、政治学和国际关系等诸多社会科学领域的应用中取得了不少成功,因此量子社会科学作为一门新的交叉学科得以确立并持续发展。同时,由量子理论所生发的关于实在世界的新看法,也开始化为人们看待事物和思考问题的新方式,即形成了不同于经典思维的量子思维。

以上简要地叙述了量子社会科学的成因和内涵。那么,对我们的认识和行动而言,其究竟具有什么重要的和特殊的价值呢?

我们知道,自诞生之日起,科学的基本目的就是增进人类的知识并造福于人类。从这一基本目的出发,我们可以领会科学的价值主要表现为两个方面,即认识价值和实用价值。认识价值取决于:一种科学理论或模型能否客观地描述所认识的现象,能否对发生的现象进行合理的解释并做出准确的预言;而实用价值体现在:理论或模型作为知识对人类的行动和目标的实现是否有效。落实到量子社会科学,就要求探究其所建构的理论或模型对理解人类认知、行为和社会现象究竟具有哪些重要的或超越传统心理学和社会科学的认识价值和实用价值。为具体和明了起见,以下结合一些实例展开分析。

我们先来看看量子社会科学的认识价值,也就是说,运用量子理论的模型或概念能否使得人们更好地解释和理解人类的认知现象和社会现象。在人类进行判断和决策时,存在一些从经典的逻辑和概率理论来看属于谬误或悖论的现象,比如合取谬误。虽然采用特设性的假设(如直觉思维压过逻辑思维),这些谬误或悖论也可获得一定的解释或消解,但仍然缺乏系统的和定量的解释。而如今,运用量子模型(特别是量子概率)已经可以统一地解释认知中出现的许多谬误或悖论。这里,举一个著名的例子加以说明。

这个例子就是"琳达问题"(the Linda problem)。20 世纪 80 年代初,心理学家特沃斯基(Amos Tversky)和卡尼曼(Daniel Kahneman)为了研究启发式的直觉在判断中的作用,虚构了一个名叫"琳达"的人:31 岁,单身,直率又聪明,主修哲学;在学生时代,她就深切地关注歧视问题和社会公正问题,还参加过反核示威。心理学家在向参与实验的被试描述了琳达后,就向被试提出问题:下面两种情况哪个可能性更大?(1)琳达是银行出纳;(2)琳达是银行出纳并且积极参与女权运动[205]。

实验的结果令两位心理学家颇为惊讶,因为绝大多数人(样本中89%的研究生)选择了第二项,即认为两个事件(银行出纳和女权主义者)的联合出现比只出现其中之一(银行出纳)的可能性要大。然而,根据经典的概率法则,两个事件的联合概率不可能超过构成它的单个事件的概率,因此,特沃斯基和卡尼曼将这种现象称为"合取谬误"。他们对此给出的解释是:出现这种合取谬误的根源是典型性的直觉判断。"典型性属于一连串可能同时发生且联系紧密的基本评估,最具典型性的结果与特性描述结合在一起就会生成最有条理的信息。而这些最具条理的信息却不一定就是可能性最大的,但它们'貌似正确'。稍有疏忽,我们就很容易混淆有条理、貌似正确和概率这三者的概念。"[206]

自"琳达问题"出现以后,研究者围绕实验的设计和结果的解释进行了长时间的争论。2011 年,布斯迈耶等人运用量子概率模型,包括对"琳达问题"在内的一些谬误进行分析。他们认为,之所以在这些认知判断中发生违反经典概率运算法则的现象,是因为其中所涉的事件具有不可对易(或不相容)性或顺序性,而量子概率恰恰能够刻画这种不可对易性。这样,由量子概率模型计算出的结果不仅符合由实验所得的经验数据,而且可以预言在什么条件下会出现违反经典概率的现象[207]。因此,可以说,量子社会科学加深了人们对人类认知现象的理解。

量子社会科学也有重要的实用价值。其实,一种关于自然或社会的具有认识价值的理论或模型,一旦能够有效地用于解决实际问题,也就有了实用价值。量子社会科学中的一些理论或模型对人类认知、行为和社会现象有真切的刻画并具有认识价值,被运用于治理社会或设计制度而显现出实用性。新近出现的社会激射模型(social laser model)就是很好的范例。

在现代,特别是互联网问世以来,一种振幅大、相干性强、产生和消逝快的集体行动屡屡发生,比如英国脱欧、美国骚乱以及互联网中经常出现的"信息海啸"等。这些现象既可能具有很大的破坏性,也可以是建设性的。对此,政治学家和社会学家已经从不同的方面进行了大量的具体研究,做了多种多样的原因分析。2016 年,赫连尼科夫注意到,这些现象的发生虽然具体的原因和条件不尽相同,但在基本机制方面却显现出相同的模式,且这一模式与物理学中激光形成的机理(模式)十分相似。于是,他以激光做类比,运用量子信息场的形式工具,提出并发展了一个刻画这类社会现象的类量子模型,即社会激射模型。

根据赫连尼科夫的研究,这类社会行动的发生包括三个基本要素:一是个体转变为社会原子(social atom)。这里,社会原子的含义是一个人的身份特性(教育程度、文化修养和性别等)被抹去,只作为一个与他人同质的行动者参与共同的活动。二是由大众媒体生发的强力信息场导致社会原子信息过载。由于信息过载,社会原子没有能力做出理性的分析和判断,只是或只好"随波逐流"(可以是无意识的)。三是基于互联网回声室(echo chamber)的强力社会共振腔(social resonator)的生成。在这样的共振腔中,不断反馈的信息使得社会原子的"社会能"(social energy)被激发并形成相干(一致)[208]。

可以看出,赫连尼科夫提出的社会激射模型对于理解网络时代人类社会中出现的"从众"集体行动具有认识价值,同时,也可以作为社会治理和制度设计的科学依据,因而具有实用价值。例如,为了避免出现对社会具有破坏性的集体行动,可以采取不让个体转变为"社会原子"的防范措施:通过教育提高个体独立思考的能力和保持理性批判的态度;对传播的信息进行内容的分析和过滤,阻止信息过载的发生;也可以改变信息回声室形成的条件,减少社会能的相干性;等等。当然,反过来,为了产生具有建设性的集体行动效果,采取措施对发生的条件进行强化也就有了可能的途径。

可以看出,上述的认识价值和实用价值正是量子思维方式运用的具体表现。确实,自以经典力学为代表的近代科学诞生和发展以来,在认识社会和认识自己等方面,人们深深受到建立在近代科学之上的世界观和思维方式的影响,如认为:社会演化受到必然规律的支配,是决定论的;运用还原方法认识事物是充分的。而现代物理学,特别是量子理论为我们提供了在许多方面与经典科学所描绘的迥然不同的世界图景,如认为实在世界是不确定的、互补的和整体的，而规律是概率的。因此，当人们运用量子理论中的思想和方法来看待人类认知、行为和社会现象时，就会形成提出问题和解决问题的新的思维方式——量子思维。

我们认为，量子思维的核心是要求人们从多个视角、多个方面看待事物和求解问题，哪怕这些视角或方面之间是相互排斥的，因为从量子理论来说，一些相互排斥的现象或状态之间也可以是互补的。基于这样一种量子思维方式，在实践中，我们就可更为客观地、全面地认识和把握事物，特别是在面对复杂的人类行为和社会现象时。因此，量子社会科学的诞生、发展和应用，能够帮助人们在实际工作中运用量子思维，从而更好地分析和解决问题。

近年来，尽管量子社会科学取得了长足的发展，在描述和解释人类认知、行为和社会现象方面取得了许多成果，但是，自诞生起一直受到来自内部和外部的多种挑战。

在量子社会科学内部，由于不同的研究者（团队）采用的基本假说和方法不尽相同，至今未能形成一个统一的研究纲领，各自还面临特定的挑战。对于仅仅将量子理论中的形式模型和方法运用于人类认知和社会现象研究的人来说，虽然所得的计算结果可以与一些经验数据相符合，但似乎并不能帮助人们对判断或决策中出现的认知偏差和谬误的产生机制增加实质性的理解。比如，对于前面所举的合取谬误例子，虽然运用量子概率所得的运算结果可与发生谬误的经验数据相吻合，但并没有告诉我们究竟是什么具体原因导致认知偏差的产生，以及这种偏差的产生是否与人脑中的量子现象或效应有什么联系。问题是，如果仅仅是借用量子理论中的形式工具而与实在世界中的量子机制没有实质的关联，那么，为什么要叫做"量子社会科学"呢？毕竟，"量子"是一个具有物理内涵的实质概念，而社会科学应该具有描述和解释人类认知、行为和社会现象的实质内容，这样，才能真正增进我们对于社会和自身的理解。

鉴于此，温特便不满足于仅仅运用量子理论的形式模型的"工具主义",而是试图为社会科学建立一个基于量子理论的本体论和方法论。在他看来,量子的形式模型和方法之所以在研究人的认知和决策等方面取得成功,正是因为人类的认知,特别是意识是量子机制的宏观表现,于是,就有了量子脑假说和人是"行走的波函数"这一形象的说法[120]。

前已提及量子脑假说,它主张意识是发生在人脑中的量子效应。人们在植物的光合作用和候鸟导航中发现了量子效应,表明在宏观尺度上,某些特殊现象的发生可能源自量子机制,这些为量子脑假说提供了一定的佐证。不过,对于意识现象,尤其是其主观体验的特性是否需要运用量子理论加以解释,仍然存在巨大的争论。事实上,温特是通过量子理论与泛心论的结合来解释包括意识体验在内的生命现象的。而麻烦的是,泛心论不仅与实在世界在物理上的因果闭合性相冲突,而且,它的复兴并不真正有助于意识之谜的科学解决,只是把问题退回到形而上学而已。因此,如何恰当地确立量子理论在社会科学中的地位,特别是如何建立起统一的研究纲领,对量子社会科学家们来说,是一个巨大的挑战。

来自外部的挑战则主要集中于两个方面。一是实质的。由于量子社会科学关注的主要问题在已有的心理学和社会科学中几乎均有研究,并且也已建立了相对成熟的概念框架或形式工具,倘若量子社会科学仅仅是提供另一种形式的或定量的模型和工具,那么对主流社会科学家的吸引力就十分有限。只有像温特那样试图提供一种新的概念框架,对社会科学的发展才具有革命性的意义。

自从《量子心智与社会科学》问世以后,虽然对其中的主要主张有一些肯定的或建设性的评价,但更多的是质疑和批评。不少主流的社会科学家认为,温特试图从量子理论和泛心论出发为社会科学建立新本体论的努力并不成功,或者说人"不是行走的波函数"[209]。目前,对量子社会科学的外部挑战,主要集中于对温特的主张的讨论和批判。

二是形式的。对从事心理学和社会科学的人来说,"量子"这一概念既熟悉又陌生。说熟悉，是因为几乎所有人都知道现代物理学有个支柱叫"量子理论"或"量子力学"；说陌生，是因为这种理论一直只针对微观世界中客体的行为和机制，而与属于宏观世界的人的认知、行为和社会现象似乎并没有直接的关联。这样，当一个源自刻画微观世界的物理概念被用于描述或解释人类认知、行为和社会现象时，就显得颇为奇怪或存在误用的可能。因此，对于那些坚守社会科学自身概念框架或话语体系的研究者而言，"量子"是一个会受到排斥的物理概念，他们难以接受量子社会科学。也许正因为如此，目前在社会科学家中，认同甚至知晓量子社会科学的人相对来说还很少。

量子社会科学兴起的时间较短，也受到来自内外的挑战，不过，目前已呈现出稳步快速成长的态势。当代社会，特别是互联网问世和普及以后，正在发生极其深刻的变化，而数据技术和人工智能技术等则为研究社会现象提供了强有力的手段。以至有人认为，社会科学进入了"黄金时代"[210]。量子社会科学也与当今社会科学发展的现实需要和机遇密切相关。在此，我们依据量子社会科学的现状和发展趋势，对其未来的前景做些展望。

量子社会科学若要成为一门具有强大生命力的交叉学科，就不该只停留在运用量子理论的形式模型或工具于个别的认知问题和社会问题的研究，而应当形成具有自身特色的研究纲领。不过，如果寄希望于将量子理论的物理方面拓展至描述和解释人类认知和行为，则很难奏效。这是因为：物理的概念系统与心智的概念系统属于两种描述和解释世界（包括人类社会）的不同方式，两者之间难以实现意含（meaning）的过渡。而如果采用（语义）信息的观点，那么物理概念与心智概念（乃至文化）之间就可实现自然的连接或融合。因此，我们认为，在未来的发展过程中，量子社会科学应该接纳并发展基于信息的本体论和方法论，进而建构一个富有增殖力的研究纲领。事实上，如前所述，一些量子社会科学家正是在量子信息论的启发下从事人类认知和社会现象的研究，但目前尚缺乏一个基于信息的统一的本体论和方法论。

　　量子社会科学可（或将）与计算社会科学协同发展。近十年来，得益于大数据和人工智能技术，计算社会科学发展迅速。它也是一门研究人类行为和社会现象的交叉学科，关涉数据科学、人工智能、复杂性科学和社会科学的主要领域（如经济学、社会学、政治学和历史学等）。其特点是借助信息和计算技术（特别是计算机建模和基于大数据的网络分析）探究人类社会互动的模式，并预言社会系统的演化。计算社会科学的本体论允诺为：社会实在是一张动态的信息-计算之网，将其连接的是信息流（或计算），而个体或独立组织（作为自主体）又是构成社会之网的信息节点，承担接收、处理、生产和输出信息的角色。由此可见，计算社会科学主要研究自主体之间的信息互动，而量子社会科学则更关注个体在环境中信息加工的过程，特别是个体的认知和意识中信息的产生、处理和输出。因此，量子社会科学和计算社会科学实际上是在稍为不同的层次探究人类的认知和行为。据此，我们认为，两者可以基于信息的本体论实现协同发展，从而更加深刻地、全面地理解社会现象。

　　量子社会科学将进一步拓展应用的范围，并取得更大的成功。在当代社会科学中，我们不仅要有定性的和基于数据的经验研究，而且需要模型和理论来理性地、更准确地刻画和分析人类行动的结构和社会演进的过程，从而提高认识社会的理论思维能力。显然，量子社会科学在这方面可有更大的作为。尤其是，当面对不确定的复杂社会环境时，运用量子思维和方法，能够提高我们分析和求解问题的能力和效率。

第五章　量子思维对政治学与人类学的激进重构

5.1　量子政治学与"看不见的政府"

日裔美国政治学家福山（Francis Fukuyama）于 1992 年推出《历史的终结与最后的人》一著，宣布自由民主制标志了人类政府（统治）的最终形态，终结了政治演化与发展的整个历史[211]。然而就在此著问世的一年前，另一位当代美国政治学家贝克编辑出版了一本学术文集，题为《量子政治学：将量子理论应用于政治现象》。此书甫一问世，就被评论者称为"将标识政治理论、政治设计以及最终政治实践的一个转折点"[212]。在柏林墙倒塌、全球化浪潮勃然兴起之际，贝克却在该著中宣称："政治的诸种模型必须允许概率来扮演一个重要部分。"[212]这在当时，诚然是逆时代潮流而动。

在经历了深刻改变政治世界面貌的卢旺达大屠杀、亚洲金融危机、科索沃战争、"9·11"袭击事件、阿富汗战争、伊拉克战争、全球金融危机、欧洲主权债务危机、"占领华尔街"运动、维基解密、世界范围内针对平民的恐袭（包括自杀性袭击）、"棱镜门"（美国政府监听世界政要）与斯诺登事件、欧洲移民危机、特朗普胜选与"另类右翼"崛起、英国脱欧、贸易战与逆全球化浪潮、"黄背心"运动、"黑命贵"（Black Lives Matter）与"我也是"（Me Too）运动、新冠病毒全球疫情、美国国会大厦冲击事件等之后，我们重新来回看 30 年前的"历史终结论"与"量子政治论"，不得不承认当时逆潮流而动并因此未能在学界激起火花的后者，实是一个充满洞见的睿智声音[213-216]。福山将自由民主视作为终结历史的政治安排，恰恰是在本体论层面上将"概率"彻底刨除了出去。

有意思的是,福山后来对其"历史终结论"做出了"修正"。2014年他在《政治秩序与政治衰败》一著中提出,"政府/统治"(government)的稳定性建立在"法治""民主问责"与"国家治理能力"的三元结构上;而当代许多西方国家在最后一项上得分很低,从而导致了"政治衰败"[217]。我们看到,尽管福山"修正"了其论说,承认西方国家并没有站在历史终结点的位置上,而是陷入了政治衰败,但他仍是以一种借鉴自牛顿力学的"社会科学"经典思维方式来探讨"政府/统治"问题,将政府机械性地视作为三个"支柱"的"合力"。在这个机械性搭建起来的系统模型中,"概率"实际上仍没有位置。在"历史终结论"抑或"政治衰败论"中,我们皆无法处理诸如自杀性恐袭、病毒大流行等笼罩在当代政治世界的现象。

在我看来,盛行于20世纪90年代的历史终结论,不仅把政治学研究捆绑到自由民主意识形态上,并且扼杀了政治学研究中可能兴起的真正革命性的"量子转向"。在当年一片"历史已经终结"的玫瑰色氛围中格格不入地刺出来的量子政治学,提出了一个无法容纳在现代"社会科学/政治科学"范畴下的论题:在政治场域中满布无法被直接"看"到的能量单位,满布无法用计量方式加以捕捉的"不可衡量之物"(imponderables)。这些在"亚原子"(subatomic)层面上的不可衡量之物,构成了一个看不见的政府(统治)。政治科学要真正触碰"实在",就必须研究这个"看不见的政府"[218]。这也就意味着,政治科学必须把它的"科学"基础从经典力学转到量子力学,从经典思维转到量子思维。"量子物理学提供了取代18世纪诸种政治哲学与经济哲学的工具,一个同我们对物理实在的当前理解更吻合的新范式。"[212]从量子物理学关于不确定性的洞见出发,我们能够用全新的方式考察政治场域:类似于量子场一样,政治场域是一个不可准确预测的场域,里面充满如同"波粒二象性"那样的在本体论层面不可调和的矛盾与冲突。

现代政治学的基本概念(如权利、自由、代议民主等)、现代国家的"构造/宪法"（constitution）及其"政府/统治"，皆深深地根植于牛顿经典思维世界观。这种世界观是理性主义的、机械论的。换言之，政治学的"现代转向"，实际上建立在经典力学的"科学"思维之上，以牛顿主义世界观为支撑。在《量子政治学》第四章中，政治理论家盖斯·蒂泽雷加（Gus di-Zerega）深有洞见地勾勒出了现代社会科学的三个预设：

> 机械主义的交通地图，以及它所建议的简化主义策略，支配了社会科学，尽管这种支配在今天更为隐秘而非显见。物质和心智根本性分家，与之相应的是事实与价值的激进区分。精确测量与预测，在很大程度上保持着作为主流社会科学的理想。[212, 219]

概括而言，包括政治学在内的社会科学预设机械主义世界、物质（自然）与心智（观察主体/实践主体）的分离，以及测量和预测的精确性。这三个预设，都显见无疑地是牛顿主义式的。在本体论的层面上，牛顿经典思维世界观假定存在一个客观真实的世界，这个世界可以被一个受过训练的、中立的观察者予以客观地观察与测量。进而，它设定存在直接的因果关系，科学家通过观测与数据分析，可以可靠地探查出许多自然现象与社会现象背后的因果关系。基于理性人假设以及因果模型，社会科学家们被预设为能够对社会与政治现象做出可靠的预测。这种世界观进一步假设"人"是理性的能动者。理性人会通过计算违反或遵从一条法律所带来的好处和惩罚，在日常生活中展开行动，包括政治行动（如投票、抗议等）。而政治治理的基石就是：建立在自我利益的计算之上的理性行动者，是可以用公开的法律系统来进行威慑或鼓励的。于是，在牛顿主义现代政治框架中，"法治"实际上取代了"统治"。"统治"（治理能力）的削弱，就产生出晚期福山所诊断的当代西方国家的"政治衰败"。

让我们继续推进对牛顿主义政治学的批判性分析。在对"人"做出假设的同时，牛顿经典思维世界观也假设"人"可以同其他"对象"分割开来，并且因为这个可分割性,后者能够被效用化为"物"(things),亦即根据其对于人的有用性确立其价值。以权利、自由、代议民主为核心理念的自由民主制建立在人类主义(humanism,汉译多作"人文主义"或"人本主义")之上,而人类主义正是牛顿经典思维世界观的产物,用"人类学机器"确立起一个"人"高于其他"物"(动物——植物——无机物)的等级制——在人类主义主导下的近四百年人文与社会科学话语中,所有的"物"在根本上都以对于人的有用性被进行讨论[220]。

作为当代具有代表性的政治科学家,无论当他声称自由民主制"终结历史"时(预设可预测性),还是声称"因为"国家能力不强"所以"各西方国家陷入"政治衰败"时(预设机械式线性因果模型),抑或当他对"后人类未来"做出激进拒绝时(预设人类主义等级制),以及最近批评以"暴徒冲击国会山"为代表的民粹主义政治为非理性、情绪表达、容易被简单口号操纵,近1/4的成员相信阴谋论的共和党已沦为"邪教组织"时(预设理性行动者),福山的研究在本体论、认识论与方法论层面上,皆根本性地根植于牛顿经典思维世界观[221, 222]。

这种主导现代"社会科学/政治科学"研究的牛顿经典思维世界观看似牢不可破,实际上在19世纪它便受到了激烈的挑战。挑战主要来自当时蓬勃兴起的两个"新学":一个是在"科学"领地影响力持续至今的达尔文的演化论;一个是如今已被开除出"科学"家族的弗洛伊德的精神分析学。演化论与精神分析学尽管进路完全不同,但共同提出了如下论题:理性、客观性、可预测性,在人的决策与行动中是完全边缘性的。在两门"新学"的强势挑战下,社会科学研究发展出了行为主义与阐释主义等学派。然而,时至今日,演化论被吸纳,而精神分析学被排斥,牛顿经典思维世界观仍强有力地在社会科学研究中保持着其范式性的地位[223, 224]。

真正在本体论层面上对牛顿经典思维世界观构成实质性冲击的,是兴起于20世纪初叶的量子力学。在量子物理学的众多"鬼魅般"(spooky)的观点中,如下这个观点直接对现代"社会科学/政治科学"所采取的方法论构成了颠覆性冲击：人对"现象"无法做到中立的观察，相反，人参与其所体验或观察的"现象"的形成中。这就构成了"量子政治学"的一个核心洞见：社会-政治性现象的观察者们所确认的"事实"，实际上在很大程度上依赖于那些观察者以及他们的背景知识。

进而，由于我们无法同时得到一对共轭可观测量的确定值，量子物理学激进地颠覆了从牛顿力学到爱因斯坦广义相对论对"确定性"的确证：确定性只是事物在宏观层面表现出的相对特征，而不确定性、随机性、潜在性才是事物的绝对特征。基于量子物理学衍生的量子思维洞见，"量子政治学"提出另一个关键论题：由于确定性本身不再成立，政治科学家们以往热衷于做的"预测"这件事就成了无稽之谈。

量子物理学最为鬼魅的发现，是事物在微观层面上竟呈现出"非定域性"（nonlocality）——在空间中两个彼此分离任意远的量子系统之间，可以存在瞬时非因果性量子关联。这种被薛定谔称之为"纠缠"的现象，彻底越出了定域实在论的解释范畴。从这种非定域性的量子思维出发来进行考察，一切事物就被视作同其他一切事物相关联、彼此依赖——诸种多粒子系统，必须被看作诸个"整体"。这样一来，基于牛顿经典思维世界观的经典政治学视域中的相对独立性的"实体"，被彼此影响乃至纠缠的"场"所取代。这样的"场"，没有确定边界（"超距"亦能发生互相作用）。这也就意味着，我们所处身其内的政治世界里各种能被看到与看不到的确定性的"边界"，抑或"疆域"，皆是被构建出来的，本身并不存在。当我们将量子理论整合进政治学研究后，对政治现象进行机械性的、定域化的因果关系推导就会被彻底推翻。值得一提的是，"量子政治学"的非定域性视角，对于在20世纪90年代勃然兴起的"绿色政治学"、生态政治学的发展意义重大[225]。

出版于1991年的《量子政治学》之所以成为一部奠基性著作，就在于它收入了由哈佛大学教授、政治学家蒙罗撰写的《物理学与政治学：重访一个旧的类比》一文。这篇被放置在该著第一章的文章，最初是蒙罗于

1927 年在美国政治科学协会上做的主席报告。我们知道,物理学界众星齐聚、盛况空前(亦可能绝后)的第五届索尔维会议,亦是在那一年的 10 月召开,在会上爱因斯坦同以玻尔为首的哥本哈根学派,就量子力学的诠释问题进行激烈论战。换句话说,蒙罗这篇文章诞生于量子物理学刚刚崭露头角的崛起时代。

在文章开篇处,蒙罗就以演化论为例,提出科学对诸种"社会宇宙"研究的驱策与逼迫的影响效应:

> 科学开始于改变人的生活常规,结束于转变我们对于社会宇宙的整个导向。对演化学说的接受(仅仅举一个来自过去的显著案例),并不仅仅是对生物学,甚或整个自然科学产生效应,它逼迫关于**国家与政府之起源的诸种古早理念的一个全盘性的改铸……它驱策政治学的学生,将诸种公共机构视作整个演化中的万物秩序的一个部分,就像原浆细胞和有机生命体**。[218]

在蒙罗看来,科学知识会深层次地影响,乃至全盘性地重置政治理念,并随之影响与重置诸种实际的政治制度。在蒙罗写作此文的时候,量子物理学正在崛起,并且在许多愿意抛下"常识"、尊重实验结果的学者眼里,这个包含一系列诡异论点的新理论已然激进地更新了物理学。蒙罗就是这些学者中的一个。他就此提出,政治学研究已然跟不上物理学的前沿探索:"[政治学]仍然同 18 世纪对抽象个体的神化捆绑在一起;关于统治(政府)的科学与艺术,仍然躺平在或可称之为'关于政治的'原子理论上。"作为美国政治学家,蒙罗尤其尖锐地批评"关于统治的美国哲学"。在他看来,美国政治哲学的根本问题在于,它"越过所有理由地去鼓吹个体公民,将其视作'无名大兵'(the Unknown Soldier)的化身"。基于量子物理学的洞见,蒙罗提出:"在物理世界与在身体政治中,原子们共享以下状况:它们既不是终极的,也不是不可再分的。"[218]个体,就像原子一样,不应被视作孤立化的、不可再分的实体。政治学者要研究个体的话,必须从它们彼此影响的关系入手去展开研究。

蒙罗提出,政治科学家必须不同于哲学家与心理学家。哲学家一碰到自己无法解释的现象,就诉诸人的道德本性中的玄妙素质。而心理学家遇上困难,就借助那些标准化的个体特质来寻求解释。然而,人的行动及其后果,无法通过孤立地研究个体来进行描述,遑论做出"解释"。在政治学的层面,蒙罗尖锐地批评自由主义-个人主义教条,"个体公民被那些他所关联的人们的影响所激发与所控制","这些影响是如此具有穿透性的,以至于对绝大多数我们的公民性而言,关于个体自由的教条几乎就同一个神话不相上下"[218]。

在拒斥哲学家、心理学家与自由主义政治学家后,作为"量子政治学"事实上的开创者,蒙罗提出:"在根本上,政府既不是事关诸种法律,也不是事关诸种人们,而是事关在两者后面的一切不可衡量之物。"正是这些在"亚原子"层面的不可衡量之物,构成了政治学所长期忽视的一个"看不见的政府(统治)"。当政治学研究者们对由形形色色不可衡量之物构成的"看不见的政府"视而不见时,他们对诸如"个体公民"等宏观现象的讨论是具有很大偏差的,如果不是彻底错误的话。蒙罗号召,政治科学"通过同新物理学的类比,应该将其关注点的一部分从大尺度的、可见的政治机制转到看不见的、因此被深度忽视的诸种力量,正是通过它们,个体公民根本性地被实现,以及被控制"[218]。

蒙罗认为整个社会就如同一个物理宇宙,里面充斥着看不见的能量单元,它们以各种速度移动,穿透进权力中。政治学必须研究这些微观的能量单元,以及它们运动与彼此影响的方式。被比作"原子"的个体公民,更恰当的方式是被比作"原子核",它们在同其他能量单元、不可衡量之物所发生的复杂互动中被实现与被控制。那些抽象的理念,就如同"社会宇宙的电子"。个体公民与政治理念的关系,就是原子核与电子的关系。与自由主义政治哲学相反,蒙罗认为恰恰是各种理念的刺激、思想文化实践、不同的公民教育及其装置(学校、大学、出版社、论坛等),导致了政治场域内公民同其国家的关系的多样性。理念具有穿透性的权力,让公民与国家的关系"固着"(lodgment)。站在量子物理学本身刚刚发轫的20世纪20年代,蒙罗宣称,"现在到时间了,政治科学通过将其聚焦点转向诸种亚原子层面上的可能性,来跟上新物理学的步伐","我们必须勤奋地研究那些使每一个公民原子成为其之所是的诸种力量的本质与范围"[218]。

除了以蒙罗文章为首章,《量子政治学》还汇聚了七位当代政治学者,分别从美国政治、政治思想、后现代政治与生态学、政治概念、政治稳定性、法律政策、政治研究方法论的角度来探讨量子政治学。这些作者在具体论述上观点并非全然一致,但他们态度是一致的:政治学研究必须跟上物理学研究的脚步,必须对机械论、原子论与决定论的范式加以拒绝。该著问世后,书中关于不确定性的论点,以及建立在该论点上的对预测的否定,遭到了政治学界的猛烈批评。当代政治哲学家诺丁(Ingemar Nordin)早年就是量子力学的研究者,其博士论文(1980年)研究决定论与量子力学,深度讨论了哥本哈根诠释、概率性概念与贝尔定理。和福山一样,诺丁是新自由主义的坚定捍卫者,并且以气候政治的批评者著称:在他看来,科学并不支持人类活动与全球温室效应之间的因果关系,这是左翼政客们的"骗局"。在《量子政治学》一著出版三年后,诺丁专门为它写了一篇姗姗来迟的书评。在末尾处,这位量子物理学与政治学的研究者尖锐地写道:

> 这本书的主题,以及这些论文被放到一起的动机,是量子理论对社会科学的所谓的诸种隐涉。这个论题并不能成立。可能被做成的,以及事实上已经被展示出来的,是一群社会科学家感觉受到了量子力学的启发。这里面的一些人也被相对论与经典热力学所启发。那也行。我对此没有异议。我听说有科学家从盯着火看而得到启发,也听说有人坐在庭院里看苹果掉落而得到启发。[226]

诺丁深深质疑的,就是社会科学家们动辄受物理学"启发"而提出某种新理论。对将量子层面的内禀随机性与不确定性引入政治领域的研究,诺丁尤其持激进的拒绝态度。在他看来,政治学者完全可以对政治现象进行预测,因为在宏观层面统计学与概率论的诸种方法已足够精准和有效:"在那里,诸种统计预测能够被做出,并且伴以高准确度。还有就是,我们真的需要现代原子理论,才能引出在社会与政治领域可能存在概率现象的理念吗?"[226]

"量子政治学"最被学界攻讦的就在于:宏观层面的社会与政治现象,是否可以直接套用量子物理学的洞见?我们知道,实际上晚近十年基于深度神经网络的人工智能突飞猛进,恰恰就是建立在统计预测的科学上[227, 228]。在宏观层面上,事物并非彻底不可预测,如果牺牲部分精确度的话,只处理相关性不处理因果性的统计预测的方法论实际上非常有效。

在全球化高歌猛进的 20 世纪 90 年代,"量子政治学"很快陷入沉寂,这种状态一直到最近几年才有所变化。美国政治学者卡泽米在 2015 年,即《量子政治学》出版 24 年后,发表论文《量子政治学:新方法论视角》。卡泽米从"后 9·11 世界"的诸种事件的不可预测性出发,再次强调"量子政治学"的方法论价值,并将《量子政治学》视为一部"革新性著作"。卡泽米提出,政治领域就是被不确定性与不可预测性(即多种同时性、多种可能性)所支配的。在"后 9·11 世界"中,尽管有大量专家、学者频频发声对各种事件、现象给出"解释","揭示"出里面的因果线索,然而这些事后"解释"大都无法令人满意。进而,卡泽米批评经典政治学被各种"永恒普遍法则"所统治,实际上陷入了"系统性决定主义"的深渊。在方法论上面,经典政治学也是极其脆弱的——严重地依赖机械论,依赖简单因果模型,依赖二维"时空"[229]。随后"量子政治学"的讨论在学术界与媒体上也渐渐多了起来。著有《量子创造力》《有自我意识的宇宙》等畅销书的俄勒冈大学物理学教授哥斯瓦米,2020 年推出《量子政治学:拯救民主》一著,用量子世界观批评当代政治,尤其是特朗普主义政客们以"我-中心化"的方式使用权力[230]。可以看到,是政治世界的诸种现状使得越来越多学者开始重视"量子政治学"的分析视角。

5.2　权力的"微观物理学"研究

尽管没有思想史上的承接关系,蒙罗关于个体公民通过"看不见的、因此被深度忽视的诸种力量"而根本性地"被实现"与"被控制"的洞见,以及关于科学知识影响政治理念与政治制度、话语性-教育性的实践及其装置铸型公民与国家关系的洞见,同法国思想家福柯(Michel Foucault)关于知识与权力的著名论述具有极大的契合度。福柯把"知识"与"权力"用连接号联结在一起,作为一个专门概念:"知识-权力"。作为知识的科学,本身是会在社会与政治层面上产生出权力的。"量子政治学"所遭受的最核心批评,就是把微观层面的洞察应用到宏观层面的现象上。而福柯的研究恰恰提出,权力不是只有宏观层面的运作,其根本性的力量在于它的微观展布与运动。换句话说,权力绝不仅仅是经典政治学所聚焦的那些宏观的、看得见的权力——典范性例子就是生杀权力,在很大程度上,权力是彻底微观的、看不见的。有鉴于此,福柯以隐喻的形式提出,要对权力展开"微观物理学"(microphysics)研究。

1975 年,福柯推出了深远影响多个人文与社会科学领域的名著《规训与惩罚:监狱的诞生》。在该著中,福柯批评传统的政治学只研究权力的"宏观物理学"(国家、机构、法律、阶级、特权、个体等),竟然完全忽视权力的"微观物理学"[231]。尽管福柯本人并未明确言及"量子物理学"(只是使用了"微观物理学"一词),然而,在这段讨论中,他鲜明地将量子思维引入"权力的微观物理学"研究中,对政治现象展开可以妥当地称之为"量子化"(quantizing)分析。福柯对权力的"微观物理学"研究,至少在四个方面对政治学研究做出了独创性的学术贡献:(1)微观运动的本体论优先性;(2)权力无法被个体占有(宏观权力现象是微观运动的某种暂时性固化);(3)权力关系的非定域性;(4)"人"的消亡与基于"自我技术"的微观抗争。这四点对于当时学界(尤其是政治学界)完全是颠覆性的,直到今天,主流政治学界对福柯"微观物理学"研究态度暧昧,如果不是置之不理的话。下面,逐层深入挖掘福柯对权力所展开的量子化研究。

首先,福柯提出,权力在宏观层面与微观层面呈现出全然不同的形态。倘若我们从这一福柯主义视角出发的话,就可以抵达如下这个激进的命题:此前所有的政治学论说,不管立场与见解多么不同,不管分析进路多么不同,它们实质上在研究范式上都属于同一种"政治学"。对于权力,以往政治学的研究全部在宏观层面展开,从绝对主义的"朕即国家"、全能主义的"中央集权"、自由主义的"三权分立"到无政府主义的"社会自治",它们就像从牛顿到爱因斯坦的物理学,表面看上去变化如此之大,差异是那样地显著,实际上全部属于同一种政治学(可称作"经典政治学"),都未能进入权力的"微观物理学"层面。

福柯用自创的"统治态"(governmentality)——而非"统治/政府"——一词,来指称"允许这种非常特定且非常复杂的权力之操作的诸种机构、程序、分析和反思、计算、与战术所形成的全体",在福柯看来,"国家仅仅是统治态的一个插曲"[232, 233]。结合上一节中蒙罗关于"看不见的政府"的讨论,我们可以说,对"统治态"的研究,恰恰同时聚焦"看得见的政府"与"看不见的政府",同时关注权力操作的确定性与不确定性。诚然,宏观层面运作的权力能够呈现出确定性特征,但在微观层面上展布的权力则呈现出激进的不确定性;并且微观权力对于宏观权力具有本体论优先性。

其次,福柯经由"微观物理学"的观察而提出,在微观层面,权力不是某些"个体"(父亲、领导、总统、国王等)或社会性的"实体"(国家、机构、阶级等)的一个属性或者说所有权(property)。换句话说,权力并不能被各种预先独立存在的个体或实体所"拥有";相反,所有社会性与政治性的个体或实体,经由它们之间的权力关系而得以存在。

这是一个非常反日常体验的理解。在我们所面对的那个政治世界里，可以对一位国家总统的权力与一位副乡长的权力进行比较——很多时候甚至不需要政治科学家们的实证性调研与分析，并给出确定性的结论——很多时候这种比较甚至可以用肉眼可见的方式观察到（如同比较大象与老鼠的重量）。而从福柯主义研究视角出发，我们必须把个体、政治实体以及社会关系（如"男人与女人""资产阶级与无产阶级"之间的关系）全都视作从"权力的微观物理学"中涌现出来的宏观现象，它们并没有政治本体论层面上的优先性。用福柯自己的话说，聚焦权力的微观形态，意味着政治学研究必须废除"暴力-意识形态对立"，废除"所有权的隐喻"，废除"契约模型或征服模型"[231]。

诚然，在日常世界中展开经验性的政治科学研究，权力确实似乎是被某些人或者机构确定性地"占有"（经由契约或征服），我们只需要追踪那些人或者机构，就可以研究权力及其变化。然而经由微观物理学的研究，我们却无法再轻易地认可该研究模式。实际上，所有关于权力的宏观现象，皆是处在不断活动与变化中的微观权力关系的某种特定显现——亦即，无数不稳定的、处于流变中的微观权力关系"坍缩"成了某种僵化了的宏观权力，并以一种非对称的形式相对固定下来。正是这种固化效应，使得对权力的反转与推翻受到了极大限制。

让我们继续推进对权力的量子化分析。尽管具体权力的操作以及对它的反抗总是定域性的，权力关系网络本身却是非定域化的。宏观的政治世界中各种定域性的现实（譬如国家同其公民的诸种关系、诸阶级的冲突、国家间的地缘政治等），实际上皆是从微观的权力关系网络中"涌现"出来的。追随福柯"微观物理学"所开启的视角我们可以看到，非定域性的权力关系网络，实际上可以在政治层面上实现"鬼魅般的超距作用"——很多政治变化、事件，无法找到定域性的肇因。这也构成了展开经验性研究、依赖简单因果模型的现代政治科学的界限。

经典政治学中的定域因果性，有必要被权力的微观物理学中的非定域因果性所取代。经典政治学关注各种可见的、支配性的权力对秩序（作为"系统"的秩序）的影响，将其他因素视为对秩序的微扰。而权力的微观物理学聚焦非定域性的关联，一个微小的扰动、反转都可能深刻地影响秩序（作为"场"的秩序）的演化过程。出于微观物理学对非定域性的聚焦，福柯提出，对权力的反抗尽管总是"定域化"的，是此时此地的抵抗（resistance of the here-and-now），但只有那些对"整个网络"产生出诸种效应的反抗，才在政治层面是真正有效的。

把研究性聚焦定位到非定域因果性上，实际上对政治学研究提出很大的挑战。研究者不能只关注在政治场域中占据中心位置的各种政治机构、政治制度、政治实践，以及总统、领袖这样的政治个体，而是要像福柯那样，把学校、档案馆（图书馆）、医院、监狱、精神病院、兵营、工厂、收容所、修道院、警察局、司法机关，乃至身体、性、家庭、亲属关系、知识话语等都纳入研究性视野。进而，对权力的"微观物理学"研究也让我们看到，对权力的政治分析，无法单纯地采取经验意义上的定量研究。话语分析（discourse analysis）成为一个极其关键的方法论进路。政治学研究不能仅仅关注物质层面的诸种显著现象，而是要关注非物质层面的各种非显著现象——简言之，同时关注"词与物"。

同样重要的是，对权力的微观物理学研究使我们看到：诸种社会-政治的安排，都不再是普遍的、真理性的、不可避免而只能这样的，它们来自诸种历史偶然性。于是，政治制度不应以形而上学的方式来研究，而是要以谱系学（genealogy）的进路来研究。所有自命"普遍""永恒""最好"的政治秩序，都是能够被改变的；所有看似牢不可破，甚至被视作"终结历史"的政治大厦，都是会坍塌的。并且，带来改变的力量，并不只是来自传统政治学研究所聚焦的那些"实体""个体"。

那么，这个使政治场域发生改变的力量来自哪里？这就涉及福柯主义"量子化分析"对政治学研究的第四个关键贡献。在微观层面，权力是亚个体的（sub-individual）、关系性的（relational）、不稳定的（instable），始终处于流变中。诚如上一节提及的蒙罗对自由主义–个人主义教条的批评所揭示的，现代政治学——不管是哪一种学说、流派——皆把个体视作"原子式"的、不可再分的。但关于权力的福柯主义考察恰恰旨在瓦解现代政治学的这一底层设定——正如微观物理学（量子物理学）研究"亚原子"层面诸种现象，微观政治学研究亚个体层面的现象，那就是权力关系。

这同样是一个非常反日常体验的理解。在日常世界里，人们很容易对自己的独立性、完整性、确定性、不可分割性采取一种"朴素"的确认和确信。然而福柯本人的一个主要学术贡献，就是挑战每个个体被都视作独立的、自主的（理性的）"主体"的现代性政治哲学信条。对福柯而言，成为一个主体（to be a subject）就是被支配（to be subjected）。从微观物理学视角出发，权力关系构成一个不断流变的网络，所有"人"，包括权力的研究者（政治观察者、政治学家），都无法使自身站到这个网络之"外"。社会是一个没有外部的权力关系网络，而权力本身是去中心化的。现代自由主义–个体主义的"个体"并不先于微观权力网络而存在，相反，"个体"恰恰是经由权力的"规训"（discipline）而形成的。

在出版于 1966 年的《万物秩序：人文科学的一个谱系学》（法语原著题目为《词与物》）一著中，福柯就尖锐地宣告"人"的消亡。在该著最末福柯写道："人将被抹除，就像画在海边沙滩上的一张脸。"[234] 福柯通过对"人文科学"的谱系学考察而提出，"人"（现代性框架下的"人"）是由文艺复兴以降的"人类主义话语"所构建出来的。任何有开始的事物，就必然会有终结。在《规训与惩罚》中福柯进一步提出，权力并不等同于在物质层面操作的"暴力"，同时亦包括在非物质层面操作的"规训"。权力绝不只是看得见的生杀大权，并且同"知识"相关（"知识–权力"），同社会中主导性的"话语构型"（discursive formations）相关。这也就意味着，权力不仅仅是压制性的（宏观层面可被占有的权力），并且是生产性的（微观层面的权力关系网络）。"人"（理性的、不可分的个体之人），就是"人类主义话语"及其权力展布所生产出来的。真正实质性地维系一个"万物秩序"

（order of things）的并非压制性的暴力，而是生产性的话语权力、知识权力。由于这种展布在社会毛细血管里的权力关系网络先于"人"而存在并实质性地生产"人"，故此对于该网络，"人"彻底无处可逃。

诚然，这个微观层面的网络动态地集聚了无可计数的对抗点、聚焦点，在每个点上，权力关系皆有可能被随时反转或者说推翻。但是，这种反转本身也会随时被反转。在微观层面上，权力的运动呈现激进的不确定状态。这为政治学研究带来一个重要洞见：对权力的反抗（反转、推翻）注定无法是一劳永逸的。权力与对它的反抗始终是并存共生的，哪里有权力，哪里就有反抗。与此同时，所有对抗权力的"人"，必然地在其与权力的斗争中同时分享着那些权力机构。所有"人"既是权力的被压迫者，又是权力的不自觉的同谋。因而，他们的斗争注定同时对他们正与之斗争的那个东西进行着再生产。这就意味着，政治意义上的"解放"在结构上是一个"不可能"（the impossible），政治场域内是永恒的战斗。权力关系网络并没有金字塔式的中心，夺取政权并不意味着彻底摧毁网状的社会权力结构，而很可能只是在新的名目下把各种旧的隶属化形式再生出来。人们只能生活在不同形式的权力构成的永恒回复中，不存在超越无所不在的权力之网的希望[235]。人类的"世界"中并不存在"最好政制"（best regime），只存在"关于真理的政制"（regime of truth）——亦即，建立在知识权力（"真理"）上的政制。

由于权力关系网络具有无数个对抗点、不稳定中心，因此"大拒绝"（great refusal）这种方式参加政治斗争是无效的。在福柯看来，对权力所有宏观层面的反抗都注定无效，只有进行微观层面的多元化抗争，每一个抵抗都是奇点性的特例。真正的政治变化，都是从微观层面"涌现"；而以往政治学研究所聚焦的宏观政治"现象"，只是微观政治变化在宏观层面的"显象"。针对微观权力及其规训操作，福柯提出以"自我技术"（techniques of the self）去抗争。"自我技术"的目的并不在于寻找个体的"内在本性"，而是致力于生产或创造出一种新的自我。"从自我不是给定的这一观点出发,我想只有一种可行的结果:我们必须像创造一件艺术作品那样创造我们自己。"[236]用量子物理学的概念来转译福柯的洞见,我们可以提出,"自我技术"旨在改变微观权力关系的"坍缩"结果,从原先被他人统治转变为被"自我"统治(至少是去增加后者的概率)。对福柯来说,"人"没有本体论的"本性","人"是被创造出来的,既然此前都是被权力关系之网所创造,那么真正的政治抗争就是去创造自己。"现代人不是开始发现他自己、他的秘密和他的隐蔽真理的人,他是一个尝试创造他自己的人。这种现代性并不依照每个人自己的'是'来解放人,而是迫使他面对创造他自己的任务。"[236]

福柯的政治本体论,不是自由主义的"权力的本体论"(本体化"个体之人"),而是"批判的本体论":"批判的实践,就是使得自然的行为变得陌生化。"[237, 238]微观物理学研究是一种批判的实践,因为它使得日常生活中的权力变得陌生化。建立在"批判的本体论"基础上的政治学研究,应聚焦性地追查权力关系流转的轨迹,进而追查"权力、真理和主体之间的关系"[237]。而谱系学,就是妥帖地追查权力关系之形成(becoming)的方法论进路。对福柯而言,"权力启动了一种永恒的斗争。这是无法逃避的。但是,懂得这种游戏是你自己的游戏,你就有了自由。不要迷信权威,真理就存在于你的自我之中。不要畏惧,不要害怕生活,也不要害怕死亡。做你觉得应该做的:追求、创造、超越,你就会赢得这场游戏"[239]。

5.3 能动性实在论:从可能性政治到量子人类学

福柯瓦解了现代政治哲学中作为政治主体的"人",宣布"人"的消亡——"人"仅仅是微观权力关系网络的一个产物。那么,所有微观政治抗争的担纲者的能动性是从哪里来的?福柯的"自我技术"并没有解决本体论层面的能动性问题。在学理层面实质性处理这个问题的,是量子物理学家芭拉德——在其 2007 年推出的里程碑式著作《半途地遇见宇宙:

量子物理学和物质与意义的纠缠》中，芭拉德在玻尔的基础上勾画了"能动性实在论"（agential realism）。这本著作从量子物理学出发对政治本体论所做出的重铸，彻底越出了前人所企及的高度，激进地推翻了人文与社会科学的"人类主义"框架。

对于将量子物理学引入人文与社会科学的讨论，芭拉德开宗明义地拒绝"类比推理"（reasoning by analogy）。本章第一节所讨论的蒙罗的"量子政治学"，主要是使用类比推理的方式。对此蒙罗本人也毫不隐讳，并认为政治科学必须"通过同新物理学的类比"才能够得到发展[218]。蒙罗把理念比作"社会宇宙的电子"，把个体公民比作"原子核"（他拒绝旧的"原子"类比）；而"社会大气就像物理宇宙一样，充斥着看不见的能量单元，以各种速度移动，穿透进权力中"。蒙罗还把战斗性的改革者称作"氢公民"（hydrogen citizen）——这些人致力于捕捉一个电子（坚持一个理念）；把各种各样的反动派与党派分子称作"裸原子"（stripped atom），它们的电子（理念）被剥离[218]。

芭拉德尽管并没有讨论蒙罗（很可能完全没有读过他的理论），但她恰恰拒绝的就是这种在物理学与政治学之间去做"类比推理"，用她自己的话说，必须要拒绝"在粒子与人民、微观与宏观、科学与社会、自然与文化之间做类比"。在芭拉德看来，将量子思维引入人文与社会科学的研究，就是尝试去思考量子物理学所逼迫我们去直面的诸种认识论与政治本体论的问题。与之相反，类比推理很容易把我们"带歪掉"（astray），并不能使我们做出任何有效的"重思"。她点名玻尔这位量子力学哥本哈根学派的领袖："甚至玻尔本人都犯了错，当他通过在物理学与生物学之间或物理学与人类学之间做类比的方式，去尝试理解'量子物理学的教导'时。"芭拉德视这种"类比推理"为简化主义，而"量子物理学恰恰使得作为一种世界观或普遍解释框架的简化主义丧失效力"[218]。在拒绝简化主义后，芭拉德在玻尔与福柯的基础上，开创性地论述了一个物质与话语相纠缠的量子本体论："世界"在本体论层面上是不确定的、开放的。（此处"纠

缠"概念已经不是量子力学中纠缠的本义,而是做了引申)

芭拉德认可福柯开创性的权力微观物理学研究:"在福柯的论述中,权力并不是那种熟悉观念,即施加在一个预先存在的主体之上的一种外部力量,而是关于力量关系的一个内在集合,该集合构建了(但并不彻底决定)主体。"进而,芭拉德提出:"福柯对权力的分析,将诸种话语实践关联到身体的物质性上。"尤其是福柯关于话语-权力-知识联结(discourse-power-knowledge nexus)的论述,使政治学研究者关注到物质性中的"话语实践的建构性面向"。在书中,芭拉德还专门引用了福柯在《知识考古学》的名句:"'词与物'是关于一个问题的全然严肃的名称。"[240] 芭拉德此著所提出的一个核心命题就是:对人的"世界"而言,物质与意义(物质性与话语性)并不是彼此独立的元素,而是"纠缠"在一起。尽管赞誉福柯,但芭拉德认为福柯在处理话语性与物质性的"纠缠"上做得尚不够:"事实上,对福柯权力分析及其话语理论的批评,通常集中在他未能对诸种话语性实践与非话语性实践之间关系做出理论化。""就福柯关于规训权力的政治解剖的所有强调而言,他未能提供关于身体之历史性的一个论述,在这个论述中,身体的物质性在权力的运作中扮演了一个行动性的角色。"[240]

正如其著作副标题所展示的,在芭拉德看来,量子物理学这门"科学"本身,恰恰就标识出了物质性(物理实在)与话语性(关于量子怪异性的各种"解释"以及各种"概念")的"纠缠"。在玻尔这里,"概念"与"物"在它们的"互相构建"(mutual constitution)之外,并没有确定的边界、属性或意义。"概念"与"物"的纠缠,使得概念在玻尔这里并不是抽象的、理念性的,而是同时包括"实际的物理安排"。芭拉德认为,福柯的"词与物"与玻尔关于"概念"与"物"的论述,在一定程度上存在着呼应。而福柯眼中的"话语实践",则对应玻尔眼中的"装置":实验性的装置,以及政治性的装置,都是具有"诸种特定物质性重新构造"(specific material reconfigurings)的话语实践,经由它们,所有的"对象"与"主体"被生产出来[240]。正是在物质性与话语性的纠缠中,人的"世界"得以不断"形成"。

芭拉德提出,"纠缠"(entangled)不同于多个独立存在的实体彼此"缠绕"(intertwined)。在"纠缠"关系中,独立、自我持存的实体并不存在,"个体并不预先存在于它们的互动;相反,个体经由它们被纠缠的内关联(intra-relating)并作为内关联的部分而涌现"[240]。任何能动者,都只在关系性而非绝对性的意义上"能动"。换言之,能动者在它们彼此"纠缠"的关系中成立,而不是以个体性的元素存在。基于对"纠缠"与"缠绕"的区分,芭拉德提出用"内行动"(intra-action)这个概念来取代"互动"(interaction):内行动指"诸纠缠着的能动单位的互相构建"[240]。"互动"发生在各独立的、之前就预先存在的个体能动单位之间;而彼此发生"内行动"的能动单位并不预先存在,它们恰恰是从"内行动"中涌现出来。经过芭拉德这一分疏,我们看到,现代政治学可以容纳"缠绕",但无法容纳"纠缠"。自由、平等、权利、主体性、理性、自主、选举(代议民主)等关键政治概念,皆根本性地、本体论地建立在个体的(针对环境与其他个体或实体的)"可分割性"与(针对自身的)"不可再分性"上。但量子物理学恰恰同时推翻"个体"的这两种属性。

社会科学研究要么聚焦于个体的行动("外部"视角),要么聚焦于个体的意图("内部"视角),然而芭拉德恰恰建议彻底打破这种"内部"与"外部"的二元论。代之以行动、意图,真正需要聚焦的是能动性。能动性是一个关系性(而非绝对性)的范畴,是相互纠缠的产物,而非某个个体单位的属性。包括"人"在内的所有能动者,都相对于一个"聚合体"(assemblage)而具有能动性:内行动总是在某个"聚合体"内部展开,能动者在物质性-话语性的互相构建中涌现。在这个视角下,绝不只是"人"具有能动性,一切物质都可以是能动者。唯独将人视作能动者(甚至是独立的、自主的能动者),只是现代"人类主义"框架下的设定。

当我们将量子思维引入社会科学分析时,所有人与非人类(nonhumans)都可以具有能动性,而它们的能动性并不是预先"拥有",恰恰是在一个

"聚合体"中通过内行动彼此构建而形成。诚然,人可以通过自身的"主体能动性"(实际上是关系性能动性)来实现自身,使自己成为想成为的"人";非人类的身体或物质也可以通过自身的能动性,实质性地贡献于它们自身的实现(譬如,刀具有能动性让自身成为"刀")。

让我们用量子思维来分析已然成为支配近年美国政治的一个核心议题:控枪。枪支问题本来就是美国两党政治长期争执不下的一个分歧点,而近些年美国社会更是深深为此起彼伏的恐袭案与面对平民无差别展开的枪击案所扰。2017 年 10 月 1 日,拉斯维加斯发生美国历史上最严重的枪击事件,造成至少 59 人死亡和 527 人受伤。这次枪击案迫使国会于 10 月 4 日再次就控枪议题展开辩论。迄今为止对拥枪最强有力的辩护,就是美国全国步枪协会的"枪不杀人,人杀人"。但在量子政治学的分析视角下,我们能够看到:枪击事件既不只是枪开火的结果,也不只是枪手扣扳机的结果,而是二者发生内行动、彼此赋予能动性的结果。在"杀人"事件中,人和枪都是能动者,因为如果枪手手上无枪,就不可能完成枪击杀人,而枪如果不在枪手手上,也完成不了行凶。枪击事件发生时刻,枪已经不是原来在军械库或枪套里的枪,而是变成"凶枪"。而那个时刻枪手已经不是原来手上无枪的人,而是变成"杀人犯",乃至"恐袭者"。

法国人类学家、政治学家拉图尔(Bruno Latour)在其《潘多拉希望:论科学研究的实在》一著中曾提出,在控枪议题上,一个真正的唯物主义者宣称:"好公民被携枪所转型(transformed)","你变得不同,当枪在你的手中时;枪变得不同,当你握着它时"。该情境中的行动者是"一个公民-枪,一个枪-公民"[241]。枪和人彼此交互影响的内行动,导致了杀人的行动和结果,并且它们也在内行动中被改变,"变成其他的'某人、某物'"。所以拉图尔强调:"既不是人也不是枪在杀人。对于行动的责任必须被各个行动元(actant)所分享。"[241]拉图尔提议用"行动元"这个新造词取代"行动者"(actor)——后者仅仅指"人",而前者把所有的"物"都囊括进来。用当代美国政治理论家简·贝内特（Jane Bennett）的话说，"一个行动元可以是人，也可以不是人，或很可能是两者的一个组合。……一个行动元既不是一个对象，也不是主体，而是一个'介入者'（intervener）"[242]。回到拉斯维加斯枪击事件，枪手帕多克和 22 支自动步枪及大量弹药，都是枪击行动的行动者和责任者。同样的道理，如果你总是喜欢身上带把刀出门（用以防身），该物会有能动性（关系性能动性）实现自身——让自己成为"刀"。

通过这个案例分析我们可以看到，政治学以前只研究"人"彼此发生互动的"共同体"，而完全没有涉及各种人类与非人类能动者彼此发生内行动的"聚合体"。代之以由个体们组成的"共同体"，政治学研究必须聚焦由能动者组成的"聚合体"：所有能动者以及"聚合体"本身，都始终处在不断"形成"中、不断创始或更新中。芭拉德把这称作"世界化成"（worlding），并把"世界化成"的政治本体论称作"能动性实在主义"。一个似乎相对稳定、可被"客观"研究的"世界"（world），就是物质与话语的"叠加"（superposition）坍缩后的状态。"世界"，实际上是"世界化成"的一个切片。

一个身上带把枪或刀的人，就总是处于公民与凶徒的"叠加态"（既是，又不是）。而一个枪击事件的发生，实际上就是该"叠加态"坍缩后的一个结果——人确定地变成"凶手"，枪确定地变成"凶枪"。我们还可以把分析再推进一步。在一个枪支遍地泛滥的社会，每个人出门都是处于公民与受害者的"叠加态"——每一个具体瞬间去观察某个人，当然能够获得确切结果，但这不取消他或她实际上在一个能动性"聚合体"中的"叠加态"。同样地，在一个新冠病毒肆虐而防控治理阙如的社会（一个特殊的聚合体），每个人出门都是处于未感染者与感染者（传播者）的"叠加态"——也许你在此刻被感染是一个随机事件，但波函数的坍缩却有一个确定性的概率。

基于"世界"的量子状态，芭拉德呼唤"一种关于诸种可能性的政治"

（a politics of possibilities）。能动性，在芭拉德看来，就是"去改变关于改变的诸种可能性"[240]。这些年来在政治场域，女性变得重要，种族变得重要，非人类变得重要——这些改变，都不是自由主义-多元主义的"纳入"（inclusion）逻辑，而是"物质化成"逻辑，是能动者们不断地在各种特定语境与历史中经由内行动使自身变得重要。

故此，对于如何去推进这种"可能性政治"，芭拉德的答案就是："负责任地想象与介入权力之构造的诸种方式，亦即，内行动地重新构造空间-时间-物质。"[243] 这就是量子政治学所指向的"世界化成"。量子政治学是一种"负责任"的政治学：当我们行动时，就是在改变某些关于改变的可能性，我们就承担伦理性的责任，具有可追责性。

建立在芭拉德的创基性探索之上，人类学家科比（Vicki Kirby）于2011推出《量子人类学：大写的生命》一著。科比深有洞见地提出，在21世纪的今天，人们似乎已经能接受那超出其日常感知的量子力学。然而，这种接受却是通过如下"理性化"的操作：种种不一致性、复杂性被归结到一个特殊的学术场域中，在那里，所有晦涩难懂的研究发现，不再与社会性的日常事务有任何关联。这种"理性化"操作还进而被一种"被接受的智慧"所加持：微观的量子行为并不能被应用到人类事务的宏观世界[243]。也就是说，人们可以接受"自然世界"的莫名其妙，只要"人类世界"仍然是熟悉的样子就行。

这种人类学操作进一步构建了一种"政治等级制"："自然"（量子物理学研究的对象）具有诸种原初缺陷，而"文本"（人文与社会科学研究的对象）则具有演化出来的更深的复杂性。基于芭拉德所提出的物质与话语（意义）的纠缠，科比进一步提出，"自然"与"文本"纠缠在一起。通过将"文本"自然化以及将"自然"文本化，科比旨在推翻人类学的政治等级制。"量子人类学"就是基于"文本"与"自然"的量子混合（quantum conflation）[244]。

然而，"量子人类学"所聚焦的，恰恰不是"人"。科比写道：

纠缠意味着诸实体的本体论是经由关系性而涌现：实体并不先于它们的牵涉而存在。看上去很奇怪的是，［实体彼此牵涉先于它们自身］也意味着：去做实验、去展开研究的"原初"意图，并非如我们所假设的那样，是一个能因此被归结到一个人类研究者身上的属性。[244]

任何研究，也不能归到人类研究者上，归到它们的"意图"上。占据"量子人类学"核心位置的，是"写作"（writing）。而写作，绝不只是"人"的实践。写作，就是文字性的世界化成（literary worlding）。写作实践，给文字性-文本性的"聚合体"带来涌现与变化、创造与更新。

"量子人类学"研究的不是"人"，而是"符号""文本"与它们的网络。在科比看来，必须以考察量子"实体"的方式考察"符号"：它们在"具有一个特定的、被界定了的定域性"之外，同时具有"一个全球的在场或效力"。"符号"们所关涉的所有"文本"，构成一个"互文性"（intertextuality）的动态网络——这个网络，就是文字性-文本性的"聚合体"：在这个"聚合体"中，"文本"们像光子一样，成为认知性的能动者（在彼此纠缠中产生出能动性）。借助量子物理学的洞见，科比提出"认识论的互文性"（epistemological intertextualities）。通过研究"互文性"，我们才能研究流变中的"世界"："人"，本身也是在聚合体中不断写下自身与不断被写的"文本"。在"互文性"聚合体中，"文本性"（textuality）并非属于过去（完成时态的被写下）：文本们不断地互相构建。"互文性"是一个量子性的"开放系统"，"里面唯一不变的，就是转变或写作"[244]。

从福柯的"人之死"论题，到芭拉德的非人类能动者，再到科比的没有"人"的"量子人类学"，这个发展标识了一条"后人类主义"（posthumanism）的思想线索[245, 246]。"人"必须放弃认识论掌控，不可能有整全知识，甚至不可能有确定知识。进而，基于运动不连续性、量子随机性、叠加性、非定域性、量子纠缠之上的量子思维，瓦解了"人类主义"对人文与社会科学的长久统治,尤其是推翻了人类主义——实则为"人类例外主义"(human exceptionalism)——的本体论特权:我们从来不独自思考,不独自行动。能动性实在主义的关键面向——按照简·贝内特宣言式的说法——就是去"强调,乃至过度强调,诸种非人类力量的能动性贡献(操作于自然、人类身体以及诸种人造物上),通过这个方式来努力回击人类语言与思想的自恋性反应"[242]。政治学必须要研究各种"后人类""前个体"的能动者,研究它们的"操演""内行动"。人类个体并不先天具有统一性与能动性。这意味着,基于个人主义意识形态之上的政治学说(尤其是被视作"终结历史"的自由主义-资本主义),必须被激进地更新。

第三篇

实证与应用

第六章 量子思维的教育启示

近代思维的主要特点是以经典力学为代表的经典思维,跨度为几百年。而百多年前量子理论的出现,从根本上改变了人们对物质结构及其相互作用的理解,当代思维就是基于量子科学理论的新世界观和思维方式,强调不确定性、不连续性和整体性。量子论起源于物理学,已经被成功应用于其他自然科学领域。而在人文社会科学领域,量子理论与学说也在深刻影响着哲学、教育学、经济学和管理学等诸多学科的深入发展。本章中,我们将梳理量子论在教育相关领域中的已有研究,介绍我们将量子论与量子思维在教育领域中进行应用的一些探索,并在此基础上围绕量子思维可能对教育研究产生的深刻影响进行探讨。

6.1 人类心智的量子特征

人们对教育量子性的关注,起源于对人的心智是否具有量子性的思考。薛定谔在《生命是什么》一书中,就已经涉及量子效应在生命形成和发展中可能起到的作用[247]。诺贝尔物理学奖获得者、英国数学物理学家、牛津大学数学系教授彭罗斯在其著作《皇帝的新脑》中,提出人脑难以用图灵机进行模拟,应引入量子力学来解释人的大脑活动[210]。彭罗斯认为,尽管人工智能已经发展到较高水平,但人类思维意识的复杂性仍无法用有限的算法来穷尽。人类无法同时进行大量完全独立的思维活动,只能把意识统筹于一件特定的事,但同时却能模糊地分散到许多其他相关信息中,彭罗斯把这种特性称为意识的"一性"(Oneness)。量子平行主义允许不同选择在线性叠加中共存,一个单独的量子态原则上可由大量不同的,而且同时发生的活动组成,符合意识的统筹与发散的特性,因此思维的"一性"更适合用量子语言来解释。此外,研究已经发现单量子足以触发宏观的神经信号,彭罗斯推测大脑深处存在单量子敏感神经元,充当着意识的量子开关。彭罗斯呼吁量子力学需要不断修正来协调相对论和时间不可逆性等问题,这也是解释意识思维奥秘的关键钥匙。

彭罗斯提出的这一理论引起了广泛争议,但并未得到物理学、生物学或计算机科学界的普遍认可。近年来的一些神经科学与心理学研究的结果显示,量子力学很有可能确实影响了人的意识的形成与认知的过程[247]。许多生物学现象涉及量子力学,英国物理学会巡讲师艾尔-哈利利(Jim Al-Khalili)等人在《神秘的量子生命》中提到,生命就像一台复杂的分子机器,生命有序性的维持依靠酶、色素、DNA 和其他生化分子的协同合作,而这些生化分子的性质多数建立在诸如隧穿、相干性和纠缠态等量子现象上[248]。例如,生命的引擎——酶,能够让粒子发生隧穿从而突破能量的壁垒,保证生命化学反应的高速进行;又如动物眼中的独特蛋白质(隐花色素)吸收光子可产生自由基对,自由基上处于纠缠状态的自旋孤电子对地磁场异常敏感,解开了知更鸟在长途迁徙中感知方向的原因;光合作用中独特的量子节拍解释了能量高效传递的路径之谜;嗅觉感受器与气味分子之间发生的非弹性电子隧穿,是生物产生嗅觉的关键;等等。量子范畴内发生的变化引起宏观的效应是生命独有的特征,艾尔-哈利利认为活细胞内的嘈杂分子环境不会破坏量子的相互关联,反而有助于维持这种相干性。

关于人类的思维意识,艾尔-哈利利持有与彭罗斯相同的观点,他认为意识是量子计算的产物。人类的活动受意识的支配,神经信号开启神经细胞上的离子通道,离子的交换产生动作电位,从而控制肌肉收缩完成一系列的动作。每个离子通道相当于一个逻辑门,人类的活动可由无数个逻辑门来表征。但这一系列动作并不独立,而是共同服务于我们的意识,所以每条独立神经元包含的信息应该被某种特殊的作用整合起来,即逻辑门(离子通道)间的量子纠缠,因此艾尔-哈利利推测大脑具有量子相干性。

在量子认知领域,美国艺术与科学院院士、印第安纳大学布斯迈耶教授及其团队做了一系列开创性的工作。与彭罗斯的观点不同,布斯迈耶教授指出,量子认知并非研究人脑的物理运行机制,而是利用量子理论描述人的判断和决策行为[203]。量子理论的以下两个特点,与人的判断和决策行为非常吻合:一是量子概率性。人的判断和决策是概率性的,其概率分布的特点有时并不符合经典概率模型(例如有违反柯尔莫哥洛夫定理的情形),而量子理论的概率模型可以很好地解释这一类判断和决策过程,而且量子概率所使用的矢量空间描述也符合联结机制的神经网络认知模型。二是测量中存在共轭变量。在人的判断和决策过程中,对某个事项做判断,会使得人的心理状态发生改变,进而影响到与之相关事项的决策。这就类似于在量子理论中存在的共轭变量(例如位置和动量),对一个变量进行测量,会影响另一个变量的概率分布。

在受试者进行因果推理或理性决策的过程中,都存在违反经典模型但符合量子模型的情况[198]。经典概率论认为事件是单个样本空间的子集,某事件发生的概率必然大于它与另一事件同时发生的概率,即 $P_{(A)} \geqslant P_{(A \cap B)}$。但是,对认知机制的实证研究却发现,人类做出"两个事件同时发生"的决策概率更大,被称为"合并谬误"(conjunction fallacy)。量子认知模型指出,事件的不相容性是导致合并谬误的关键,量子理论中不相容的两个变量会产生顺序效应。人类的认知状态矢量先投影在事件 B,再投影在事件 A 上,其效应量大于直接投影在事件 B 上,导致"两个事件同时发生"的决策概率更大。此外,决策活动也违背了经典的全概率公式。在困境游戏(Dilemma Game)中,当玩家得知对手选择叛变时,97%的玩家也选择叛变;当得知对手选择合作时,84%的玩家仍选择叛变;但未知对手的选择时,仅有 66% 的玩家选择叛变。根据全概率公式,玩家未知对手选择时的叛变率应该为已知的两种情况的加权平均,却与本实验结果不符。后经检验,顺序效应普遍存在于人类的认知活动中,且都能被事件的共轭性解释,体现了人类认知思维的量子特点。这些关于人的认知量子性的研究,提醒每一位教育者去关注教育本身的量子性。

量子理论与教育的结合,已经在多个层面上有了初步展现。在微观层面上,尽管"人脑的本质是不是量子计算机"这一问题目前还无法解答,但已经有一系列的研究体现了个人在某些认知任务中的表现确实具有量子的特征[165],这些量子认知领域的成果正在推动学习科学与课程教学领域的研究者重新认识学生的学习推理规律[249]。

宏观层面上,多伦多大学的塞尔比(David Selby)教授也提出了关于教育全球化的量子模型[250]。该模型借鉴了量子力学中系统发展的不确定性,讨论了"可能的未来发展"(possible future)、"理想的未来发展"(preferred future)与"替代性的未来发展"(alternative future)三者之间的关系。澳大利亚的基夫特(Sally Kift)教授也提出了高等教育领域中存在的"量子跃迁"情形[251]。其研究表明,教育者在学术、管理、学生支持项目这三项工作之间搭建起桥梁,可以帮助大学新生在第一年获得更好的提升(跃迁)。

如果我们从第一性原理出发去思考教育是什么,会发现教育本质上是以人为本的学习活动,学习过程有随机性,因人而异,因时而异。在智能时代,人类思维方式要发生一次根本性的变化,要从牛顿-笛卡尔的思维方式(即经典思维方式)转为量子的思维方式,才能从根本上适应新时代[114]。在教育领域中,传统的、经典的思维模式往往强调教学模式与评价方法的确定性,认为采用同样的教学方法和同样的评价方式,就能够培养并选拔出具有某种特质的人才。因此传统教育多是"以书为本",强调知识的准确性。而从量子的视角看来,教育具有类似于量子"跃迁"的特点,人的发展变化并不总是连续的、线性的,往往存在着不可精准预测的多种可能性。正如光子通过狭缝时会发生衍射的现象,从同一个装置中发出的光子,经过同样的路径到达狭缝,最终却会落在不同的位置。在人才培养的过程中,虽然采用同样的教育教学模式,最终的结果却可能是不同的。对于教育过程与教学结果中所普遍存在的不确定性,传统教育领域往往将其归因于学习者的个体差异,而从量子观点出发,可以给出新的类比性的诠释。量子时代的人才培养,也需要有基于量子思维的理论框架与实证数据作为支撑。

6.2 量子思维启发的教育模型假设

与牛顿力学决定论的、经典的思维相比,教育的本质更趋向于量子的思维。教育中存在大量的变化性与不确定性,例如坐在同一个教室里的学生,由同一位教师进行授课,每个学生的学习情况与测验结果各不相同。即使是由同样父母抚养长大的双胞胎,他们的智慧与性格特征也存在着或多或少的区别。

在量子力学中,系统所允许的能级是由不含时薛定谔方程所决定的(公式 6-1)。在公式 6-1 中,$\hat{H}$ 为除去环境势能作用下的哈密顿算符,V是环境的势能,而 E 是系统的总能量的值。根据量子理论,对于同样的环境势能,系统可以存在多个允许的能级 E_n(即不同的能量等级)。这些能级可能是离散的,也可能是连续的,但在对系统能量进行测量之前,通常情况下我们并不确定会得到哪个能级。量子系统这种内禀的不确定性,与教育的特点十分相似。如果把学生的智慧与素养类比为能量,则这种能量会被教育环境所影响,即使在同一个教育环境中,不同的学生也会分化出不同的智慧与素养能级。因此,量子思维可以用来解释学生为何会在同样的教育环境中产生差异。

$$(\hat{H} + V)\psi = E\psi \qquad (6-1)$$

如果教育的结果是不确定的,那么教育的意义是什么? 对于这一问题,量子视角的答案是"概率"。环境的势能决定了系统处于不同能级的概率。即便在能量测量之前无法确定究竟能得到哪个能级,我们依然可以通过环境的势能来计算获取某个特定能级的概率。在教育中,适当的教育环境可以提升学生达到某种智慧和素养水平的概率,而不恰当的教育环境则会限制学生的发展,阻碍学生的提升。创设适合的环境,促进学生发展,也是国家、社会、学校、家庭的教育出发点。从家庭层面看,所谓书香门第,指的恰恰是能够为子女学习提供良好环境的情形。子女在家中观察到父母读书与学习,会进行模仿,进而形成读书与学习的习惯。从学校层面看,人们常说的"学风"和"校风"也是学习环境的体现。例如,在一些中专或者职业高中,学习风气不强,有些认真学习的学生反而被同学视为异类,这样的教育环境就不利于学生的发展。

教育的不确定性,也要求我们认识到教育的结果是一个概率分布,不能仅仅通过最终的教育结果来对教育过程进行评价。平日表现优秀的学生,在测验中获得高分的概率较高,但并不意味着他或她必然会在某次测验中取得高分,甚至有可能出现平日表现优秀的学生某次考试分数远低于平均分数的情况。这种学生表现与预期差异很大的情况,在使用经典教育测评理论中的随机误差进行解释时,存在诸多限制。因此,对教育的量子模型的研究,可以选择教育测量作为突破口,考虑基于量子思维建立更符合教育本质规律的教育测评模型。

测量是教育的重要环节,教育测量的本质是经典的还是量子的,值得进行深入研究。经典教育测量理论的基本假设之一是,学生在某个时刻的能力具有一个真实值。这个真实值是客观存在的,但由于存在测量误差,我们在教育测量中无法得到准确的真实值,所获得的学生能力的观察值等于能力的真实值加上误差。如公式 6-2 所示,X 为学生在测验中取得的分数(观察分数),T 为学生的真实能力值所对应的分数(真分数),而 E 为测验中产生的随机误差。

$$X = T + E \qquad\qquad (6-2)$$

经典教育测量理论将测量看作一个探测教育结果的独立环节,测量不影响学生能力的真实值。然而,测量不仅可以了解学生的能力,还会影响学生能力的发展。因此,测量本身就是完整教育过程的重要一环。对学生学业表现的测量,会影响学生对自身所处的教育环境的评估。对于学业表现不佳的学生,他们所体会到的周围人的看法,与那些学业表现优异的学生所体会到的情况往往是不同的。戈德温(Allison Godwin)等人对大学一年级 6772 名学生进行调查,发现在数学和物理学科中,学生的学业表现严重影响了学生对外界环境的感知和身份认同:学业表现好的学生能体验到更多外界的积极评价,有更高的自我认同水平;而学困生则对负面评价更敏感,认为父母和老师总是给自己消极的否定,从而更容易萌生出自己不适合学习物理和数学的想法。相应地,学生所体会到的教育环境也影响了学生的学习过程、学习态度以及学习结果,甚至未来的职业选择[252]。

与经典理论相比,量子理论的世界观可能更接近教育测量的本质。二者的区别主要体现在两项基本假设上:(1)被测者的某项属性(能力、知识、性格等)是否具有确定的真实值;(2)测量是否会改变被测者的状态。下面我们将结合量子理论对这两项假设展开描述。

在量子理论中,微观粒子的状态可以用波函数来描述。如果对粒子的某个物理量进行观测,粒子的波函数会瞬间变为与这个物理量相对应的一个形状(称为本征波函数),这种情形叫作波函数的坍缩。例如,如果测量一个深坑(称为一维无限深方势阱)中的微观粒子的能量,那么不管这个粒子的波函数原来是什么样子,观测行为会让粒子的波函数瞬间变为一个正弦函数的样子①,这里我们将之简化为 sin(nx),其中 n 对应某个

---

① 该波函数其实包含时间部分和空间部分,并且包含与普朗克常数有关的系数,并非简单的正弦函数,但为了便于理解,这里的描述做了简化。

能级。如果系统坍缩到最低的能级(能量基态),则 n = 1,观测所得到的能量为 E_1,系统处于的状态我们这里简称为状态 1(即能量本征态 ψ_1);如果系统坍缩到次低的能级,则 n = 2,观测所得到的能量为 E_2,系统处于状态 2 (能量本征态 ψ_2);依此类推。

在进行观测之前,粒子的波函数既可能是某个能量本征态,也可能是一系列不同能量本征态的叠加。假设测量前粒子的波函数是状态 1 和状态 2 的叠加,那么对这个粒子能量进行测量,可能会测得能量为 E_1 或者 E_2,相应地,粒子的量子态坍缩为状态 1 或者状态 2。但在没有进行能量测量的时候,这个粒子的能量既不是 E_1 或者 E_2,也不是 E_1 与 E_2 之间的某个确定值。根据量子理论,如果粒子的状态就是两种能量本征态的叠加态,则处于该叠加态的系统,在进行能量测量之前,系统能量并没有一个确定值。

量子教育测量模型假设,在未经测量之前,学生的某项属性(能力、知识、性格等)可以处在一个多种状态叠加的情形,没有唯一确定的真实值。例如,在最新公布的《普通高中物理课程标准》中,将学生在"科学探究"方面的物理学科核心素养划分为五个水平(表 6 - 1)。经典的测量理论认为学生的科学探究能力或者处于这五个水平之一,或者是处于两个相邻水平之间。而量子教育测量模型则认为,学生的科学探究能力可能处于这五个水平之一,也可能处于两个或多个水平的叠加状态,且这些叠加的水平有可能是不相邻的。

表 6 - 1   科学探究能力水平划分

水平分级	水平表现的具体描述
水平 1	具有问题意识,能在他人指导下使用简单的器材收集数据,能对数据进行初步整理,具有与他人交流成果、讨论问题的意识。
水平 2	能观察物理现象,提出物理问题;能根据已有的科学探究方案,使用基本的器材获得数据;能对数据进行整理,得到初步的结论;能撰写简单的报告,陈述科学探究过程和结果。

水平分级	水平表现的具体描述
水平 3	能分析物理现象,提出可探究的物理问题,做出初步的假设;能在他人帮助下制定科学探究方案,使用基本的器材获得数据;能分析数据,发现特点,形成结论,尝试用已有的物理知识进行解释;能撰写实验报告,用学过的物理术语、图表等交流科学探究过程和结果。
水平 4	能分析相关事实或结论,提出并准确表述可探究的物理问题,做出有依据的假设;能制定科学探究方案,选用合适的器材获得数据;能分析数据,发现其中规律,形成合理的结论,用已有的物理知识进行解释;能撰写完整的实验报告,对科学探究过程与结果进行交流和反思。
水平 5	能面对真实情境,从不同角度提出并准确表述可探究的物理问题,做出科学假设;能制定有一定新意的科学探究方案,灵活选用合适的器材获得数据;能用多种方法分析数据,发现规律,形成合理的结论,用已有的物理知识进行科学解释;能撰写完整规范的科学探究报告,交流、反思科学探究过程与结果。

注：引自《普通高中物理课程标准》。

　　量子教育测量理论的另一项假设,是测量会改变被测者的状态,当使用测量工具对某种属性(例如科学探究能力)进行测量时,我们会获得该属性的一个值,学生的状态相应地坍缩到这个值所对应的状态。例如,学生如果处于水平 2 与水平 4 的叠加态,对科学探究能力的测量会使得学生的状态坍缩为水平 2 或者水平 4。要特别指出的是,科学探究能力五个水平的划分,是基于高中物理课程教学开展和考试评分的需求制定的,学生的科学探究能力水平未必是离散的能级,而有可能是连续分布的能级,学生的状态也可能是由无穷多个状态叠加形成的(如同自由粒子波函数)。在本文的讨论中,我们沿用五个水平的划分,是为了便于展示量子教育测量理论的独特之处。

　　测量会改变被测者的状态,这一量子教育测量的假设在一定程度上是与我们的教育经验相符的。根据华盛顿大学布兰斯福德(John Bransford)

教授等人提出的效率-创新模型,教学应当兼顾常规和创新性训练,重复的常规训练会使得学生养成一套核心能力,成为"循规蹈矩型专家"(routine expert),他们在一生中高效地应用这些能力来解决自己熟悉的问题,而在面对不熟悉的情境时却无从下手;相反,"适应型专家"(Adaptive Experts)倾向于调整自己的核心竞争力,离开舒适区在新的领域摸索前进,虽然效率有所下降,但能够不断扩大自己专业知识的广度和深度[253]。韦纳伯格(Sam Wineburg)的研究证实了"循规蹈矩型专家""过度有效同化"策略的危害[254]。被试大学生在解决非常规的历史问题时,常用自身所处的文化视角去看待陌生的历史事件,从而得出看似正确但完全不符合历史背景的无效结论。在创新型人才培养的过程中,如果我们的测验始终按照传统的方式考查书本上的知识,当学生发展出一点点创新精神时,传统的测验可能会把他或她的思维又带回循规蹈矩的模式。如果学生的思维被反复进行的传统测验所塑造,就难以发展出真正的有突破性的创新思维。这一点,与量子力学中的"量子芝诺效应"非常类似。在量子理论中,如果对一个不稳定量子系统进行频繁的测量,会使得系统频繁地坍缩回初始状态,从而冻结该系统的初始状态或者阻止系统的演化。

但在用量子的思维分析教育测评特征时,"测量改变被测者状态"这一假设存在一个难点:如何界定被测者状态坍缩之后是处于定态还是非定态。在量子力学中,有一些状态(如一维无限深方势阱中粒子的能量本征态)是不随时间变化而变化的,这类量子态被称为定态;而更多的量子态是非定态,会随着时间演化的。类似地,如果被测者的某个素养和能力,在测量之后是相对稳定的,如果没有外界的进一步干扰,这类能力在测量后的状态不随时间变化而变化,那么我们可能可以将这一类能力所对应的状态视作定态。例如"游泳"或者"骑自行车"这一类技能,在习得后可以在很长时间内保持稳定。而如果被测者的某个素养和能力,在测量之后坍缩到某一不稳定的状态,随时间快速演化,那么下次即使测量同一个能力,也可能会获得不同的结果。

6.3 量子思维在教育中的应用探索

量子理论对人类的自然观和世界观产生了颠覆性的影响。在量子理论的产生初期，许多物理学家对量子理论有诸多质疑。但科学家们最终接受了量子理论，是因为有一些符合量子理论的现象无法在经典物理的框架下进行解释。如果教育具有量子的特征，那么应该也有一些可观测的指标，可以体现教育的量子性。因此，我们开展了一些量子思维在教育中的应用尝试，希望通过一些实证性的研究工作，探索量子思维在教育领域中的具体体现。以下我们将描述几项研究工作的开展思路并展示一些前期工作中获得的预研究结果。

6.3.1 共轭学科与共轭能力研究

我们认为，量子规律在教育中的可观测指标之一是教育中可能存在着"共轭学科"或者"共轭能力"。在量子力学中，两个不同的可观测量可能是共轭的，例如位置和动量就是一对共轭变量。根据量子力学中的不确定性原理，共轭变量的值不能同时精确地测得，如果我们测得的粒子位置更准确，则我们测得的粒子动量的不确定性就更大。这种共轭变量或许也存在于教育之中，有些能力或性格可能是不相容的，对某能力的提升可能会限制另一种能力的发展。一个典型的例子，是东京奥运会上打破亚洲百米纪录的中国短跑运动员苏炳添，在集训时的 3 000 米长跑成绩仅为 13 分 38 秒（国内男子 3 000 米一级运动员标准是 8 分 35 秒，二级运动员标准是 9 分 10 秒，三级运动员标准是 10 分 5 秒）。这是因为短跑和长跑所需要的肌肉类型不同，短跑运动员在训练时会注意长跑量的控制，避免影响肌肉的爆发力。而在教育中，如果也存在相互限制的学科或者能力，对我们的教学设置和评价模式就会造成深刻的影响。因此，寻找教育中的"共轭学科"或"共轭能力"，将会为我们创造教育的量子性的实证研究条件。

在寻找"共轭学科"和"共轭能力"之前，首先要明确研究对象。教育的对象是人，从理论上讲，应该从学生个体出发去寻找共轭能力。但是对每一个学生个体而言，某个能力的不确定性并不容易量化。因为一次教育测试只能获得学生能力的一个定量值，而且无法像物理研究中那样将该名学生"制备回初始状态"，所以难以通过多次测量的方式获取个体能力的不确定性。因此，我们考虑将研究对象设定为以班级为单位。研究对象为班级，有两个优点：一是系统受外界影响小。在中学阶段之后，家长的因素对学生的学科成绩影响较小，多数家长已经无法在学科知识层面为学生提供帮助。因此，当以班级为单位时，班级的整体成绩主要受班级生源和任课教师水平影响，可以将生源和教师视为系统的内部作用。二是不确定性易量化。以班级为单位时，每次学科测验的平均值与标准差都容易量化，可以通过定量数据来探索共轭学科存在的可能性。

为了通过学科之间的关联性强弱检验哪些学科存在共轭可能性，我们采集了 25 个中学班级 1 300 多名学生的学科测验成绩（语、数、外、理、化、生、政、史、地）。两个变量之间表现出相关性，可能是因为它们都分别与第三个变量相关，比如语文和数学两门课呈一定的正相关性，可能是它们都与学生的总体能力呈正相关导致的。偏相关系数控制了第三个变量，可以找出两个变量之间的真实相关性。因此在本研究中，我们采用偏相关系数矩阵代替相关系数矩阵对数据进行分析。

本研究使用 R 软件系统的"ppcor"包执行偏相关分析。对各学科偏相关分析的结果如图 6 - 1 所示。图 6 - 1 中的圆形代表了两个学科之间偏相关分析的相关性。如果形状为正圆形，代表两个学科的成绩完全不相关；如果形状为沿着 45 度角方向的椭圆形，代表两门学科的成绩有正相关性，椭圆越扁，相关性越强；如果形状为沿着负 45 度角方向的椭圆形，代表两门学科的成绩有负相关性。表现出最强正相关性的学科对是"数学-物理"以及"生物-地理"这两组学科对。"数学-物理"的强关联较为符合

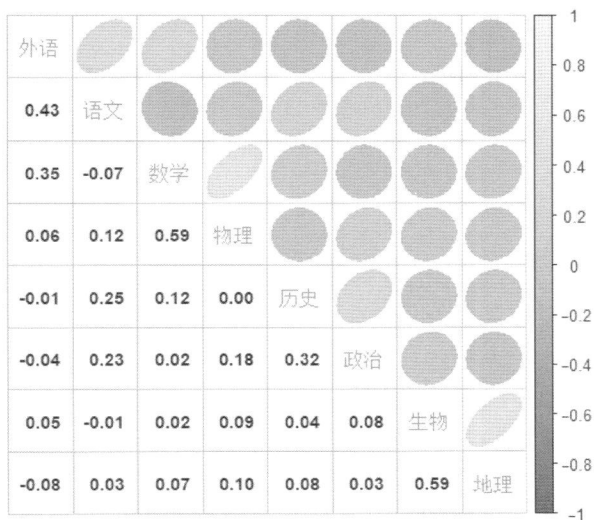

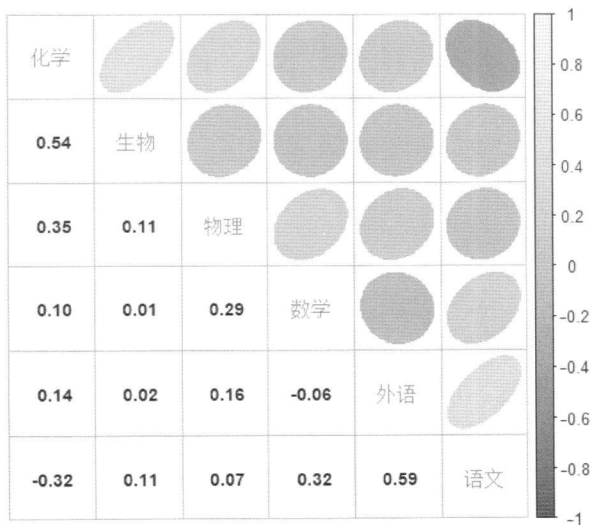

图 6-1　各学科偏相关分析结果

学科规律以及一般公众的认知,而"生物-地理"学科对之间的正相关性成因还需要进一步开展研究。在九门学科中,"地理-外语"和"数学-语文"学科对具有比较微弱的负相关性。为了继续探索可能存在的共轭学科对,对数据进行了细分,选出理科组的学生成绩再一次进行偏相关分析。对理科组学生(选修物理、化学、生物)而言,表现出较强正相关性的是"化学-生物"以及"语文-外语"这两组学科对,这一结果也符合学科的内在规律以及大众的认知。而在共轭学科方面,"化学-语文"学科对表现出较强的负相关性,"数学-外语"学科对则表现出较弱的相关性。

为了定性地了解一线教师对"共轭学科"的想法,我们也向70位中学教师发放了问卷,调查中学教师是否认为存在"共轭学科"的可能性。这些教师都是本科毕业于物理专业的初高中物理教师,学习过量子力学的课程,能够理解"共轭"以及"共轭学科"的概念。在70位物理教师中,有30位认为"数学-物理"学科对之间具有关联性。例如,有教师说道:

> 数学和化学学得好的同学,有时候会帮助物理学科的学习,比如化学中化学反应的键能与物理中的结合能。而且数学学得好,逻辑思维会更清晰,也利于对物理情景的理解。
>
> 据观察,数学学得好的学生,在物理的学习过程中会轻松不少。学习数学,逻辑思维能力较强,在物理学习的过程中会有很大帮助。

但值得注意的是,在这30位认为"数学-物理"学科对具有关联性的教师中,并不是所有人都认为数学和物理始终是正相关的,也有多位教师通过具体的例子指出,数学思维与物理思维之间可能也存在着负向的影响。例如:

> 物理中的矢量和数学中的向量,学生先学哪个就更容易接受哪个,后面学习另一门学科的内容时就形成了思维定式。

数学是比较抽象的(基本直接给数字进行计算),物理更加注重真实情景,所以物理给出情景时他们可能会无法理解。有一次考试的时候,给学生一个图像问运动方程,好多学生写了数学里面的方程式,直接用 y(x) 表示了。

存在共轭学科和共轭能力,比如数学和物理的关系,正面影响表现在数学是物理解题的基础工具,同时一些数学概念可以通过物理含义和物理应用去理解,如向量和矢量、空间概念和电场磁场的学习;当然也有一些学习方法会有负面影响,比如数学中很考究数字的准确性,但物理对结果并不是很看重,很多问题涉及估读,这些思维定式在测试的时候会影响学生的答题效果。

以上这些定量的数据与定性的访谈都提示我们,在教育教学中,确实有可能存在着共轭学科与共轭能力,但是这种共轭性是否存在于基础教育阶段的学科层面,以及这种学习中的共轭性是否由某个潜变量引起的(比如造成短跑与长跑共轭性的潜变量是运动员肌肉类型),仍然需要更多的实证研究才能确定。

6.3.2 学生量子思维水平测评

思维产生于特定的文化与环境,并与人类的文明进程息息相关。当今时代变化纷繁,单一的思维方式不可能统领一切,只有掌握众多的思维模式,才能覆盖四面八方。"要改变世界,先要改变思维",在人工智能时代,人们的思维方式也需要与时俱进。对学生的量子思维水平进行调查,有助于我们了解学生的思维发展情况,从而为教育深化改革与卓越人才培养提供参考依据。

面向学生的量子思维评价工具,参考了何佳讯教授团队所开发的《管理者量子思维量表》(详见第七章)。该量表的信度与效度已经过多样本的检验,具有良好的可靠性。在该量表的基础上,为了适应学生群体的特点,我们对量表中的情境进行了调整,将"工作与管理情境"替换为"学习和生活情境"。例如,将管理者量子思维量表中的测项"我通过协同的意识和办法提高工作效率和效益"改为"我通过与他人协作交流来解决难题,提高学习效率",将"与场景联系在一起才能更好地理解事物"改为"与情境联系在一起才能更好地理解知识",等等。

我们选取一所高中的高一和高二两个年级进行《学生量子思维量表》的试测,总共收集问卷221份,清洗之后剩181份有效数据,其中高一学生102份,高二学生79份。面向学生的量子思维问卷的维度与管理者问卷一致,包含五个维度:心物交融性思维、多向相容性思维、复杂关联性思维、跃迁不连续思维、不确定性思维。

对两个年级学生数据进行对比,发现量子思维在年级上的差异是显著的,高一学生更符合量子思维的特征。如表6-2所示,五个维度中,心物交融性思维、多向相容性思维、复杂关联性思维、不确定性思维这四个维度均存在显著的年级差异,高一学生的得分显著高于高二学生;仅在跃迁不连续思维这一维度上二者不存在显著差异。从量表总分上看,高一学生得分更高,显著性达到0.000水平。

表6-2 不同年级学生量子思维量表得分情况比较

	高一学生(102人)	高二学生(79人)	P值
心物交融性思维	5.454 2	4.795 4	.001 ***
多向相容性思维	6.166 7	5.636 1	.001 ***
复杂关联性思维	6.266 7	5.721 5	.001 ***
跃迁不连续思维	5.468 1	5.322 8	.373
不确定性思维	5.643 8	5.173 0	.009 ***
量表总分	5.796 8	5.306 1	.000 ***

目前由于样本数量限制,尚不能做出"低年级学生量子思维特征更强"这一确定性结论。但是从测试样本数据来看,高一学生在量子思维问卷全部五个维度上的得分都高于高二学生,且在四个维度上具有显著性差异。低年级学生更具有量子思维这一特征,提醒我们应对高中教育进行反思。

由于我们的测试是在同一所中学进行的,我们可以认为高一的群体和高二的群体在基本素养和学业水平上具有总体的相似性。那么,为什么高一学生的量子思维得分显著高于高二的学生呢?我们试图做出的解释是,高一的学生经过紧张的中考之后进入高中,状态是"放松的",内心期待"多样性",而高二的学生处于迎战高考的关键阶段(上海地区高二就开始等级考),状态是"紧绷的",内心期待克服"不确定性"。这影响了他们的思维状况。在更一般的层面上,我们可以思考:在现行的教育模式中,是否存在一些环节与因素,造成学生忽视了自己的内心感受与客观事物之间的交融性,造成学生更加关注解决局部的个别问题而忽略了整体的关联性,造成学生更加相信事物有确定的发展轨迹而非具有无限可能的不确定性。

我们也分析了学生成绩与量子思维水平的相关性(图6-2)。结合学生成绩来看,量子思维量表总分与学生成绩呈显著的低度正相关关系,相关系数为0.243;成绩与不确定性思维和复杂关联性思维的相关关系均不显著。成绩排名在前20%的学生每题的平均得分比后20%的学生高0.57分。但总体上表明,量子思维能力与学生的学业成绩并无高相关性。这表明两个情况:一是我们的学业测试并非考查学生的实际思维和能力;二是学生的成绩与学生的能力之间存在差异性,并非高线性关系。以"不确定性思维"这个维度的得分为例,成绩排名在前20%的学生,其得分反而更低,表明我们的学业教育在开放、创造和创新方面的力度是非常不够的。

在性别差异方面,男生在各维度上的得分都略高于女生,但仅有"心

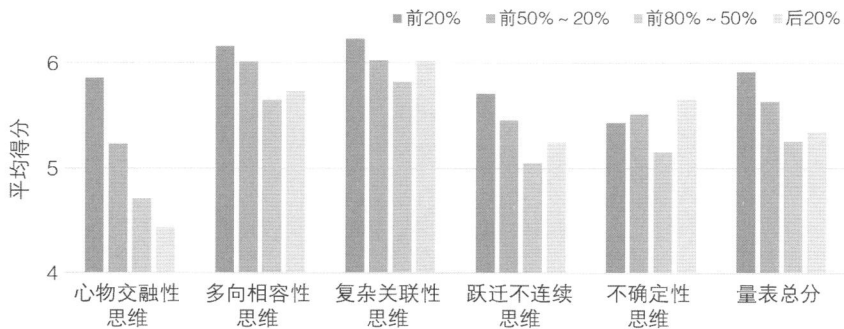

■前20%　■前50%～20%　■前80%～50%　■后20%

图 6-2　不同成绩段的学生在各维度上的平均得分

物交融性思维"这一维度上的性别差异显著,其余维度及总得分都不存在显著的性别差异。初步判断男女生的量子思维能力没有显著差异。

6.3.3　阶层逆袭中的跃迁性

19 世纪初期,教育就被视为促进代际流动、保障社会公平的推进器[255]。信息化的时代背景赋予教育特殊的社会使命,使其成为推动代际流动的主要动力[256]。经典的布劳-邓肯模型通过比较先赋性因素与后致性因素对职业代际流动的影响,认为教育对代际职业流动的影响随着时代的演进而变动,后致性因素的作用比重逐渐大于先赋性因素,说明随着信息化时代的到来,教育对代际职业向上流动的解释力度日益彰显。该结论也在其他实证研究中发现踪迹[257],这些研究以具体的社会政策为背景,探究特色体制机制对职业代际流动的影响,进而发现"教育"是促进代际向上流动的关键因素,特别是承认高等教育在促进社会流动中发挥的积极效应。

针对代际职业流动中存在的职业代际传承现象,国内部分学者[258]通过实证研究证明教育有助于缓解职业代际固化,从某种程度上说,对于"先赋性资本"较低、处于低社会阶层的群体,教育通过提高子代的经济地位继而促进代际职业向上流动。特别是郭丛斌和闵维方[259]通过引入结构方程模型对中国城镇居民教育与代际流动关系进行定量实证研究,证实后致性因素(接受教育)对子代社会地位获得的比重大于先赋性因素(家庭背景),教育在城镇居民中促进代际流动的能力强于复制原有社会地位的能力。

作为衡量社会开放和公平程度的重要标尺,代际流动具有以下特点:第一,代际流动涉及两代人(父辈与子辈)的时间跨度;第二,代际流动的衡量指标包含经济地位、职业声望、受教育程度等,这类指标通常能较好地反映个体或群体在当下时代的社会阶层属性;第三,相比于代际地位的传承,代际流动更关注流动属性。而这种流动属性,与量子模型中的"跃迁"有相似之处。量子模型中的跃迁指的是当电子吸收的能量满足一定条件时,就有机会从较低的能级进入较高的能级。在跃迁过程中,电子吸收的能量需要一次性达到两个能级的差值,否则跃迁现象就无法发生。而社会代际流动中是否也存在类似量子跃迁的特点,是我们在本研究中希望探索的。

为了更好地挖掘和厘清个体实现阶层跃迁过程中对其未来发展起决定性作用的偶发性、非连续性事件或遭遇,从事件历程中探寻关键因素,我们利用大型追踪数据库 CFPS 五轮追踪调查的数据,探查群体现象背后的独特规律。根据研究需要,将父代基本信息与子代基本信息进行匹配,筛选并构建关键的研究变量,将"逆袭"群体界定为父子代间收入差距在75 百分位以上的个体。在充分了解受访者的家庭背景及现在的生活状况后,我们挑选了现在社会经济地位与父辈存在明显差距的个体作为研究对象。

经过筛选,最终有 14 位实现阶层跃迁的社会人士接受了我们的半结构式访谈,每次访谈的时长为 20~30 分钟,以"哪些事件或人物对您的成长和发展起到了关键性(转折性)的影响""您是如何看待这些事件或因素对您个人发展产生的影响"为核心问题和线索,凭借半开放性的特性,在访谈过程中及时调整问题和回应,以逼近经验事实,挖掘叙事背后的意义理解。考虑到职业教育与普通教育两种教育类型在育人模式和教学实践中存在的差别,本研究依据被访者的受教育经历将其分为"接受普通教育者"和"接受职业教育者"两类。

对大多数受访者而言,虽然阶层逆袭的过程中穿插着难以预测和掌控的随机与偶然因素,但部分制度化的场景和空间在某种意义上也蕴含着偶然中的必然性,能够为激励因素的产生提供物质和网络基础。本研究的被访者可分为接受普通教育者和接受职业教育者,这两类群体基于自身的求学经历和职场经验可能会对导致阶层跃迁的主要因素存在理念差别,正是这种认知差别使得本研究能够基于个体多元、立体、丰富的视角和体悟建构非连续性的代际跃迁归因图景。

学界在探究教育对阶层跃迁的影响效用时通常预设,职业教育毕业生的发展前景相比于普通教育毕业生更为黯淡。筛选理论、劳动力市场分割理论也从理论的层面诠释着劳动力市场存在学历偏好和歧视的根源。职业教育与普通教育的分野变得越来越明显,职业教育也聚集着家庭社会经济地位较低的弱势阶层子代,接受职业教育者常被污名化为"二流学生",失去与普通教育毕业生的竞争优势,继承并延续着底层父辈的生命轨迹,复制着弱势阶层的底层生活。但是不可否认,即便是处于不利境地的接受职业教育者也能通过各种途径实现阶层逆袭,突破阶层固化的藩篱,相比于原生背景而言,在社会经济地位方面实现质的飞越。

对这些已成功实现阶层跃迁的个体而言,什么样的成长经历促成了他们当下的成就,教育经历在这一过程中是否发挥作用以及发挥了怎样的作用,究竟怎样的教育形式和活动空间才能为个体的成长发展创设出合理的流动机制,亟待研究的实证探寻。我们基于量子思维的视角对 14 位受访者的阶层跃迁影响因素进行了梳理和提炼,主要聚焦受访者在学校场域中的偶发性、非连续性教育或成长历程,将非连续性影响因素作为本研究重点关注的焦点,挖掘实现代际阶层跃迁的关键因素。

我们发现,对受访者而言,无论其经验阅历与生活轨迹有何种差异,皆普遍认为个人意志及努力程度,即包括韧性、学习能力、努力、勤奋、上进、坚持等一系列态度与价值的集合体,是首要的影响因素。这些因素是相互叠加的,每个个体都处于这一系列因素的叠加态。而这些因素也能够先验性地影响个体的动机与投入程度,是一种内化的能力品质。在接受学校教育的过程中,主要是通过压力性、挑战性的任务锤炼意志心性,将变动的、激烈的外部压力转化为稳定的、恒常的内部品质。例如有受访者表示:

> 我在学校参加了很多技能竞赛。入校第一年就抓住机会参加了呼和浩特市技能状元比赛。一开始特别不自信,就怕自己落选,被淘汰,比赛前就一直在练习。在这场比赛中,我通过自己的努力拿到了二等奖……第二年再去比赛的时候也取得了很好的成绩,当时也是比赛前一直没间断练习,那会儿天气比较冷,手都冻僵了还要练。(M-10)

> 我觉得参加竞赛的过程就很锻炼人,比如学会处理事物的模式或流程,当时那个条件太苦了……坚持下来就成功了。(M-11)

除了实践磨炼等直接影响,内源性品质的形成还离不开外界环境与榜样或他人的影响,父母、导师、同辈等都是这一品性培养中的重要他人。

> 在学校里面有个学长很努力勤奋,他通过各种考试一路从专科成为研究生,这个过程真的很难,在备考期间还在工作室忙碌。(他的经历)对我启发是很大的。(M-1)

> 我的一个在西餐店工作的师姐,是个特别刻苦的人,现在去了一个很好的平台工作,她对我的影响挺大。(M-10)

> 校企项目的企业导师对我影响很大,特别是潜移默化的影响。

（F-14）

会把竞赛团队的同伴当作榜样,有时会和他们的状态进行对比,学习他们的踏实、勤奋。(M-11)

除了品质因素,其他非认知性技能的习得也是实现阶层跃迁过程中不可替代的关键因素,其生成过程值得关注。许多受访者表示,社交能力对其职场适应力和社会资本的积累有不可忽视的重要影响。社交能力指个体具备在社会生活中从容地与人沟通、交流、表达的信息交换能力以及在组织团队中的合作能力与协调能力。从量子思维的视角来看,社交能力是关联性思维的具体体现。在访谈中,受访者对于社交能力等关联性思维进行了如下陈述:

大学里专业性较强的课程对日后发展有积极影响,而通识性和管理性课程比较虚。(F-2)

在学校里会去兼职……锻炼自己的社交能力、合作意识和表达能力。(M-5)

在班级里面和同学关系很好,会经常组织活动,也做一些学生工作,我觉得这些也锻炼了我的组织管理能力,为我现在做片区主管积累了很多能力。(F-6)

大学期间担任过班长、爱心社成员这些,也做了很多事来为大家服务。(M-10)

大学期间参加过很多比赛,在与团队成员互动的过程中,交往能力和合作能力得到了提高。(M-11)

由于职业教育学制年限相较于本科教育更短,步入社会的年纪比较小,因此接受职业教育者普遍反映学校教育对其影响并不深刻,不管是学习能力还是学习理念,都是在职场里面摸索形成的。而对中职生或高职生而言,职业教育经历变相等同于"淘汰"标签,职教生在心理觉察层面会有较低的自我控制感与自信力,消极的心理状态也对个体的发展起抑制作用。对实现阶层逆袭的职教生而言,自信心对其认知方式、行为决策具有难以替代的积极影响。与社交能力的养成相似,自信心的培养主要是通过非正式教育体系,依靠个体在团队中的心态调整、个人觉知以及成就反馈。在访谈中,有受访者表示自己在群体中的特殊特征容易得到更多的关注,也能间接提高自己胜任本专业的自信心。

> 我们专业女生数量不多,大家都说这个专业不适合女性,但我还是想挑战自己,选了这个专业……可能由于性别的原因,我的表现会更容易被人记住,举例子的时候(更容易)提到我。(F-6)
> 当时参加了一个全国性的电子比赛,比赛中的对手都来自知名高校或本科……我们团队最后突出重围闯入决赛,这个过程对我的激励还是蛮大的。(M-13)

在访谈中我们发现,以课程为核心的学校教育体系对这些逆袭个体成长发展的影响并不明显,而第二课堂或伴随正式教育体制的学生工作实践能够帮助学生积累未来发展需要的能力或经验。促使学生发生心态转变或能力提升的往往不是课堂上连续的学习过程,而是一些偶发的具有挑战性的事件(如参加竞赛)或者是个别人物起到的榜样作用(学长或导师)。这种现象符合量子思维中的不连续性特征。正如电子的跃迁并非通过连续的吸收能量,而是需要恰到好处的瞬时赋能,在教育过程中,教育者要特别注重个别事件对学生所造成的影响,适当的挑战与任务,可以帮助学生获取合适的能量,实现能力的跃迁。

6.3.4 基于量子统计的计算机化自适应测验

在教育测量中,有一个重要的话题领域叫做计算机化自适应测验

（computerized adaptive testing,缩写为 CAT）。计算机化自适应测验是一种全新版的测评形式,遵循"因人施测""裁体量衣"的自适应测评思想,为每个个体选择一份具有最小测量误差(最大测量信度)的测量工具。通俗地说,自适应测验就是全班不用同一份试卷,而是为每一个被试或个体推荐一份最适合他或她的测验。与传统纸笔测验相比,计算机化自适应测验不仅可以达到更高的测量精度,还具有减少测验长度、减轻被试负担等优势。

自适应测验实现智能化测评的核心元素是选题算法。为了定制适应每个人不同水平的测试题,自适应测验的选题算法经历了多次演变。其中最为引人注目是把计算机科学中的信息论引入自适应测验,这样就可以把自适应选题看作一个不断追逐信息最大化或者减少能力估计混乱的"熵减"过程。

量子力学以及量子统计学的有关研究显示,局部波向量与统计学中的费雪信息函数以及信息论中的香农熵信息函数存在紧密的联系。这些基本关系的推导为教育测量研究也带来了一些新的可能性。本节的重点是梳理计算机化自适应测验中自适应算法的演变,同时结合计算机化自适应测验的具体情景,探讨构造基于量子力学中的局部波向量的计算机化自适应选题算法指标的可能性、具体含义以及应用的具体场景。

计算机化自适应测验的第一次质的飞跃是引入费雪信息函数来选题。最初,计算机化自适应测验采用的是"难度匹配法",即选出的题目难度与学生水平一致。这是最符合直觉的选题算法。但是费雪信息函数不仅包含难度信息,也包含题目区分度等其他方面的信息,因此理论上,信息函数比难度匹配法更加精准。顾名思义,从难度的匹配过渡到问题中包含的测量信息的度量,从单纯地关注问题难度这一个方面过渡到由多个方面信息综合而成的一个复杂指标。这个重大的技术改变使计算机化自适应测验的效率大幅提升。

信息函数可以用信息函数图来表达。图 6-3 是题库中每一道题的信息函数值。X 轴表示学生的能力（数字越大表示学生的能力越高，0 是平均水平的学生），Y 轴表示每道题对应不同能力学生的信息函数值。在计算机化自适应测验中，系统会根据学生当前的能力估计值，选择对他而言信息函数值最大的题。例如在本图中，能力水平为 1.5 的学生要选择虚线所对应的那道题（题目 3），因为对他而言，信息函数值最高（达到 1）；而能力水平是−1.5 的那个学生（水平低于平均水平的学生）反而要选择双画单点线对应的那道题（题目 1），因为那道题的信息函数最大（值为 0.2）。此时，这位学生反而不能选择题目 3，因为它的函数值在−1.5 处，信息量反而小，表明这道题提供的信息量少。由上面的例子可以看出，信息函数不仅体现了自适应的特点，更加可贵的是，其提供了一个可以量化的指标，具有高度的规范性与科学性。

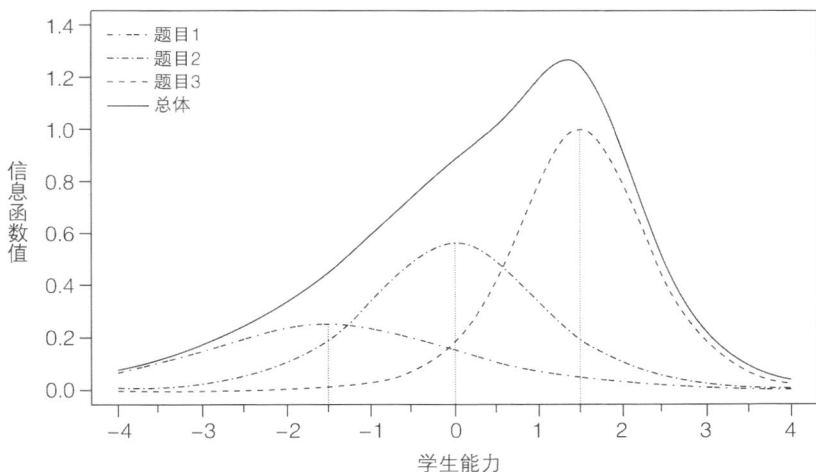

图 6-3　信息函数图

难度匹配法与费雪信息函数法的基本出发点是提升考试的效率。从大数据与人工智能的视角来看，它可以看作推荐算法的一个特殊类型。与其他领域的推荐算法相比，自适应算法更加符合教育理念。以娱乐产品推荐为例,系统的目标是吸引顾客重复消费,因此需要根据客户需求推荐类似的娱乐产品。其基本特征是要视顾客为上帝,让顾客满意,永远处于"舒适区"。但是自适应测验的目标是提高测评效率,需要一直挑战学生的能力,客观上是在把学生推出"舒适区",进入"挑战区"。这是教育领域与其他领域的重大区别;教育领域有体现这种理念的重要理论,叫做"最近发展区"理论。

"最近发展区"的教学概念是苏联教育学家、心理学家维果茨基(Lev Vygotsky)在 20 世纪 30 年代提出来的,且为教育界普遍认同。"最近发展区"又译为"潜在发展区",是指儿童独立解决问题的实际发展水平与在成人指导下或有能力的同伴合作中解决问题的潜在发展水平之间的差距。维果茨基区分了个体发展的两种水平:一是现实的发展水平,即个体独立活动所能达到的水平;二是潜在的发展水平,指个体在成人或比他成熟的个体的帮助下所能达到的发展水平。这两种水平之间的差距即"最近发展区"。

计算机化自适应测验虽然不是从这个理念出发设计的,但是为了追求测验的效率,其选题算法最终殊途同归,体现了这一基本思想。难度匹配法强调最理想的题是学生有 50% 概率能够答对,而不是百分之百能够答对。费雪信息函数法在考虑难度匹配的基础上考虑了其他的因素,但是就难度而言,也是在 50% 的答对概率左右浮动。因此,学生在计算机化自适应测验的过程中,不是待在自己的"舒适区"(答对概率远超 50%),而不是不断地被推向"挑战区",或者说是学生能力的"最近发展区"。

费雪信息函数来自统计学领域,但是经过一些数学推导就可以显示,其与香农熵、相对熵等存在紧密的联系。从信息论熵的角度来看,确定考生能力水平的过程与整理房间,降低房间内混乱水平过程类似。哪一个问题最能体现学生的能力水平(相当于最能使"房间变得整洁")就会被从题库中选出。各种信息论指标也体现了一种迭代与演化的过程。但是这种联系在计算机化自适应测验中并不是显而易见的。

著名教育学家、美籍华人张华华(Hua-hua Chang)最重要的贡献之一就是阐述了信息指标与费雪指标的区别,解决了计算化自适应测验选题中的安全问题。一个形象的比喻是,早期的信息论指标(费雪指标)就像是一盏探照灯,光线聚焦在一个很小的范围之内,但是这个很小范围之内的广大区域亮度都很高,因此如果这个范围正好包含了考生的真实能力水平,我们就能很快正确地找到目标,结束测试。但是如果考生不在这个范围之内,测评系统就会陷入漫长的寻找过程当中。

　　后来,张华华等人的研究指出,在测评的初期对考生的信息收集不足,应该关注更大范围之内的搜寻,进而提出可以试用信息论中的相对熵(香农熵的一个变体),因为它更像是一盏普通的灯,所有光线自然向四处发射,照亮更大的范围,便于在更大的范围内寻找目标。因此,在计算机化自适应测验的初期阶段,相对熵更符合测评的需求。一种理想的选题模式是,在每个考生测评的初期,由于关于他(她)的信息不全,不知道其能力所在范围,我们应该采用一种能够在大范围内搜索的算法;随着测试进程的发展,考生能力的信息不停累积,我们已经能够不断缩小搜索范围,此时采用"探照灯"式的算法,就会取得很好的测评效果。

　　在量子力学等有关科学中,已经展示了局部波向量与统计学中的费雪信息函数,以及信息论中的香农熵信息函数的联系。这些基本关系的推导为教育测量研究也带来了一些新的可能性,具体的思路是在张华华等人的工作基础上进行自然的推广。如果说香农熵适用于 CAT 考试的起始阶段,那么根据有关的数学关系,可以看出,基于局部波函数构造的计算机化自适应测验选题算法适用于计算机化自适应测验后期更加精细化的测验。用灯光来比喻,也就是从照明灯(香农熵)到探照灯(费雪信息函数)再到手术照明灯(局部波向量)的演变。

　　基于局部波函数的选题指标在两个场景中具有很大的潜力。首先,在重要考试中进一步提高考试的准确性,以保证考试精确与效率。一个基本思路是采用局部波函数指标与若干现有指标结合的方法,提高计算机化自适应考试各个阶段的效率。具体方案至少有两种：第一，在考试初始阶段采用全局信息指标，中期采用费雪信息指标，后期采用局部波函数指标；第二，在考试初始阶段采用全局信息指标，然后直接转换到局部波函数指标。另一种可能性是，在贝叶斯计算机化自适应测试中，如果采用了很强的先验信息，可以直接采用局部波函数指标。

其次，在目前的计算机化自适应测试中，局部波函数可能具有更大的实用性。学习取向的计算机化自适应测试一般用于学生的学习诊断，特别是在技术支持的条件下，便于各种过程数据采集，形成对学生能力相对准确的预判，为局部波函数指标使用创造条件。同时，学习取向的测试往往在学习过程中发生，要求测试时间不能过长，否则会占用过多的教学时间，对教学过程产生干扰，因此测试必须快速精准定位能力水平。在这样的情景中，局部波函数指标可能具有较大的优越性与应用前景。

局部波函数通常用于描述微观世界原子的运动规律，但是由于它与其他信息函数的数学等价性，可以迁移应用于计算机化自适应测验。这个崭新的迁移使用，具有十分有趣而实际的领域含义，更加完善了针对一个计算机化自适应测验完整流程的选题算法；具体的应用场景也从传统的高利害考试转移到目前流行的学习取向的测评。因此，本节的话题是量子统计学与教育测量科学一个有趣的交叉研究课题。

6.4　量子思维为教育赋能

在本章中，我们回顾了一系列将量子理论与人的认知和教育相结合的研究，在此基础上提出了量子思维启发的教育模型假设。量子教育模型借鉴量子理论提出了教育环境对学生发展的赋能作用。如前所述，量子力学以波函数来描述系统。外部环境所赋予的势能的形式决定了波函数可能具有的多种能级，而不同的能级又将影响系统状态的未来演化。如果我们将每一个学生看作一个系统，"智慧"是我们所关心的系统属性或者说可观测量,那么教育作为外部环境,起到的恰恰是给每一位学生"赋能"的作用。由于量子系统的不确定性,在同样的"教育势能"作用下,当我们去观测学生的"智慧"时,可能会得到不同的结果,未必人人都能达到最优能级。但教育模式本身会决定学生有可能达到哪些能级,有可能取得哪些成果,不恰当的教育会扼杀学生在某些方面获得成功的可能性。因此,量子思维引领的教育变革需要关注学生本身的"智慧"与教育对其的"赋能",从而为新时代卓越人才培养注入新的动力。

量子教育模型的突出特点之一,是量子教育测量理论与经典教育测量理论对"学生在某方面的能力具有确定值"这一假设的不同理解。经典教育测量理论认为学生的某项能力或属性具有真实值,教育测量行为是通过测验等手段去获取这一真实值而不改变该能力的真实值。但在量子教育测量理论中,学生的某项能力或属性处于多种可能性的叠加态,测量在获取该能力的本征值的同时,会改变系统的状态。这种叠加态的思想在学习科学中已有体现。有研究者认为高级复杂技能的成分之间具有高度的不可分性,学习这些高级技能的本质是习得这些独立成分的有机组合,这种现象被称为高级技能的涌现(emergence),这与量子系统中的纠缠(entanglement)情形非常类似。

量子教育测量模型中"测量会影响系统演化"的这一特点在前人研究中也有体现。例如贝利(Charles Baily)和芬克尔斯坦(Noah Finkelstein)发现许多教师在教授课程时,最关心的问题是自己是否把已有的重要结论和观点解释清楚,而不会预留时间让学生去阐述他们的理解情况,并证实了以下几点内容:第一,授课教师在讲解过程中使用的教学方法各不相同;第二,不同的教学方法对学生思维的影响程度不同;第三,在没有教师及时反馈的情况下,学生很容易形成自己独有的一套解释理论,但他们独创的解释并不一定都是正确的,有些会出现科学性错误[249]。基于上述研究结果,研究者对原有的课程进行了完善,更多地关注学生对问题的解释,并及时给予反馈。新课程实施结果表明:将课堂教学侧重点从教师满堂灌讲授转移到师生有效互动,即学生阐述自己的理解,教师及时进行反馈,这样做不仅能让学生做到对科学性问题进行一致且正确的解释,还能够激发学生学习的兴趣。

为了探索量子思维在教育中切实的应用价值,我们开展了一系列预研究工作。其中,关于共轭学科与共轭能力的调查,目的是为量子教育理论找到可量化的检验方案,或者说是检验"如果教育具有量子性,那么其具有哪些可以实际观测的特点"。目前的数据显示,"数学-物理"学科对具有较为明显的正相关性,而"化学-语文"学科对则具有较强的负相关性。未来可以在"化学-语文"这一组学科对中进行更多的数据采集,分析其共轭性是否成立。同时,我们也要注意到,学科教育方面的研究,只是研究教育活动是否具有量子性的初期阶段。如果学科之间确实存在共轭性,会是教育量子性的一个有力证明,但如果学科教学数据无法体现出明确的共轭性,则可能说明共轭性并非体现在学科层面,而是需要对更深层次的学生能力或属性之间的关系进行挖掘。

我们也针对中学生的量子思维水平开展了小规模试测。结果显示,中学的低年级学生量子思维水平在五个维度上的得分均高于高年级学生,且在心物交融性思维、多向相容性思维、复杂关联性思维、不确定性思维这四个维度存在显著性差异。在今后的研究中,我们将进行更大规模的采样,从而验证"低年级学生相对而言更具有量子思维"这一结论是否普遍适用。如果这一结论确实成立,那么教育者需要对我们的教育模式进行重新审视,探索究竟是哪些教学过程和教学要素造成了学生量子思维水平的变化。

本研究中,我们也对教育在阶层逆袭中的作用进行了探索。在教育经济学中,阶层逆袭现象指的是弱势群体的子女通过接受高等教育改变了个人命运,在经济与文化等各个方面实现了对父母一辈的超越。这种通过吸收外界能量而提升自身能级的情况,与量子物理中的能级跃迁极为相似。根据量子物理,只有提供恰到好处的能量,才能让电子吸收能量后实现能级跃迁。参考量子的理论研究阶层跃迁的规律,可能会让我们更完整地认识教育在跃迁中所起到的赋能作用,制定更公平的教育政策,防止阶层固化,实现阶层间的合理流动。

量子思维与计算机技术的结合也可能在智能教育领域产生突破。学习路径的多变性与学习结果的差异性体现了学习的不确定性,量子系统理论利用叠加来描述这种不确定性,学习结果与学习过程反映了量子系统的不确定性与纠缠特性。学习测量与过程建模体现了量子系统的诸多特性,因此可以考虑引入量子统计学范式,为学习测评与过程建模提供一种新的理论视野与技术工具。

通过对量子思维在教育领域中的应用进行的尝试,我们认为教育领域中的诸多方面都有量子思维的体现,值得进行深入的研究和探索。同时,量子思维的教育也应该尽早进入教学实践中,让学生在世界观形成的早期就了解这个世界是动态发展的,了解世间万物是相互关联的,了解各种观点是可以叠加共存的,了解人的发展是充满各种可能性的。量子思维的早期培养,将让新一代的年轻人以更加开放包容的姿态、更加灵活多变的思维跟上智能时代的发展,推动社会不断进步。

第七章　管理者量子思维的测量与应用评价

7.1　管理者量子思维维度的建构

在第三章中,我们对量子思维在经济管理领域的应用做了较大篇幅的介绍。本章试图通过开发一个实用工具,为量子思维理论在人文社科中的应用提供一个实证的新结果。本章内容涉及专业的心理行为测量方法,对有相应专业背景的读者来说,理解其来龙去脉并不困难,但对一般读者来说,可能在具体理解上有一定难度,因此,我们把量表开发的详细过程作为附录呈现(见附录1),供感兴趣的读者了解其过程细节。本章着重阐述应用此量表对管理者进行实际测量的结果,以及结果所蕴含的管理意义。

在对量子思维进行测量之前,首先要探究量子思维的基本构成要素。在现有量子经济管理研究中,尚未有学者直接对量子思维提出有关构念及模型。量子的独有特征通常体现在不确定原理、叠加态、量子纠缠与相干等。量子理论将不确定性作为逻辑起点,认为事物并非都是实体所在,而是纠缠的、不可预测的、整体的复杂状态,是讲究或然、整体、创造、动态等非确定性、不可预测性的思维逻辑。量子思维正是改变我们思维的思维[260],是超限思维[261]。因此,本章在已有相关研究基础上[126, 146, 157, 159, 166, 167, 261–263],提出量子思维测量的理论模型,具体包括五个维度: 不确定性思维、整体关联性思维、多向相容性思维、跃迁不连续思维和灵悟能动性思维。

7.1.1　维度一：不确定性思维

不确定性思维的内涵包括不确定、莫测性、变化性和无限性。量子理论认为,微观物质同时具有粒子和波的性质,其在空间内的可变运动以"模糊"轨迹表示,可以用抽象的、代数推导的概率波函数描述,这种概率波的特征是高度不确定性[138, 264]。事物始终处于"波"和"粒子"(两种极端状态)以及多种"潜在可能态"的"叠加态"上。"潜在性""概率性"和"不确定性"是事物的绝对特征,"显在性""单一性"和"确定性"是事物的相对特征,真实世界是概率与因果、潜在与显现、偶然与必然的辩证统一,遵循"概率因果"的运行规律。因此,具有不确定性思维的管理者认为:不确定性是生活和工作中的常态;宇宙万象瞬息万变,充满不确定性;世界的未来是无限变化、难以预测的;模棱两可或反复无常是正常的现象;应乐于接受生活和工作中的不确定性;不确定性思维有利于我们更好地与世界相处。

7.1.2　维度二：整体关联性思维

整体关联性思维的内涵包括整体性、关联性、场景性和复杂性。在量子理论中,世界被认为是一个不可分割的整体,构成客观物质的粒子之间有一种微妙的联系。每个粒子的运动都是不规则的和不可预测的,但粒子随机碰撞后,会产生可预测的组合,然后形成新事物[139]。玻姆认为,如果所有的实体都是离散量子的形式,那么不同实体之间的相互作用构成一个不可分割的链接结构,整个宇宙必须被视为一个完整的整体,每个部分都包含整个物体的内容信息[140]。量子思维本质上是一种"整体性"或"关系性"思维。事物只有在"关系"中才能得以存在、定义和描述,因果关系是系统的,行为和结构由背景塑造[265]。这里的"关系性"指任何事物和现象的产生都具有"条件性""相对性"和"关系依赖性",现象是事物的"潜在可能性"经由与其他事物的相互作用所产生的自然结果。因此,具有整体关联性思维的管理者认为事物之间无不存在关联和相互影响,世间万象存在千丝万缕的复杂关系,关注事物的整体比注重局部更加重要,与场景联系在一起才能更好地理解事物,他们善于以整体关联的思维开展工作。

7.1.3 维度三:多向相容性思维

多向相容性思维的内涵包括多样性、协同性、包容性和灵活性。量子理论认为微观物质具有波粒二象性,微观粒子的波动性使得粒子之间产生交互作用。在由 A 和 B 组成的阴阳两面的量子现实中,B 本身并未被精确定义,A 与 B 是兼容并包、混沌一体的。即任何事物是普遍联系的矛盾统一体,对现象的描述需要考虑到既互斥又互补的两个特征。与此同时,任何现象都具有发生的"相对性"和"条件性",因此综合考虑现象与其产生条件是实现矛盾现象由"对立"转化为"互补"、由"非此即彼"转化为"兼容并包"的关键,这也是量子思维"矛盾整合"观点的实质所在。因此,具有多向相容性思维的管理者认为矛盾冲突通常可以用包容和转化的方式解决,他们喜欢世界万物的多样性,善于通过协同的意识和办法提高工作效率和效益,在生活和工作中喜欢灵活和变通,认为和谐和包容对世界的发展是重要的。

7.1.4 维度四:跃迁不连续思维

跃迁不连续思维的内涵包括跳跃性、多重性、发散性和颠覆性。1913年,玻尔在卢瑟福原子模型的基础上建立起原子的量子理论。按照该理论,电子跃迁是量子化的,是不连续的。量子跃迁是指微观粒子的能级状态发生跳跃式变化的过程,跃迁之前的状态为初态,跃迁之后的状态为末态。量子跃迁包括从低能态到高能态的正向跃迁,以及从高能态到低能态的负向跃迁。正向跃迁必须获得外界特定大小能量的激发,负向跃迁则会向外界释放特定大小的能量。量子跃迁过程的重要特征是它的概率性。因此,具有跃迁不连续思维的管理者经常意识到自己的思维是跳跃的,乐于接受事物的变化是不连续的,认为突破性和颠覆性的改变是积极有益的,在生活和工作中有天马行空般的想象力,在思考问题时会不断地联想和发散。

7.1.5　维度五：灵悟能动性思维

灵悟能动性思维的内涵包括自悟性、意义性、潜创性和主客一体。量子物理学认为宇宙是万物互相参与的构成体,主体与客体沟通、交互而聚集能量,从而改变物质的性状[266]。研究者本身也是被观察事实的一部分,参与了认知构建的过程,任何有关事物的规定和描述必定依赖于研究者的认知结构以及研究者和被研究对象的关系[146]。同时,人总是受自己视野和意识的局限,事实不总等于真相,只关注事实的做法将会限制大脑联想思维,进而影响人们潜在创造力的发挥[159]。与现实性相对的被称为潜在性,潜在性指的是呈现在人们面前的无限可能,包括人们还未关注到的、不太符合常理的非传统因素[267]。因此,具有灵悟能动性思维的管理者会与自己的心灵进行交流对话,认为追求意义比追求利益更重要,认为主体和客体之间是相互影响和促进的,在工作中意识到自己有内在的驱动力,认为个人的意念能产生很大的作用,感觉自己有很强大的心理能量。

7.2　管理者量子思维的测量

在上述理论维度建构的基础上,我们遵循丘吉尔(Gilbert A. Churchill, Jr.)提出的量表开发程序,在管理情境中进行管理者量子思维量表的开发工作[268]。其开发和数据验证过程详见附录1。

我们采取多阶段的方式,通过在线问卷调查在不同的管理者群体中收集数据。量表的开发、验证和应用共涉及6个样本的数据。各个样本的概况详见附录中的附表1-1。在本节中,笔者直接分析测量的结果。

7.2.1 《管理者量子思维量表》的测项

通过量表的实际开发,我们确实得到了与理论维度建构一致的五个维度,结合各个维度测项的实际构成,我们对理论建构维度的命名略有调整,得到了正式的《管理者量子思维量表》,它由 5 个维度 22 个测项构成,分别是"心物交融性思维"(6 个测项)、"多向相容性思维"(4 个测项)、"复杂关联性思维"(5 个测项)、"跃迁不连续思维"(4 个测项)和"不确定性思维"(3 个测项)。详见表 7 - 1。

表 7 - 1 《管理者量子思维量表》的测项

心物交融性思维

1. 在工作中我意识到自己有内在的驱动力。

2. 我善于以整体关联的思维开展工作。

3. 我认为自己在工作中有整体关联性思维。

4. 我有时会与自己的心灵进行交流对话。

5. 矛盾冲突通常可以用包容和转化的方式解决。

6. 我感觉自己有很强大的心理能量。

多向相容性思维

7. 和谐和包容对世界的发展是重要的。

8. 我通过协同的意识和办法提高工作效率和效益。

9. 我喜欢世界万物的多样性。

10. 在生活和工作中我喜欢灵活和变通。

复杂关联性思维

11. 世间万象存在千丝万缕的复杂关系。

12. 与场景联系在一起才能更好地理解事物。

13. 宇宙万象瞬息万变,充满不确定性。

14. 我认为主体和客体是相互影响和促进的。

15. 不确定性是生活和工作中的常态。

跃迁不连续思维

16. 在思考问题时我会不断地联想和发散。

17. 我经常意识到自己的思维是跳跃的。

18. 在生活和工作中我有天马行空般的想象力。

19. 不确定性思维有利于我们更好地与世界相处。

不确定性思维

20. 我乐于接受事物的变化是不连续的。

21. 我乐于接受生活和工作中的不确定性。

22. 世界的未来是无限变化、难以预测的。

7.2.2　管理者量子思维水平的基本情况

作为对量子思维量表实际应用的基本分析,我们采用样本 4 (N = 653),通过分析被试的人口统计数据,检验量子思维与人口统计特征之间的相关性。本研究从性别、年龄、受教育程度、管理职位等多个角度对量子思维的主要维度进行 T 检验和方差分析。结果见表 7 - 2 和表 7 - 3。

对被试的人口统计特征进行独立样本 T 检验,结果表明:第一,量子思维各维度在不同性别间不存在显著差异($p > 0.05$)。第二,量子思维各维度在不同年龄间存在显著差异。将被试按年龄分为"35 岁及以下"和"35 岁以上"两组,进行独立样本 T 检验。检验结果显示,心物交融性思维($p < 0.001$)、多向相容性思维($p < 0.05$)、复杂关联性思维($p < 0.05$)和不确定性思维($p < 0.05$)在两个年龄组中存在显著差异,年长组的得分更高。此外,量子思维总分($p < 0.01$)也存在年长组得分显著高于年轻组的情况。第三,量子思维各维度在不同教育程度间不存在显著差异。将被试按受教育程度分为"本科"和"研究生及以上"两组,进行独立样本 T 检验。检验结果显示,量子思维五个维度在两个受教育程度分组间的得分均不存在显著差异($p > 0.05$)。具体见表 7 - 2。

表 7－2　量子思维对人口统计变量 T 检验分析

变　量	性　别			年　龄			受教育程度		
	M	SD	T 值	M	SD	T 值	M	SD	T 值
心物交融性思维	5.52①	0.83	0.00	5.40③	0.81	−4.04***	5.49⑤	0.87	−0.46
	5.52②	0.80		5.66④	0.79		5.53⑥	0.78	
多向相容性思维	5.92	0.83	0.29	5.87	0.85	−1.97*	5.97	0.84	0.84
	5.94	0.81		6.00	0.78		5.91	0.81	
复杂关联性思维	6.11	0.75	1.34	6.09	0.71	−2.59*	5.30	1.07	1.21
	6.18	0.68		6.23	0.70		5.20	1.00	
跃迁不连续思维	5.22	0.92	−0.50	5.13	0.92	−1.97	6.14	0.73	−0.57
	5.18	0.91		5.28	0.89		6.17	0.67	
不确定性思维	5.24	1.07	0.00	5.16	1.00	−2.20*	5.18	0.95	−0.13
	5.24	1.00		5.34	1.06		5.19	0.88	
量子思维总分	5.60	0.68	0.23	5.54	0.65	−3.25**	5.62	0.69	0.32
	5.61	0.64		5.70	0.65		5.60	0.62	

① 上行的数据表示对男性的测量(n＝280)。
② 下行的数据表示对女性的测量(n＝373)。
③ 上行的数据表示对年龄 35 岁及以下的测量(n＝365)。
④ 下行的数据表示对年龄 35 岁以上的测量(n＝288)。
⑤ 上行的数据表示对受教育程度为本科的测量(n＝197)。
⑥ 下行的数据表示对受教育程度为研究生及以上的测量(n＝419)。
注：M 为均值,SD 为标准差; * 表示显著性水平小于 0.05, ** 表示显著性水平小于 0.01, *** 表示显著性水平小于 0.001。

以管理职位为分组变量,对量子思维的五个维度进行方差分析。结果表明,心物交融性思维(p<0.001)和跃迁不连续思维(p<0.01)与管理职位显著相关,且管理者职位越高,其具有的量子思维越强。进一步对基层

管理者和高层管理者的量子思维进行比较分析,结果表明,基层管理者和高层管理者在心物交融性思维(t = −5.29, p < 0.001)、跃迁不连续思维(t = −3.28, p < 0.01)和量子思维总分(t = −2.82, p < 0.01)上的均值存在显著差异;高层管理者在心物交融性思维和跃迁不连续思维上的均值均明显高于基层管理者;高层管理者在量子思维总分上的均值也高于基层管理者。具体见表7-3。

表7-3　量子思维对管理职位的方差分析

	基层管理者 (N = 333)		中层管理者 (N = 205)		高层管理者 (N = 115)		总　体 (N = 653)		F
	M	SD	M	SD	M	SD	M	SD	
心物交融性思维	5.35	0.81	5.62	0.77	5.81	0.77	5.52	0.81	16.93**
多向相容性思维	5.89	0.83	5.94	0.82	6.02	0.79	5.93	0.82	1.06
复杂关联性思维	6.17	0.70	6.10	0.75	6.19	0.69	6.15	0.71	0.46
跃迁不连续思维	5.09	0.91	5.24	0.88	5.42	0.93	5.20	0.91	5.84*
不确定性思维	5.21	1.01	5.28	1.01	5.27	1.12	5.24	1.03	0.35
量子思维总分	5.54	0.64	5.63	0.66	5.74	0.67	5.60	0.66	4.23

注:M 为均值,SD 为标准差;* 表示显著性水平小于 0.05,** 表示显著性水平小于 0.01。

上述结果表明,量子思维水平在不同层级的管理者中存在差异。管理者职位越高,其量子思维水平也越高。这预示着量子思维量表可以作为管理者潜力或胜任力测评的一种参考工具。在管理者的教育或培训领域,我们可以采用跟踪测评,比较不同时间点上的量子思维水平,将其作为检验教育或培训实际成效的一种依据。

7.2.3　量子思维不同于个体的适度偏好

为了表明量子思维构念具有独特性,我们选用个体的"适度偏好"构

念对两者进行相关性分析,表明两者之间存在差异性。我们以样本 3(N =
199)的数据进行分析。

类似于中国文化传统中的中庸思维,德罗莱(Aimee Drolet) 等提出
"适度偏好"(The Preference for Moderation,缩写为 PFM) 概念[269],并将其
定义为反映个体决策者将适度作为首要决策目标的一般性或习惯性倾
向。适度偏好的测量共有 8 个测项,包括"要避免过度,让适度成为导向"
"好事太多就是一件坏事""凡事适度是理想的""太快和太慢一样糟糕"
"如果一个人超越了适度的界限,那么最大的快乐也不再令人愉悦""即使
是一件好事,如果过度也会变得具有破坏性""一个适度的人是一个有品
格和智慧的人"和"一个人通往健康的路是凡事适度"等,采用 Likert9 点
测量。

首先,对适度偏好量表进行信效度分析。第一,用 Cronbach α 信度系
数测量量表的信度,结果显示管理者适度偏好量表的 Cronbach α 信度系
数为 0.83,大于 0.7,表明适度偏好量表具有良好的内部一致性。第二,适
度偏好量表的组合信度为 0.87,达到更理想的 0.70 的标准。此外,该量表
的平均方差抽取量(AVE) 为 0.47,略小于 0.5 的判别标准。

对适度偏好与量子思维量表进行相关分析,结果表明,量子思维的五
个维度与适度偏好之间显著正相关。适度偏好与量子思维五个因子之间
的相关系数分别为 0.35(p<0.01)、0.40(p<0.01)、0.46(p<0.01)、0.32
(p<0.01)、0.30(p<0.01),表明心物交融性思维、多向相容性思维、复杂关联
性思维、跃迁不连续思维和不确定性思维与适度偏好的构念存在相关性,但
同时存在明确的差异性。适度偏好与量子思维总体的相关系数为 0.48(p<
0.01),表明量子思维构念与适度偏好构念是具有明确区分的不同构念。

对适度偏好进行回归分析,结果表明:第一,多向相容性思维显著积
极影响适度偏好(β=0.17,p<0.05),表明管理者的多向相容性思维越强,
其适度偏好水平越高;第二,复杂关联性思维显著积极影响适度偏好(β=
0.31,p<0.001),表明管理者的复杂关联性思维越强烈,其适度偏好水平越

高。总体上,量子思维对适度偏好有预测效度。从量子思维五个因子的作用来看,它们对适度偏好具有不同的影响力,也表明量子思维五个维度具有区分效度。具体见表7-4。

表7-4 量子思维量表与适度偏好的回归分析

变 量	标准化 β	SD	T 值
心物交融性思维	0.13	0.76	1.49
多向相容性思维	0.17*	0.83	1.99
复杂关联性思维	0.31***	0.67	4.04
跃迁不连续思维	0.04	0.86	0.44
不确定性思维	0.00	0.99	0.04
常量		0.91	1.85
性别	−0.03	0.50	−0.48
年龄	0.05	0.63	0.78
受教育程度	−0.10	0.71	−1.49
管理职位	−0.05	0.68	−0.67
N		199	
R^2		0.24	
F 统计值		8.05***	

注:SD 为标准差;*表示显著性水平小于 0.05,**表示显著性水平小于 0.01,***表示显著性水平小于 0.001。

7.3 管理者量子思维的应用评价

接下来,我们通过多样本的测试,展现管理者量子思维量表在各种场景中的应用评价。从量表开发的专业角度看,可以理解为对量子思维量表的预测效度进行验证。所谓预测效度的实质,通俗地理解,就是量子思维水平的高低,在实际工作和管理场景中,要能解释相关的问题。为此,我们找到能够体现量子思维作用效力的可能应用场景,验证量子思维与它们之间的相关性。从统计学上说,就是把量子思维作为"预测变量",把反映应用场景的方面作为"被预测变量",后者也可称为"效标变量"。我们共确定 7 个效标变量。

对预测效度的初步验证,选用总体自我评价、主观幸福感、工作绩效、未来竞争力和创新力 5 个变量。其中,总体自我评价变量通过"在周边的同事朋友中,我得到的总体评价是高的"这一测项进行衡量,主观幸福感变量通过"我感觉到自己是幸福的"这一测项进行衡量,工作绩效变量通过"与本单位的同事相比,我的工作绩效是突出的"这一测项进行衡量,未来竞争力变量通过"在未来的社会发展中,我认为自己有竞争力"这一测项进行衡量,创新力变量通过"在同事们的眼中,我是具有创新性的"这一测项进行衡量。以上 5 个效标变量均采用 Likert9 点测量。

对预测效度的进一步验证,选用员工创造力和包容型领导力两个变量。其中,员工创造力共有 9 个测项,量表来自蒂尔尼(Pamela Tierney)等的研究[270],包括"我在工作中呈现出原创性""我在工作中愿意为新的想法承担风险""我找到了现有方法或设备的新用途""我解决了造成工作困难的问题""我尝试使用新想法来解决问题""我找到了新产品或工艺的使用场景""我产生了新颖且可操作的工作相关想法""在组织中,我是创造力的良好榜样"和"我在领域内提出革命性理念"等 9 个测项,采用 Likert6 点测量。包容型领导力的测量共有 7 个测项,选自卡尔梅利(Abraham Carmeli)等量表中的有关测项[271],包括"我乐于倾听其他同事的新观点""我关注改进工作流程的新机会""我乐于讨论潜在的工作目标和新的工作方法""其他同事随时可以就出现的问题咨询我""我是团队中的

'砖'——哪里需要哪里搬""我随时准备好听取其他同事的需求"和"其他同事随时可以就新出现的问题与我讨论"等 7 个测项,采用 Likert9 点测量。

7.3.1　量子思维水平反映管理者自我评价的情况

管理者的量子思维水平能反映他们自我评价的不同情况吗？我们以总体自我评价、主观幸福感、工作绩效、未来竞争力以及创新力为效标变量,对量子思维量表进行预测效度检验。把性别、年龄、受教育程度等作为控制变量,检验量子思维对员工自我评价的变量"总体自我评价""主观幸福感""工作绩效""未来竞争力""创新力"等是否有积极影响。采用回归方法对样本 1(N = 321)进行统计分析,结果如表 7 – 5 所示。

结果表明,在控制了年龄、性别、受教育程度和职位等人口统计变量后,无论是对于自身的总体评价指标("总体自我评价""主观幸福感"),还是工作方面的自我评价指标("工作绩效""未来竞争力"以及"创新力"),量子思维量表均有解释性贡献。而且我们发现,量子思维的 5 个维度对自我评价的 5 个效标变量具有不同的预测效果。其中,就总体自我评价而言,心物交融性思维($\beta = 0.47$, $p < 0.001$)具有显著正向影响;就主观幸福感而言,心物交融性思维($\beta = 0.79$, $p < 0.001$)、多向相容性思维($\beta = 0.32$, $p < 0.05$)具有显著正向影响;就工作绩效而言,心物交融性思维($\beta = 0.62$, $p < 0.001$)和多向相容性思维($\beta = 0.29$, $p < 0.05$)具有显著正向影响;就未来竞争力而言,心物交融性思维($\beta = 0.98$, $p < 0.001$)具有显著正向影响;就创新力而言,心物交融性思维($\beta = 0.66$, $p < 0.001$)、多向相容性思维($\beta = 0.35$, $p < 0.01$)和跃迁不连续思维($\beta = 0.32$, $p < 0.01$)都具有显著正向影响。这从另一个角度证实了量子思维量表的区分效度和预测效度。

表 7-5　量子思维对 5 种效标变量的回归分析

自变量	总体自我评价		主观幸福感		工作绩效		未来竞争力		创新力	
	标准化β	T值	标准化β	T值	标准化β	T值	标准化β	T值	标准化β	T值
心物交融性思维	0.47***	4.01	0.79***	5.98	0.62***	4.79	0.98***	7.98	0.66***	6.03
多向相容性思维	0.16	1.40	0.32*	2.42	0.29*	2.24	0.12	0.94	0.35**	3.17
复杂关联性思维	-0.03	-0.22	-0.06	-0.39	-0.07	-0.49	-0.05	-0.39	-0.25*	-2.12
跃迁不连续性思维	0.04	0.36	-0.23*	-2.02	0.15	1.35	-0.08	-0.76	0.32**	3.35
不确定性思维	-0.04	-0.46	0.05	0.54	-0.22*	-2.26	-0.00	-0.02	-0.06	-0.68
常量	3.27***	3.68	1.81	1.79	-0.02	-0.02	0.77	0.83	0.68	0.82
性别	-0.07	-0.45	-0.10	-0.61	-0.16	-0.97	0.16	1.03	0.34*	2.45
年龄	-0.07	-0.76	-0.11	-1.09	-0.19	-1.86	-0.28**	-2.97	-0.12	-1.38
受教育程度	0.11	0.80	0.09	0.58	0.68***	4.68	0.27*	1.98	-0.01	-0.05
管理职位	0.23	1.92	0.21	1.57	0.56***	4.27	0.43**	3.51	0.43***	3.94

注：* 表示显著性水平小于 0.05，** 表示显著性水平小于 0.01，*** 表示显著性水平小于 0.001。

7.3.2 量子思维水平体现管理者创造力的情况

管理者的量子思维水平能反映他们创造力的不同情况吗？采用样本2为分析数据，以员工创造力为效标变量，使用回归分析方法分析量子思维量表的区分效度。首先，对员工创造力量表进行信效度分析。第一，用Cronbach α 信度系数度量量表的信度。经计算，员工创造力量表的Cronbach α 信度系数为0.91，远高于0.7，表明员工创造力量表具有良好的内部一致性。第二，用平均方差抽取量检验量表的收敛效度。经计算，员工创造力量表的 AVE 值为0.53，大于0.5的判别标准，表明该量表具有良好的收敛效度。

对员工创造力与量子思维进行相关性分析表明，量子思维的5个维度与员工创造力正相关。量子思维5个因子与员工创造力的相关系数分别为0.69（$p < 0.01$）、0.52（$p < 0.01$）、0.35（$p < 0.01$）、0.46（$p < 0.01$）、0.51（$p < 0.01$），表明量子思维的5个维度与员工创造力之间均具有显著的正相关性，量子思维总分与员工创造力的相关系数为0.67，在0.01的水平上显著，接近高度相关，表明员工的量子思维总分越高，其创造力越强。对员工创造力与管理职位进行方差分析。在133个有效被试中，员工创造力的均值为4.61（6级量表）。其中，基层、中层和高层管理者的均值分别为4.24、4.63和4.89，三类职级之间存在显著差异（$F = 8.35$，$p < 0.01$），表明基层管理者的员工创造力水平显著低于中层和高层管理者，这一结果与实际相符合。

最后，对员工创造力进行回归分析。结果表明，第一，心物交融性思维显著积极影响员工创造力（$\beta = 0.46$，$p < 0.001$），表明员工的此思维越强烈，其创造力水平越高；第二，多向相容性思维显著积极影响员工创造力（$\beta = 0.18$，$p < 0.01$），表明员工此思维越强烈，其创造力水平越高；第三，不确定性思维显著积极影响员工创造力（$\beta = 0.19$，$p < 0.01$），表明员工此思维越强烈，其创造力水平越高；第四，管理职位与员工创造力显著正相关（$\beta = 0.17$，$p < 0.05$），表明职位层级越高，其创造力水平越高。这也进一步验证了管理职位与员工创造力的方差分析结果。具体见表7－6。

表 7-6 量子思维量表与员工创造力的回归分析

变 量	标准化 β	SD	T 值
心物交融性思维	0.46***	0.07	6.15
多向相容性思维	0.18*	0.07	2.40
复杂关联性思维	−0.11	0.08	−1.44
跃迁不连续思维	0.11	0.06	1.50
不确定性思维	0.19**	0.06	2.52
常量		0.52	−0.71
性别	0.02	0.10	0.35
年龄	0.12	0.07	1.56
受教育程度	0.04	0.07	0.68
管理职位	0.17*	0.07	2.31
N		133	
R^2		0.61	
F 统计值		21.15**	

注：SD 为标准差；* 表示显著性水平小于 0.05，** 表示显著性水平小于 0.01，*** 表示显著性水平小于 0.001。

量子思维 5 个因子对员工创造力具有不同的影响力，证实量子思维 5 个维度之间存在区分效度。

7.3.3 对高校教师群体量子思维水平的测试

本研究以样本 6（N=61）为分析数据，选择国内西部某高校教师为研究对象，进一步检验量子思维量表的效度。第一，回归分析。以员工创造力和包容型领导力为效标变量，采用多元回归分析方法验证量子思维量表的有效性。第二,独立样本 T 检验。从文科学院教师(体育学院、外语学院、民族研究院、财经学院、研究生院、马克思主义学院、教育学院、新闻与传播学院、法学院、管理学院及教务处)和理科学院教师(信息工程学院和医学部)两个角度收集数据,比较不同类型学院教师的量子思维差异。从样本 4(N = 653)中随机抽取基层、中层和高层管理者各 61 份被试数据,比较高校教师与企业管理者的量子思维水平差异。

其一,回归分析。在进行回归分析前,首先对量子思维五因子相关模型进行验证性因子分析,整体模型的拟合程度一般($\chi^2 = 351.96$,df $= 199$,$\chi^2/\mathrm{df} = 1.77 < 3$,RMSEA $= 0.11$,GFI $= 0.68$,NFI $= 0.52$,NNFI $= 0.65$,CFI $= 0.70$)。除不确定性思维的组合信度值为 0.58 外,其他 4 个因子的组合信度值均高于 0.72,具有良好的收敛信度。5 个因子的平均方差抽取值(AVE)为 $0.31 \sim 0.43$。

将样本 6(N = 61)中的 5 个因子分别求平均分作为自变量;将员工创造力量表的所有测项聚成一个因子(KMO $= 0.80$,Cronbach $\alpha = 0.88$),并进行加总平均,得到"员工创造力"变量;将包容型领导力量表的所有测项聚成一个因子(KMO $= 0.84$,Cronbach $\alpha = 0.88$),并进行加总平均,得到"包容型领导力"变量;将性别、年龄、受教育程度、职称和单位作为控制变量,分别对员工创造力($\alpha = 0.88$,$\rho_c = 0.91$,AVE $= 0.59$)和包容型领导力($\alpha = 0.88$,$\rho_c = 0.91$,AVE $= 0.56$)这两个效标变量进行回归分析。结果如表 7 - 7 所示。

表 7 - 7　量子思维对员工创造力、包容型领导力的回归分析

变　量	员工创造力			包容型领导力		
	标准化 β	SD	T 值	标准化 β	SD	T 值
心物交融性思维	0.36*	0.87	2.37	−0.11	0.87	−0.40
多向相容性思维	0.09	0.88	0.57	0.86**	0.88	3.08
复杂关联性思维	−0.06	0.93	−0.53	−0.07	0.93	−0.31

变　量	员工创造力			包容型领导力		
	标准化 β	SD	T 值	标准化 β	SD	T 值
跃迁不连续思维	0.08	1.03	0.57	−0.05	1.03	−0.22
不确定性思维	0.20	1.11	1.82	0.10	1.11	0.53
常量		2.02	0.61		3.61	−0.61
性别	0.02	0.42	0.08	0.14	0.42	0.34
年龄	−0.19	0.56	−0.88	0.39	0.56	1.03
受教育程度	0.06	0.22	0.15	0.95	0.22	1.29
职称	0.08	0.64	0.43	−0.19	0.64	−0.60
单位	−0.06 *	4.04	−2.48	−0.02	4.04	−0.41
N	61			61		
R^2	0.47			0.31		
F 检验	4.48 ***			2.19 *		

注：SD 为标准差；* 表示显著性水平小于 0.05，** 表示显著性水平小于 0.01，*** 表示显著性水平小于 0.001。

结果表明,心物交融性思维显著积极影响员工创造力($\beta = 0.36$, $P < 0.05$),而量子思维其他四个维度对员工创造力不具有显著影响;多向相容性思维显著积极影响包容型领导力($\beta = 0.86$, $P < 0.001$),而量子思维其他四个维度对包容型领导力不存在显著影响。

其二,独立样本 T 检验。首先,将样本 6 中量子思维的 22 个测项进行加总平均,得到"量子思维总分"变量;将量子思维总分及 5 个维度、员工创造力和包容型领导力对被试所属的文理科学院进行独立样本 T 检验。结果显示,量子思维及各维度、员工创造力和包容型领导力在文科和理科学院之间均无显著差异($P > 0.05$)。具体见表 7 – 8。

表 7 - 8　量子思维量表与员工创造力、包容型领导力对学院的独立样本 T 检验

变　量	理科学院 （N＝16）		文科学院 （N＝45）		总　体 （N＝61）		T 值
	M	SD	M	SD	M	SD	
心物交融性思维	5.17	0.79	5.16	0.91	5.16	0.87	−0.01
多向相容性思维	5.91	0.56	5.67	0.97	5.73	0.88	−0.91
复杂关联性思维	5.63	1.13	5.98	0.85	5.89	0.93	1.31
跃迁不连续思维	4.84	0.89	5.01	1.09	4.97	1.03	0.55
不确定性思维	4.92	0.85	4.79	1.19	4.83	1.11	−0.38
量子思维总分	5.31	0.67	5.36	0.78	5.35	0.75	0.23
员工创造力	3.89	0.76	4.04	0.87	4.00	0.84	0.62
包容型领导力	7.13	1.42	6.90	1.28	6.96	1.31	−0.60

注：M 为均值，SD 为标准差。

　　其次，将量子思维总分及 5 个维度对高校教师与被试企业管理职级进行独立样本 T 检验。结果表明，第一，高校教师和上述企业基层管理者两组之间在量子思维及 5 个维度上均无显著差异（p>0.05）。第二，高校教师和企业中层管理者两组之间在心物交融性思维上存在显著差异（p<0.05），在量子思维总分上不存在差异。第三，高校教师和企业高层管理者两组之间在心物交融性思维（p<0.001）、不确定性思维（p<0.05）、跃迁不连续思维（p<0.01）上存在显著差异，且在量子思维总分上也存在显著差异（p<0.001）。此外，企业高层管理者在量子思维总分及 5 个维度均值均高于高校教师。总体上表明，西部某高校教师的量子思维水平与企业的基层管理者相当。这是值得人们思考和关注的。具体见表 7 - 9。

表 7 - 9 量子思维量表对管理职位的独立样本 T 检验

	高校教师（N=61）		T值	基层管理者（N=61）		T值	中层管理者（N=61）		T值	高层管理者（N=61）		T值
	M	SD		M	SD		M	SD		M	SD	
心物交融性思维	5.16	0.87	0.06	5.17	0.69	2.44*	5.51	0.70	4.42***	5.81	0.75	4.42***
多向相容性思维	5.73	0.88	-0.13	5.71	0.81	0.45	5.81	0.89	1.71	6.00	0.84	1.71
复杂关联性思维	5.89	0.93	1.50	6.10	0.57	1.19	5.97	0.76	0.94	6.03	7.48	0.94
跃迁不连续思维	4.98	1.03	0.36	5.03	0.85	0.53	5.17	0.86	2.82**	5.48	0.92	2.82**
不确定性思维	4.83	1.11	1.20	5.04	0.89	1.70	5.15	0.97	2.62*	5.33	1.01	2.62*
量子思维总分	5.40	0.75	0.73	5.44	0.57	1.68	5.56	0.63	3.27***	5.77	0.66	3.27***

注：M 为均值，SD 为标准差；* 表示显著性水平小于 0.05，** 表示显著性水平小于 0.01，*** 表示显著性水平小于 0.001。

本章介绍了《管理量子思维量表》的维度构成及实际测量,在量表开发和验证的基础上,对量子思维量表在经济管理领域中的应用可靠性进行了检验,展现了各种不同应用评价的情况。我们的研究表明,《管理者量子思维量表》由 22 个测项构成,具体包括心物交融性思维、多向相容性思维、复杂关联性思维、跃迁不连续思维和不确定性思维 5 个维度。通过多样本检验,该量表具有良好的信度和效度,可以作为实际应用的测量工具。

量子思维与管理者职级之间存在正向关系,管理者职级越高,其量子思维越强;量子思维与个体的适度偏好之间存在差异性。量子思维与管理者的多种自我评价存在正向关系,量子思维越强,管理者的总体自我评价、主观幸福感、工作绩效、未来竞争力和创新力越好;量子思维与员工创造力正相关,即量子思维越强,员工创造力越强;与企业管理者相比,西部某高校教师的量子思维水平接近于企业的基层管理者。多向相容性思维和复杂关联性思维对员工创造力有良好的预测能力,多向相容性思维对包容型领导力有良好的预测能力。

上述结果表明,《管理者量子思维量表》在中国管理情境中具有适用性和可靠性。在管理者的潜力和能力测评中,可以使用本量表评价的结果作为参考依据。对管理者而言,《管理者量子思维量表》不仅可以从新的角度对其潜力和胜任力进行评价,也可以帮助对其职业生涯发展进行跟踪管理。未来的研究可以结合更广泛的应用场景验证并揭示量子思维的实际效力,同时表明量子思维对人才培养和生涯晋级的重要性。我们假设,对于不同的部门和岗位性质,比如研发部门、市场战略部门、质量管理部门与会计部门等,员工的量子思维的水平存在差异;量子思维与个体承担风险的程度存在关系,比如从事投资银行业务的人员,量子思维普遍较高;量子思维与不同的领导力类型也存在一定的关系,比如创造型领导力与谦卑型领导力,量子思维的水平存在差异。

类似上述问题都值得在未来开展实证研究。有关结果对我们探索量子思维的广泛影响力具有理论上的贡献,对人才培养和生涯管理也具有实际的指导作用。通过改变教育理念、教育目标和教育方式,可以提升学生的量子思维能力;通过改变人力资源管理、领导力和团队管理的理念与手段,同样可以提升员工的量子思维能力。这样,量子思维的培育和训练就成为人的终身发展的基本功课,值得教育工作者和高层管理者重视。

第八章 《量子思维宣言》

量子论既适用于微观、部分宇观和宏观世界,也适用于生命、生态的世界。而基于量子论的量子思维,更可能适合于作为生态特例的人类社会。量子思维揭示人类思维方式的叠加、纠缠、不确定、跃变等,是普遍而正常的真实存在,明晰这些,对人文社会科学创新、学校教育、组织管理和经济建设、产业发展和社会治理必将产生重要而深远的意义。

8.1 《量子思维宣言》的提出

20 世纪初,量子力学的建立是人类历史上最伟大的科学革命之一[272]。由量子力学的建立而引发的第一次量子革命,推动了信息、能源、材料和生命等领域的空前发展,催生了以现代信息技术为代表的工业革命,从根本上改变了人类的生活方式和社会面貌。近年来,随着实验技术的进步和对量子纠缠[16]等量子力学基本问题的深入研究[20],人们实现了对微观客体的量子态进行精确的检测与调控,带来了以量子信息技术为代表的第二次量子革命[83, 273-276]。

量子力学产生的广泛而深远的影响,超出人们的想象!从毫厘尺度的宏观物体到无生命的星球体系,表观上主要遵循以牛顿力学为代表的经典物理学规律,因此,过去往往误认为它们是世间万物的普遍的规律。而实际上,经典规律只是量子力学规律的特殊情形[25, 277]。从宇宙大爆炸到加速膨胀的星系,这些宇观客体都符合量子论的基本规律[278];从微纳尺度物体到原子分子内部的电子以及光子,这些微观客体都符合量子论的基本规律[279];从单细胞生物到高级哺乳动物,这些复杂的生命体也在相当程度上符合量子论的规律[247, 280]。尽管有关人脑深处的认知和意识在物理机制上是否严格遵循量子论的基本规律,目前尚无定论,但人类的认知和行动模式在相当程度上体现量子思维的特点[120],这已经在前沿的研究群体中达成一定共识。

伴随着科技的发展,量子技术得到广泛应用,并带来了社会与经济的繁荣和发展。20世纪90年代,诺贝尔奖获得者莱德曼就曾指出,美国GDP的三分之一是由与量子力学相关的工作所贡献的[281]。进入21世纪以来,世界主要国家积极行动起来,政府和企业大力投资量子信息技术的研究,量子技术已经成为各国竞争的制高点。欧盟委员会于2016年发布《量子宣言》并开始实施《量子旗舰计划》,美国于2018年通过《国家量子计划法案》,英国发布《2020年科技战略》,日本于2020年发布《量子技术创新战略》,法国于2021年宣布启动《法国量子技术国家战略》,德国于2021年3月推出《量子技术——联邦政府从基础到市场的框架计划》,等等。我国也高度重视量子技术的发展,2020年10月16日,中共中央政治局会议就量子科技研究和应用前景专门进行集体学习,并要求加强量子科技发展战略谋划和系统布局[98]。

可以预见,第二次量子革命的发展将会大大加快,对科学技术的其他分支以及人文社会科学领域都会产生深远的影响,并深刻影响人类的认知行为模式和思维方式。然而,目前的情况是,要么基本上限于在量子层面上探讨自然科学的诸问题,要么简单生硬地套用量子论研究人文社会科学[111],尚不能系统而全面地体现量子论对各个学科真正的颠覆性影响。这些形态各异的学科背后,是否存在量子思维的某些共同属性,从而使得我们能够以跨学科、多视角的研究方式深度挖掘其潜在的根源与共性,跨越学科壁垒,探索一种以量子思维为基础的新的认知方式?这需要我们以前瞻的眼光,从量子论的物理背景与各学科的研究特点出发,发掘量子论在不同领域应用的多样性和复杂性,构建一种全新的统摄自然科学与人文社会科学的量子思维方式。

为此，华东师范大学牵头成立了由物理学、化学、信息、哲学、教育学、经济管理学等不同领域学者组成的联合研究小组，积极探索并初步建构起一种跨越时空、跨越学科、跨越生命的量子学说与量子思维研究平台。为了推广量子思维方式的价值，我们在广泛吸纳量子论相关前沿研究成果的基础上，发表这份《量子思维宣言》。

8.2 量子思维方式的内涵与特征

8.2.1 量子思维方式的内涵

在哲学层面上，量子论给人类带来最大的冲击是对实在世界的认识。单电子或光子干涉实验、量子纠缠实验、量子芝诺效应、延迟选择实验等量子现象[282]，不断地颠覆或重塑着人们的世界观。同一个实物粒子如何既在此处又在彼处？客观事物的存在性是否依赖观测者？这类问题引发了关于科学实在论与反实在论之间旷日持久的争论，直至今天。

量子论不但影响着人们对外部世界的认识，也在促使人们重新思考人类自身的属性。早在 1935 年，量子力学创始人之一薛定谔就指出："纠缠是量子力学的一个标志性特征，它迫使量子力学（思维方式）和经典思维方式彻底分道扬镳。"[283]而在他的名著《生命是什么》[247]中，就已经指出量子效应在生命形成和发展中可能起到的作用，而这促进了 DNA 的发现[284]。诺贝尔物理学奖获得者彭罗斯在其著作《皇帝的新脑》中提出，人脑不是图灵机，应引入量子论来解释大脑的意识活动[58]。彭罗斯提出的这一假说引起了广泛争议，虽然并未得到学界的普遍认可，但近年来一些神经科学研究结果显示，生命（包括人）是处于经典力学规律和量子力学规律交界处的神奇现象，量子特性很可能影响了人的意识的形成与认知的过程（具体可参见《神秘的量子生命》[280]）。

量子思维方式伴随着量子世界观的发展而形成。

量子思维方式,是一种具有量子概率性的思维方式。在以牛顿力学为基础的经典思维方式中,事物的运行被认为是可以精确描述的——之所以需要对事件进行经典概率描述,是因为人们所掌握的系统初始状态和外部边界条件的信息不够,若能准确知道系统的初始状态和边界条件,原则上就可预测其后任意时刻的运动状态。但与经典思维方式明显不同,量子思维方式基于量子论的基本思想,认为量子概率是事物的内禀属性:对量子论而言,由于量子概率的存在,即使掌握了系统的初始状态和边界条件,也无法完全准确预测系统以后的运动状态(包括位置、动量等)。

量子思维方式,是一种非定域的思维方式,通俗地理解,就是非局限、非固定的思维方式。随着信息时代与智能时代的到来,世间万物的联系愈加纷繁复杂。经典的思维方式,在海量信息的冲击下,开始暴露出固有的诸多局限。传统的"定域"范围被现代科技所突破,远隔万里的信息也可以快速传递、分享和利用。量子思维的非定域性内涵,使得人们可以更多地采用全局性、多方位的视角看待、处理问题。

量子思维确认事物间存在不可消除的不确定性。无论多么精密的仪器,多么精巧的实验,对于一对共轭变量的测量,总是存在着相互制约的不确定性。量子思维方式的不确定性内涵提醒我们,在信息时代,关联无处不在,人们对一些信息的提取,既受到其他信息的制约,也可能会瞬间影响另一些信息的表达,使得系统无法得到完全精确的描述。

8.2.2 量子思维方式的特征

基于牛顿力学的经典思维方式强调分解和约化,如分解问题、分离变量等,关注最主要的变量对系统的影响,将其他(次要)因素视为对系统的微扰;而量子思维方式强调整体关联,一个微小的扰动,都可能深刻地影响系统的后期演化过程。

以牛顿力学为基础的经典思维方式是排他性的,即事物在某一个瞬间只能呈现唯一的状态,或在此处,或在彼处,不可兼得;而量子思维方式允许状态的叠加性,即便是互斥的状态也可能同时集于一身。

牛顿力学理论体系让人们相信自己有能力精确描述事物在任何时刻的确定状态;而在量子理论体系中,不确定性普遍存在,特别是我们无法同时得到一对共轭可观测量的确定值。

较之基于牛顿力学的经典思维方式,量子思维方式具有以下核心特征:

一是量子的概率性,强化了叠加性思维方式。玻尔在和爱因斯坦关于量子力学完备性的讨论中[285],提出了以概率决定论来替代因果决定论的思想。无论是客观的事物,还是主观的想法,都不必处在非黑即白、非此即彼的状态。量子思维方式要求我们从多个视角、多个方面看待事物及其运行所呈现的现象,哪怕这些视角或方面之间是相互排斥的。某些相互排斥的现象或状态之间也可以是互补的,比如一种文化的地方性和普适性。基于这样一种思维方式,在实践中,我们就能更为全面地认识和把握复杂的人类行为和社会现象。

二是量子的非定域性描述,激发了不可分离性思维方式。在量子力学中,人们引入波函数或概率密度算符的概念来描述体系的行为。这种描述打破了原有的局域性、独立的、个体的处理方法,使得在解决问题时,纳入思考过程的对象必须是包含研究客体(有时甚至要包含研究主体)的信息。"不可分离性"思维方式的引入,针对的是当前社会科学数据中采样盲区的问题——按照新的大数据思维,在未来的决策分析中,仅仅靠采样研究是不够的。利用量子思维有助于打破这种局域化的思维方式。

三是量子不确定性关系,展现了不确定性描述的特殊意义。在量子力学中,玻尔提出的互补原理使得对一些共轭物理量的描述无法做到完全确定[286]。惠勒用"如烟巨龙"来形容一些无法描述过程的量子现象[282]。"非精确化"的描述将不仅体现于人文社会科学研究之中,而且可能成为更为普遍的研究方式。我们要充分认识非确定性描述对信息处理的重要意义,在某些情况下,牺牲不必要的精确描述反而是得到更加有效信息的关键。

必须指出,以上列出的"叠加性""不可分离性""不确定性"是量子思维方式的几项突出特征,并非量子思维的严格判据。从量子论的角度看,拥有这些特征,说明量子思维方式适用的概率更大。

在以牛顿力学为依据的经典思维中,世界所呈现的特点是分界、局部、机械、惯性、划一、精确、定域、割裂、被动、计划;基于量子论的量子思维,世界所呈现的特点则是无界、整体、灵活、多向、差异、可能、离域、联系、互动、难测。经典思维与量子思维,是两种不同的思维方式、两种不同的世界观,两者既有相异的现实根据,又对经济、社会、教育、管理形成了不同的影响。由于人类所面对的世界受到经典法则和量子规律的双重制约,要有效地把握和作用于这种世界,就必须既具有经典思维的方式,也接受量子思维的方式,简单地执着于其中之一,都不可取。牛顿经典思维处理世界上人与事物的原则是:相邻的不可分割,不相邻的可以分割处理,事物具有保持静止或者运动的惯性。这体现了世界存在的某种形态,但如果将其绝对化,便容易以机械分割的理念看待生态与社会。而量子思维则认为,相邻的不可分割,不相邻的也不可分割,因为世界是一个相互关联的整体,事物在静止或者运动中具有跳跃性。量子思维以有机关联的理念看待生态与社会[261],但同时,对世界的把握也无法完全忽视其相对稳定性。

8.3　量子思维方式的泛在与应用

8.3.1　量子思维方式的泛在

量子性的叠加思维,体现在被研究实体上所叠加的各类状态、关系或信息。从量子信息的角度,各类关系是可以相互纠缠的,既有关联性,又有区分性。在经济管理领域,已有研究表明,个体与整体自组织状态的实现,是信息交流与能量交换过程中所涌现出的最优结果。在心理学领域,很多研究者认为叠加是用一种更加直观的方式来表征心理活动的模糊性,高级复杂技能的成分之间具有高度的不可分性,学习这些高级技能的本质是习得这些独立成分的有机组合,这种现象被称为高级技能的涌现[287]。而国内不少学者的研究表明,《道德经》中的许多描述,如"无"与"有"等概念,体现了老子哲学与量子叠加思想的类近性[288]。与之高度类似的是,在量子系统中,系统组成部分的不可分性被称为量子纠缠,量子系统理论正是利用叠加来描述这种纠缠的特性。

量子性的不可分离性思维,体现在外部环境与主客体对系统的共同作用。人类社会是一个不断演化的复杂系统,其复杂性不仅在于组成社会的基本元素——个体——能在环境中自主地进行认知、决策和行动,而且在于个体之间、个体与群体之间或群体与群体之间存在多种多样、多层次的关联和互动。经过实证研究和理论分析,我们发现基于量子−信息的观点所形成的理解人类行为和社会现象的思维方式,与以老子为代表的中国传统文化的思维方式[261]具有许多相似之处,例如,均强调人与人之间的关联、差异的统一、社会的不可分离性以及个人或社会变化的不确定性。我们正处于量子计算、人工智能、大数据和区块链相融合的技术新时代,量子思维能推进人与人、人与机以及人与数据之间交互方式的剧变,突破基于传统经典思维的技术设计理念,带来创新思维和审美意识的颠覆式改变[289]。

量子性的不确定性思维,在人类的认知模式方面有相当程度的体现。研究显示,人在许多推理任务中表现出了非理性的情况,其结果并不符合经典的概率描述,却可以用量子态的投影来进行解释[198]。通过对几十次大规模调查问卷的数据进行分析,研究者证实,原本用于解释测量中不对易性的量子概率理论,可以很好地解决社会科学与行为研究中出现的测量顺序效应问题[122]。

8.3.2　量子思维方式的应用

目前,量子力学理论已经被成功应用于物理之外的其他自然科学与技术领域,正持续产生新的交叉研究方向[273],并推动更多学科的蓬勃发展。量子信息技术是影响科技创新的前沿基础技术领域之一,随着各国投入力度的加大,有望成为未来经济和产业发展的引擎;量子计算领域的研究,原型机"九章"的研制[290],为未来研制成功可解决具有重大实用价值问题的规模化量子模拟机奠定了技术基础;量子化学的研究范围已扩展到分子结构优化、分子相互作用模拟、化学反应路径预测、复杂非平衡分子体系以及药物设计和药物发现等方面;量子材料的研究得到了快速发展,人们发现了很多前所未有的新型量子材料和与这些材料相关联的新奇性质和物理效应,如石墨烯、铁基超导体、拓扑绝缘体、拓扑半金属等。

恩格斯曾提出,要确立辩证的同时又是唯物主义的自然观,需要具备数学和自然科学的知识[291]。但数学形式与数学工具是多样的,当使用量子思维去重新审视人文社会科学领域时,我们应注意到,如果完全照搬自然科学中对微观量子体系的数学描述,未必可以直接适用于作为生态世界特例的人类社会及领域。因此,我们建议,研究中应"以道御术",不要只停留将量子论的形式工具简单运用于个别人文社会科学问题的研究中,而要注重量子性的本质思想与所研究领域的共性特征。

量子论与人文社会科学领域的交集之一在于对信息的理解。叠加与纠缠,是量子信息的突出特点,而这也与人的心智(乃至社会文化)特点一致。人文学科、社会科学等各个领域,本质上都是人与自然和社会之间信息的交换。因此,在未来的发展过程中,量子论与人文社会科学等领域的融合,应该采用并发展出一种基于量子-信息的本体论、认识论和方法论,进而建构一个富有增值效力的研究纲领。事实上,一些量子社会科学家正是在量子信息论的启发下从事人类认知和社会现象的研究。比如,新近出现的"社会激射模型"[208],就是运用量子信息场的思想刻画和解释当今社会中发生的"信息海啸"现象。

在组织管理领域,量子思维可被证实及测量并显示个体差异。我们采用科学知识图谱方法对量子思维在经济学和管理学领域研究的 454 篇文献进行了可视化计量分析,同时利用关键词共现和共被引网络分析等定量分析方法,梳理了国际上量子经济管理研究的主题热点及前沿问题。基于文献和理论分析,我们建立了量子思维在管理工作场景的 5 个测量维度:心物交融性思维、多向相容性思维、复杂关联性思维、跃迁不连续思维和不确定性思维。5 个维度由 22 个测项构成,对量子思维量表在企业管理领域中的应用可靠性进行了初步检验。结果显示,量子思维与管理者的职级有正向关系,管理者职级越高,其具有的相关量子思维方式特征越强;量子思维与管理者的多种自我评价以及员工创造力之间也存在正向关系,量子思维越强,管理者的总体自我评价越高,员工创造力越强。

我们建议,在微观组织层面上,要重视运用量子思维提升组织管理工作者的基本素养和能力。驱动管理者改变经营理念,从利润转向价值,从控制转向赋能,从利己转向利他,从独创转向共创,重塑多元包容、积极乐观、整体全面、和谐协同、利他共创的管理新格局。在宏观经济层面上,需关注宏观世界和微观世界的复杂关联性。我们倡导把中国问题融于世界经济范畴的宏大研究视角,倡导中国研究成果要贡献于世界知识体系的目标取向。在有关世界经济和中国经济相互影响的长期研究中,我们要找寻东西方文明融合互鉴的新路径和新趋势,探寻经济社会与自然世界和谐共处的可持续性方案。

在教育领域,量子思维对诠释教育本质和指导教育行为有着重要价值。与经典理论相比,量子论也许更接近教育的本质。学生的智慧与素养会被教育环境所影响,但在同一个教育环境中,不同的主体参与者也会分化出不同的智慧与素养能级。对教育的量子模型的研究,可以选择教育测量作为突破口。在经典教育测量理论中,学生在某个时刻的能力具有一个真实值,考试是一个探测教育结果的独立环节,不影响学生能力的真实值。然而,从不可分离性思维出发,我们会发现考试本身就是完整教育过程的重要一环,不仅可以测量学生的能力,还会影响学生能力的发展。同时,量子的不确定性在学习过程中的具体表现形式之一,是教育中可能存在"共轭学科"或者"共轭能力",有些能力或性格可能是不相容的,对某一种能力的提升可能会限制另一种能力的发展。与之相联系,因材施教、尊重个性应成为教育的基本原则。

我们建议,运用量子思维探索学生的综合素质培养,让学生在世界观形成的早期就了解这个世界是动态发展的,了解世间万物是相互关联的,了解各种观点是可以叠加共存的,了解人的发展是充满各种可能性的。我们在教学实践中已经发现,六年级的学生已经开始对"波粒二象性"等量子现象发表自己的见解,提出有意义的疑问与解答。量子思维的早期培养,将让新一代的年轻人以更加开放包容的姿态、更加灵活多变的思维跟上智能时代的发展,推动社会不断进步。

我们相信,《量子思维宣言》的发布,有助于人们更全面地认知人与自然、人与社会的不可分离性,认知个体创造和集体智慧的同等重要性,认知每个人自身的不可替代性:世界只有一个,但其意义却因人而不同;有助于人们从新的视角认知人类社会和历史以及产业发展,进一步推动人类文明进步和高科技发展;更重要的是,有助于加强人们对量子论诸多概念、研究方法、运作模式的认知,为量子思维方式从理论探索推广到工具应用开辟崭新的研究方法与独特的分析视角,为量子时代下多学科、多视角的学术交叉与前沿创新,为卓越人才教育与培养以及经济与社会等的发展和治理提供有效的方案。

需要特别指出的是,本宣言中提出的量子思维,目前并不涉及辨析人类大脑深部的物理运行机制,而是对人类的认知行为与思维方式所呈现出的类量子模式的论述。凡事皆有可能,确定并非永恒,行为一定留痕。量子思维的建立,也并非要替代牛顿的经典思维。事实上,量子力学理论建立之后,牛顿力学仍然在相当大的范围内适用。《量子思维宣言》的提出,是为了让我们高度重视量子思维的重要性,能够在人类社会发展的新时代拥有且运用多元化的思维,使思维方式始终与时俱进。

让我们拥抱量子思维,迎接新的时代!

参考文献

[1] KELVIN L. Nineteenth century clouds over the dynamical theory of heat and light[J]. The London, Edinburgh, and Dublin Philosophical Magazine and Journal of Science, 1901, 2(7): 1 – 40.

[2] PLANCK M. Über das gesetz der energieverteilung im normalspektrum[M]. Von Kirchhoff bis Planck. Berlin: Springer. 1978: 178 – 191.

[3] EINSTEIN A. Über einem die Erzeugung und Verwandlung des Lichtes betreffenden heuristischen Gesichtspunkt[J]. Annalen der Physik, 1905, 17: 132 – 148.

[4] MILLIKAN R A. A direct photoelectric determination of Planck's "h"[J]. Physical Review, 1916, 7(3): 355 – 388.

[5] COMPTON A H. A quantum theory of the scattering of X-rays by light elements[J]. Physical Review, 1923, 21(5): 483 – 502.

[6] EINSTEIN A. Planck's theory of radiation and the theory of specific heat[J]. Annalen der Physik, 1907, 22: 180 – 190.

[7] RUTHERFORD E. The scattering of α and β particles by matter and the structure of the atom[J].Science, 1911, 21(125): 669 – 688.

[8] BOHR N. On the constitution of atoms and molecules [J]. The London, Edinburgh, and Dublin Philosophical Magazine and Journal of Science, 1913, 26(151): 1 – 25.

[9] DE BROGLIE L. Recherches sur la théorie des quanta[D]. Migration-université en cours d'affectation, 1924.

[10] DAVISSON C J, GERMER L H. Reflection and refraction of electrons by a crystal of nickel[J]. Proceedings of the National Academy of Sciences of the United States of America, 1928, 14(8): 619 – 627.

[11] HEISENBERG W. Quantum-theoretical re-interpretation of kinematic and mechanical relations[J]. Zeitschrift für Physik, 1925, 33: 879 – 893.

[12] BORN M, JORDAN P. Zur quantenmechanik [J]. Zeitschrift für Physik, 1925, 34(1): 858 – 888.

[13] BORN M, HEISENBERG W, JORDAN P. Zur quantenmechanik. II[J]. Zeitschrift für Physik, 1926, 35(8): 557-615.

[14] SCHRODINGER E. Quantisierung als eigenwertproblem[J]. Annalen der Physik, 1926, 385(13): 437-490.

[15] BAGGOTT J E, BAGGOTT J. The quantum story: A history in 40 moments[M]. Oxford: Oxford University Press, 2011.

[16] EINSTEIN A, PODOLSKY B, ROSEN N. Can quantum-mechanical description of physical reality be considered complete? [J]. Physical Review, 1935, 47(10): 777-780.

[17] BOHR N. Can quantum-mechanical description of physical reality be considered complete? [J]. Physical Review, 1935, 48(8): 696-702.

[18] SCHRODINGER E. Die gegenwirtige situation in der quantenmechanik[J]. Narurwissense- chaften, 1935, 23(48): 823-828.

[19] BOHM D. A suggested interpretation of the quantum theory in terms of "hidden" variables. I[J]. Physical Review, 1952, 85(2): 166-179.

[20] BELL J S. On the Einstein Podolsky Rosen paradox[J]. Physics Physique Fizika, 1964, 1(3): 195-200.

[21] ASPECT A, DALIBARD J, ROGER G. Experimental test of Bell's inequalities using time-varying analyzers[J]. Physical Review Letters, 1982, 49(25): 1804-1807.

[22] EVERETT III H. On the foundations of quantum mechanics[M]. Princeton: Princeton University Press, 1957.

[23] DEWITT B S, GRAHAM N. The many-worlds interpretation of quantum mechanics[M]. Princeton: Princeton University Press, 2015.

[24] 吴飙.埃弗里特和他的多世界理论[J].物理,2020,49(11): 782-788.

[25] ZEH H D. On the interpretation of measurement in quantum theory[J]. Foundations of Physics, 1970, 1(1): 69-76.

[26] JAMMER M. Philosophy of Quantum Mechanics. The interpretations of quantum mechanics in historical perspective[M]. United States: John Wiley and Sons, 1974.

[27] 孙昌璞.量子力学诠释问题[J].物理,2017,46(08): 481-496.

[28] 张永德.量子力学(第四版)[M].北京: 科学出版社,2017.

[29] COHEN-TANNOUDJI C, DIU B, LALOË F. Mécanique quantique[M]. Paris: Éditions Hermann, 1986.

[30] WEINBERG S. Lectures on quantum mechanics[M]. New York: Cambridge University Press, 2015.

［31］ MISRA B，SUDARSHAN E C G. The Zeno's paradox in quantum theory［J］. Journal of Mathematical Physics，1977，18(4)：756‒763.

［32］ CLEGG B. The god effect：Quantum entanglement，science's strangest phenomenon［M］. New York：St. Martin's Press，2006.

［33］ 张永德.量子菜根谭：现代量子理论专题分析(第三版)［M］.北京：清华大学出版社,2016：54‒60.

［34］ 张永德.量子菜根谭：现代量子理论专题分析(第三版)［M］.北京：清华大学出版社,2016：301‒309.

［35］ BOHR N. The theory of spectra and atomic constitution［J］. Journal of Chemical Technology & Biotechnology，1923，42(28)：690‒692.

［36］ 张礼,葛墨林.量子力学的前沿问题［M］.北京：清华大学出版社,2000.

［37］ 曾谨言.量子力学卷 II(第三版)［M］.北京：科学出版社,2000.

［38］ GRIBBIN J. Schrödinger's kittens and the search for reality［M］. London：Phoenix，1995.

［39］ WENTZEL G. Eine verallgemeinerung der quantenbedingungen für die zwecke der wellenm- echanik［J］. Zeitschrift für Physik，1926，38(6)：518‒529.

［40］ KRAMERS H A. Wellenmechanik und halbzahlige Quantisierung［J］. Zeitschrift für Physik，1926，39(10)：828‒840.

［41］ BRILLOUIN L. Remarques sur la mécanique ondulatoire［J］. Journal de Physique et le Radium，1926，7(12)：353‒368.

［42］ GLAUBER R J. Coherent and incoherent states of the radiation field［J］. Physical Review，1963，131(6)：2766‒2788.

［43］ KLAUDER J R，SUDARSHAN E C G. Fundamentals of quantum optics［M］. North Chelmsford：Courier Corporation，2006.

［44］ ANDERSON M H，ENSHER J R，MATTHEWS M R，et al. Observation of Bose-Einstein condensation in a dilute atomic vapor［J］. Science，1995，269(5221)：198‒201.

［45］ JOSEPHSON B D. Possible new effects in superconductive tunnelling［J］. Physics Letters，1962，1(7)：251‒253.

［46］ LEGGETT A J. Macroscopic quantum tunnelling and related effects in Josephson systems［J］. Percolation，Localization，and Superconductivity，1984,109：1‒41.

［47］ AHARONOV Y，BOHM D. Significance of electromagnetic potentials in the quantum theory［J］. Physical Review，1959，115(3)：485‒491.

［48］ CHAMBERS R. Shift of an electron interference pattern by enclosed magnetic flux［J］. Physical Review Letters，1960，5(1)：3‒5.

[49] MöLLENSTEDT G, BAYH W. Kontinuierliche phasenschiebung von elektronenwellen im kraftfeldfreien raum durch das magnetische vektorpotential eines solenoids[J]. Physikalische Blätter, 1962, 18(7): 299 – 305.

[50] TONOMURA A. Applications of electron holography[J]. Reviews of Modern Physics, 1987, 59(3): 639 – 669.

[51] AHARONOV Y, CASHER A. Topological quantum effects for neutral particles [J]. Physical Review Letters, 1984, 53(4): 319 – 321.

[52] CIMMINO A, OPAT G, KLEIN A, et al. Observation of the topological Aharonov-Casher phase shift by neutron interferometry[J]. Physical Review Letters, 1989, 63(4): 380 – 383.

[53] BERRY M V. Quantal phase factors accompanying adiabatic changes [J]. Proceedings of the Royal Society of London. Series A: Mathematical and Physical Sciences, 1984, 392(1802): 45 – 57.

[54] AHARONOV Y, ANANDAN J. Phase change during a cyclic quantum evolution[J]. Physical Review Letters, 1987, 58(16): 1593 – 1596.

[55] Mayer J R. Remarks on the forces of inorganic nature [J]. The London, Edinburgh, and Dublin Philosophical Magazine and Journal of Science, 1862, 24(162): 371 – 377.

[56] 曹则贤.什么是量子力学? [J].物理,2020,49(02): 91 – 100.

[57] 尼古拉·吉桑.跨越时空的骰子:量子通信、量子密码背后的原理[M].周荣庭,译.上海:上海科学技术出版社,2016.

[58] PENROSE R, MERMIN N D. The emperor's new mind: Concerning computers, minds, and the laws of physics[J]. American Journal of Physics, 1990, 58(12): 1214 – 1216.

[59] YU H, MCCULLER L, TSE M, et al. Quantum correlations between light and the kilogram-mass mirrors of LIGO[J]. Nature, 2020, 583(7814): 43 – 47.

[60] PATSYK A, SIVAN U, SEGEV M, et al. Observation of branched flow of light[J]. Nature, 2020, 583(7814): 60 – 65.

[61] KOTLER S, PETERSON G A, SHOJAEE E, et al. Direct observation of deterministic macros-copic entanglement [J]. Science, 2021, 372 (6542): 622 – 625.

[62] DE LEPINAY L M, OCKELOEN-KORPPI C F, WOOLLEY M J, et al. Quantum mechanicsf-ree subsystem with mechanical oscillators[J]. Science, 2021, 372(6542): 625 – 629.

[63] DEB A B, KJæRGAARD N. Observation of Pauli blocking in light scattering from quantum degenerate fermions[J]. Science, 2021, 374(6570): 972 – 975.

[64] MARGALIT Y, LU Y-K, TOP F Ç, et al. Pauli blocking of light scattering in degenerate fermions[J]. Science, 2021, 374(6570): 976 - 979.

[65] SANNER C, SONDERHOUSE L, HUTSON R B, et al. Pauli blocking of atom-light scattering[J]. Science, 2021, 374(6570): 979 - 983.

[66] HOPFIELD J. Electron transfer between biological molecules by thermally activated tunneling [J]. Proceedings of the National Academy of Sciences, 1974, 71(9): 3640 - 3644.

[67] ENGEL G S, CALHOUN T R, READ E L, et al. Evidence for wavelike energy transfer through quantum coherence in photosynthetic systems [J]. Nature, 2007, 446(7137): 782 - 786.

[68] THYRHAUG E, TEMPELAAR R, ALCOCER M J, et al. Identification and characterization of diverse coherences in the Fenna-Matthews-Olson complex [J]. Nature Chemistry, 2018, 10(7): 780 - 786.

[69] DEAN J C, MIRKOVIC T, TOA Z S D, et al. Vibronic enhancement of algae light harvesting[J]. Chem, 2016, 1(6): 858 - 872.

[70] ZHANG S, HEYES D J, FENG L, et al. Structural basis for enzymatic photocatalysis in chlorophyll biosynthesis [J]. Nature, 2019, 574 (7780): 722 - 725.

[71] DONG C-S, ZHANG W-L, WANG Q, et al. Crystal structures of cyanobacterial light-dependent protochlorophyllide oxidoreductase[J]. Proceedings of the National Academy of Sciences, 2020, 117(15): 8455 - 8461.

[72] LI P, RANGADURAI A, AL-HASHIMI H M, et al. Environmental effects on guanine-thymine mispair tautomerization explored with quantum mechanical / molecular mechanical free energy simulations [J]. Journal of the American Chemical Society, 2020, 142(25): 11183 - 11191.

[73] LAMBERT N, CHEN Y-N, CHENG Y-C, et al. Quantum biology[J]. Nature Physics, 2013, 9(1): 10 - 18.

[74] XU J, JAROCHA L E, ZOLLITSCH T, et al. Magnetic sensitivity of cryptochrome 4 from a migratory songbird[J]. Nature, 2021, 594 (7864): 535 - 540.

[75] SUN L, KALLOLIMATH S, PALT R, et al. Increased in vitro neutralizing activity of SARS-CoV-2 IgA1 dimers compared to monomers and IgG[J]. Proceedings of the National Academy of Sciences, 2021, 118(44): 1 - 2.

[76] SOYA S, TAKAHASHI T M, MCHUGH T J, et al. Orexin modulates behavioral fear expression through the locus coeruleus [J]. Nature Communications, 2017, 8(1): 1 - 14.

[77] KIM Y, PUHL III H L, CHEN E, et al. VenusA206 dimers behave coherently at room temperature[J]. Biophysical Journal, 2019, 116(10): 1918 - 1930.

[78] KIM Y, BERTAGNA F, D'SOUZA E M, et al. Quantum biology: An update and perspective[J]. Quantum Reports, 2021, 3(1): 80 - 126.

[79] WEN X-G. Four revolutions in physics and the second quantum revolution—A unification of force and matter by quantum information [J]. International Journal of Modern Physics B, 2018, 32(26): 1 - 21.

[80] 成素梅.改变观念：量子纠缠引发的哲学革命[M].北京：科学出版社,2020.

[81] JAMMER M. The conceptual development of quantum mechanics[M]. New York: McGraw-Hill, 1966.

[82] 文小刚.物理学的第二次量子革命[J].物理,2015,44(04): 261 - 266.

[83] 郭光灿.量子十问之十：第二次量子革命究竟要干什么？[J].物理,2019,48(07): 464 - 465.

[84] JAEGER L. The second quantum revolution: From entanglement to quantum computing and other super-technologies[M]. Göttingen: Copernicus,2018.

[85] 潘建伟.更好推进我国量子科技发展[J].红旗文稿,2020,23: 9 - 12.

[86] DEUTSCH I H. Harnessing the power of the second quantum revolution[J]. PRX Quantum, 2020, 1(2): 1 - 13.

[87] FEYNMAN R P. Simulating physics with computers[J]. International Journal of Theoretical Physics, 1982, 21(6): 467 - 488.

[88] DEUTSCH D. Quantum theory, the Church-Turing principle and the universal quantum computer[J]. Proceedings of the Royal Society of London. Series A: Mathematical and Physical Sciences,1985, 400(1818): 97 - 117.

[89] SHOR P W. Algorithms for quantum computation: Discrete logarithms and factoring[J]. Proceedings 35th Annual Symposium on Foundations of Computer Science, 1994, 124 - 134.

[90] GROVER L K. Quantum mechanics helps in searching for a needle in a haystack[J]. Physical Review Letters, 1997, 79(2): 325 - 328.

[91] BENNETT C H, WIESNER S J. Communication via one- and two-particle operators on Einstein-Podolsky-Rosen states [J]. Physical Review Letters, 1992, 69(20): 2881 - 2884.

[92] BENNETT C H, BRASSARD G. Quantum cryptography: Public key distribution and coin tossing[J]. Theoretical Computer Science, 2014, 560: 7 - 11.

[93] EKERT A K. Quantum cryptography based on Bell's theorem[J]. Physical Review Letters, 1991, 67(6): 661 - 663.

［94］ BENNETT C H, BRASSARD G, CREPEAU C, et al. Teleporting an unknown quantum state via dual classical and Einstein-Podolsky-Rosen channels［J］. Physical Review Letters, 1993, 70(13): 1895 – 1899.

［95］ WOOTTERS W K, ZUREK W H. A single quantum cannot be cloned［J］. Nature, 1982, 299 (5886): 802 – 803.

［96］ BENENTI G, CASATI G, STRINI G. Principles of quantum computation and information-volume II: Basic tools and special topics［M］. Singapore: World Scientific Publishing Company, 2007.

［97］ 中国通信学会.量子保密通信技及应用前沿报告［R］.北京:中国通信学会,2020.

［98］ 习近平.深刻认识推进量子科技发展重大意义,加强量子科技发展战略谋划和系统布局［N］.人民日报,2020 – 10 – 18(01).

［99］ DOWLING J P, MILBURN G J. Quantum technology: the second quantum revolution［J］. Philosophical Transactions of the Royal Society of London. Series A: Mathematical, Physical and Engineering Sciences, 2003, 361 (1809): 1655 – 1674.

［100］ ASPECT A. Introduction: John Bell and the second quantum revolution［M］// BELL J S. Speakable and unspeakable in quantum mechanics: Collected papers on quantum philosophy. New York: Cambridge University Press, 2004: 17 – 40.

［101］ VAN RAAMSDONK M. Building up spacetime with quantum entanglement ［J］. International Journal of Modern Physics D, 2010, 19(14): 2323 – 2329.

［102］ 戴维斯,布朗.原子中的幽灵［M］.易心洁,译.长沙:湖南科学技术出版社,1992.

［103］ 曾谨言,裴寿镛.量子力学新进展(第一辑)［M］.北京:北京大学出版社,2000.

［104］ 张永德.量子信息物理原理［M］.北京:科学出版社,2006.

［105］ PUTNAM H. A philosopher looks at quantum mechanics (again)［J］. The British Journal for the Philosophy of Science, 2020, 56: 615 – 634.

［106］ FRIEBE C, KUHLMANN M, LYRE H, et al. The philosophy of quantum physics［M］. Wies-baden: Springer, 2018.

［107］ 王为高.论科学认识的客观性原则——兼析客观性属人性观点［J］.河北学刊,1993(03): 29 – 34.

［108］ 李宏芳.量子理论对于哲学的挑战［J］.学习与探索,2010(06): 13 – 17.

［109］ 成素梅.量子理论的哲学宣言［J］.中国社会科学,2019(02): 49 – 58 + 204 – 205.

［110］ ZANOTTI L. Ontological entanglements, agency and ethics in international relations：Expl-oring the crossroads［M］. London：Routledge，2018.

［111］ MURPHY M. Analogy or actuality? How social scientists are taking the quantum leap［M］//Quantum Social Theory for Critical International Relations Theorists. Cham：Palgrave Macmillan，2021：37－57.

［112］ 曾晓洁.多元智能理论的教学新视野［J］.比较教育研究,2001(12)：25－29.

［113］ 钟志贤.多元智能理论与教育技术［J］.电化教育研究,2004(03)：7－11.

［114］ 陈建翔.量子教育学：一百年前"量子爆破"的现代回声［J］.教育研究, 2003,24(11)：3－10.

［115］ QADIR A. Quantum economics［J］. Pakistan Economic and Social Review, 1978, 16(3/4)：117－126.

［116］ BLACK F, SCHOLES M. The pricing of options and corporate liabilities［J］. Journal of Political Economy, 1973, 81(3)：637－654.

［117］ ILINSKI K N. Gauge physics of finance：Simple introduction［J］. arXiv：cond-mat/9811197, 1998.

［118］ SCHADEN M. Quantum finance［J］. Physica A：Statistical Mechanics and Its Applications, 2002, 316(1－4)：511－538.

［119］ SHUBIK M. Quantum economics, uncertainty and the optimal grid size［J］. Economics Letters, 1999, 64(3)：277－278.

［120］ WENDT A. Quantum mind and social science［M］. New York：Cambridge University Press, 2015.

［121］ ORRELL D. Quantum economics［J］. Economic Thought, 2018, 7(2)：63－81.

［122］ WANG Z, SOLLOWAY T, SHIFFRIN R M, et al. Context effects produced by question orders reveal quantum nature of human judgments［J］. Proceedings of the National Academy of Sciences, 2014, 111(26)：9431－9436.

［123］ BRANDENBURGER A, LA MURA P. Team decision problems with classical and quantum signals［J］. Philosophical Transactions of the Royal Society A：Mathematical, Physical and Engineering Sciences, 2016, 374(2058)：1－16.

［124］ KHRENNIKOV A. Quantum version of Aumann's approach to common knowledge：Sufficient conditions of impossibility to agree on disagree［J］. Journal of Mathematical Economics, 2015, 60：89－104.

［125］ AERTS D, HAVEN E, SOZZO S. A proposal to extend expected utility in a quantum probabi-listic framework［J］. Economic Theory, 2018, 65(4)：1079－1109.

［126］ OVERMAN E S. The new science of management：Chaos and quantum theory and method[J]. Journal of Public Administration Research and Theory, 1996, 6(1): 75 – 89.

[127] YUKALOV V I, SORNETTE D. Quantum decision theory as quantum theory of measurement[J]. Physics Letters A, 2008, 372(46): 6867 – 6871.

[128] ZOHAR D. A quantum mechanical model of consciousness and the emergence of "I"[J]. Minds and Machines, 1995, 5(4): 597 – 607.

[129] PAVLOVICH K, KRAHNKE K. Empathy, connectedness and organisation [J]. Journal of Business Ethics, 2012, 105(1): 131 – 137.

[130] HERACLEOUS L. Quantum strategy at apple inc[J]. Organizational Dynamics, 2013, 42(2): 92 – 99.

[131] 林永青.量子管理学与组织发展[J].金融博览,2019(4): 42 – 43.

[132] 许振亮,郭晓川.国际技术创新研究前沿领域的知识图谱分析——作者共被引网络与聚类分析视角[J].科学学研究,2011,29(11): 1625 – 1637.

[133] MILLER D, FRIESEN P H. Structural change and performance: Quantum versus piecemeal-incremental approaches [J]. Academy of Management Journal, 1982, 25(4): 867 – 892.

[134] ROBEY D, SAHAY S. Transforming work through information technology: A comparative case study of geographic information systems in county government[J]. Information Systems Research, 1996, 7(1): 93 – 110.

[135] BALDWIN C Y, CLARK K B. Managing in an age of modularity [J]. Harvard Business Review, 1997, 75(5): 84 – 93.

[136] 栾春娟,赵呈刚.基于 SCI 的基因操作技术国际前沿分析[J].技术与创新管理,2009,30(01): 11 – 13.

[137] HAVEN E, KHRENNIKOV A, KHRENNIKOV A I U. Quantum social science[M]. New York: Cambridge University Press, 2013.

[138] FEYNMAN R P, LEIGHTON R B, SANDS M. The Feynman lectures on physics: Volume III: Quantum mechanics [M]. Boston: Addison-Wesley, 1965.

[139] DELBECQ A L. Spiritually-informed management theory: Overlaying the experience of teaching managers[J]. Journal of Management Inquiry, 2005, 14(3): 242 – 246.

[140] BOHM D. Wholeness and the implicate order[M]. London: Routledge, 2005.

[141] BOJE D, BASKIN K. When storytelling dances with complexity: The search for Morin's keys [M]//Dance to the music of story: Understanding human behavior through the integration of storytelling complexity thinking. Litchfield Park: Emergent Publications. 2010: 21 – 38.

[142] FAIRHOLM M R. A new sciences outline for leadership development [J]. Leadership and Organization Development Journal, 2004, 25(4): 369 - 383.

[143] HARMON W. Global mind change: The promise of the last years of the twentieth century[M]. Indianapolis: Knowledge Systems, 1988.

[144] GREENE B. The hidden reality: Parallel universes and the deep laws of the cosmos[M]. New York: Vintage, 2011.

[145] WADDOCK S A. Leading corporate citizens: Vision, values, value added [M]. Boston: McGraw-Hill/Irwin, 2002.

[146] OTTOSSON S. Participation action research: A key to improved knowledge of management[J]. Technovation, 2003, 23(2): 87 - 94.

[147] LIU C H, ROBERTSON P J. Spirituality in the workplace: Theory and measurement[J]. Journal of Management Inquiry, 2011, 20(1): 35 - 50.

[148] CHEN M. West meets east: Enlightening, balancing and transcending [C]// Conference call for the 71st Academy of Management conference, San Antonio, 2011: 8 - 12.

[149] SEGAL W, SEGAL I E. The Black-Scholes pricing formula in the quantum context[J]. Procee-dings of the National Academy of Sciences, 1998, 95 (7): 4072 - 4075.

[150] ISHIO H, HAVEN E. Information in asset pricing: A wave function approach [J]. Annalen der Physik, 2009, 18(1): 33 - 44.

[151] SCHADEN M. A quantum approach to stock price fluctuations[J], arXiv: physics/0205053, 2002.

[152] HAVEN E. Private information and the 'information function': A survey of possible uses[J]. Theory and Decision, 2008, 64(2 - 3): 193 - 228.

[153] MILLER D. Evolution and revolution: A quantum view of structural change in organizations[J]. Journal of Management Studies, 1982, 19(2): 131 - 151.

[154] FIEGENBAUM A, THOMAS H. Industry and strategic group dynamics: Competitive strategy in the insurance industry, 1970 - 84 [J]. Journal of Management Studies, 1993, 30(1): 69 - 105.

[155] BARBER D, HUSELID M A, BECKER B E. Strategic human resource management at Quantum[J]. Human Resource Management, 1999, 38(4): 321 - 328.

[156] KILMANN R H. Quantum organizations: A new paradigm for achieving organizational success and personal meaning[M]. Palo Alto: Davies-Black, 2001.

[157] DYCK B, GREIDANUS N S. Quantum sustainable organizing theory: A

study of organization theory as if matter mattered[J]. Journal of Management Inquiry, 2017, 26(1): 32 - 46.

[158] LORD R G, DINH J E, HOFFMAN E L. A quantum approach to time and organizational change[J]. Academy of Management Review, 2015, 40(2): 263 - 290.

[159] 丹娜·左哈尔.量子领导者:商业思维和实践的革命[M]杨壮,施诺,译.北京:机械工业出版社,2016.

[160] 彭剑锋.量子思维,为管理体系换个大脑[J].人力资源,2017(10): 20 - 23.

[161] FRIS J, LAZARIDOU A. An additional way of thinking about organizational life and leadership: The quantum perspective [J]. Canadian Journal of Educational Administration and Policy, 2006, (48): 1 - 29.

[162] 叶青.互联网大数据时代下的新型商业模式及对量子管理学的思考[J].科技经济导刊,2019,(31): 11 - 12.

[163] 陈超美.CiteSpace II: 科学文献中新趋势与新动态的识别与可视化[J].陈悦,侯剑华,梁永霞,译.情报学报,2009(03): 401 - 421.

[164] 肖国芳,李建强.基于 SSCI 的技术转移研究热点与知识图谱分析[J].图书馆杂志,2014,33(05): 78 - 83.

[165] BUSEMEYER J R, POTHOS E M, FRANCO R, et al. A quantum theoretical explanation for probability judgment errors[J]. Psychological Review, 2011, 118(2): 193 - 218.

[166] YUKALOV V I, SORNETTE D. Decision theory with prospect interference and entanglement[J]. Theory and Decision, 2011, 70(3): 283 - 328.

[167] POTHOS E M, BUSEMEYER J R. Can quantum probability provide a new direction for cognitive modeling? [J]. Behavioral and Brain Sciences, 2013, 36(3): 255 - 274.

[168] BRUZA P, BUSEMEYER J, GABORA L. Introduction to the special issue on quantum cognition[J]. Journal of Mathematical Psychology, 2009, 53(5): 303 - 305.

[169] FILK T, ATMANSPACHER H. Epistemic entanglement due to non-generating partitions of classical dynamical systems [J]. International Journal of Theoretical Physics, 2013, 52(3): 723 - 734.

[170] AERTS D, SOZZO S. Quantum structure in cognition: Why and how concepts are entangled[C]//International symposium on quantum interaction. Berlin: Springer, 2011: 116 - 127.

[171] BUSEMEYER J R, WANG Z. Quantum cognition: Key issues and discussion [J]. Topics in Cognitive Science, 2014, 6(1): 43 - 46.

[172] BUSEMEYER J R, WANG Z, TOWNSEND J T. Quantum dynamics of human decisionmaking[J]. Journal of Mathematical Psychology, 2006, 50 (3): 220 – 241.

[173] MOGILIANSKY A L, ZAMIR S, ZWIRN H. Type indeterminacy: A model of the KT(Kahneman-Tversky)-man[J]. Journal of Mathematical Psychology, 2009, 53(5): 349 – 361.

[174] ASHTIANI M, AZGOMI M A. A survey of quantum-like approaches to decision making and cognition[J]. Mathematical Social Sciences, 2015, 75: 49 – 80.

[175] R. P. 费曼.物理定律的本性[M].关洪,译.长沙:湖南科学技术出版社, 2005.

[176] ZEILINGER A. A foundational principle for quantum mechanics [J]. Foundations of Physics, 1999, 29(4): 631 – 643.

[177] ZEILINGER A. Why the quantum? "It" from "bit"? A participatory universe? Three far-reaching challenges from John Archibald Wheeler and their relation to experiment[M]. New York: Cambridge University Press, 2011.

[178] ROVELLI C. Relational quantum mechanics [J]. International Journal of Theoretical Physics, 1996, 35(8): 1637 – 1678.

[179] ROVELLI C. Space is blue and birds fly through it [J]. Philosophical Transactions of the Royal Society A: Mathematical, Physical and Engineering Sciences, 2018, 376(2123): 1 – 13.

[180] ZUREK W H. Quantum darwinism[J]. Nature Physics, 2009, 5(3): 181 – 188.

[181] BARROW J D, DAVIES P C W, HARPER Jr C L. Science and ultimate reality: Quantum theory, cosmology, and complexity [M]. New York: Cambridge University Press, 2004.

[182] SATTIN D, MAGNANI F G, BARTESAGHI L, et al. Theoretical models of consciousness: A scoping review[J]. Brain Sciences, 2021, 11(5): 535 – 592.

[183] HAMEROFF S R, PENROSE R. Conscious events as orchestrated space-time selections[J]. Journal of Consciousness Studies, 1996, 3(1): 36 – 53.

[184] STUART H. Quantum computation in brain microtubules? The Penrose-Hameroff "Orch OR" model of consciousness[J]. Philosophical Transactions of the Royal Society of London. Series A: Mathematical, Physical and Engineering Sciences, 1998, 356(1743): 1869 – 1896.

[185] ARGONOV V. Neural correlate of consciousness in a single electron: Radical

answer to "quantum theories of consciousness" [J]. Neuroquantology, 2012, 10(2): 276 – 285.

[186] GEORGIEV D. Quantum no-go theorems and consciousness[J]. Axiomathes, 2013, 23(4): 683 – 695.

[187] GEORGIEV D. Quantum information theoretic approach to the mind-brain problem[J]. Progress in Biophysics and Molecular Biology, 2020, 158: 16 – 32.

[188] STAPP H P. Quantum theory and the role of mind in nature[J]. Foundations of Physics, 2001, 31(10): 1465 – 1499.

[189] HAMEROFF S. Consciousness, microtubules, & "Orch OR": A "space-time odyssey" [J]. Journal of Consciousness Studies, 2014, 21(3 – 4): 126 – 153.

[190] WANG H, SUN Y. On quantum models of the human mind[J]. Topics in Cognitive Science, 2014, 6(1): 98 – 103.

[191] ALFONSECA M, ORTEGA A, De La Cruz M, et al. A model of quantum-von Neumann hybrid cellular automata: Principles and simulation of quantum coherent superposition and decoherence in cytoskeletal microtubules [J]. Quantum Information Computation, 2015, 15(1 – 2): 22 – 36.

[192] EKOSSO M C, FOTUE A J, FOTSIN H, et al. Information processing and thermodynamic properties of microtubules [J]. Pramana, 2021, 95 (1): 1 – 12.

[193] LITT A, ELIASMITH C, KROON F W, et al. Is the brain a quantum computer? [J]. Cognitive Science, 2006, 30(3): 593 – 603.

[194] HAMEROFF S R, Craddock T J A, TUSZYNSKI J A. Quantum effects in the understanding of consciousness [J]. Journal of Integrative Neuroscience, 2014, 13(2): 229 – 252.

[195] FISHER M P A. Quantum cognition: The possibility of processing with nuclear spins in the brain[J]. Annals of Physics, 2015, 362: 593 – 602.

[196] WEISBERG D S, HOPKINS E J, TAYLOR J C V. People's explanatory preferences for scientific phenomena[J]. Cognitive Research: Principles and Implications, 2018, 3(1): 1 – 14.

[197] GERVAIS W M. Override the controversy: Analytic thinking predicts endorsement of evolution[J]. Cognition, 2015, 142: 312 – 321.

[198] BRUZA P D, WANG Z, BUSEMEYER J R. Quantum cognition: A new theoretical approach to psychology[J]. Trends in Cognitive Sciences, 2015, 19(7): 383 – 393.

[199] JOHNSON N F. Two's company, three is complexity[M]. Oxford: Oneworld

Book，2007.

［200］ M. 盖尔曼.夸克与美洲豹［M］.杨建邺,李湘莲,等,译.长沙：湖南科学技术出版社,1997.

［201］ LLOYD S. Programming the universe：A quantum computer scientist takes on the cosmos［M］. New York：Vintage，2006.

［202］ BRUZA P D, WANG Z, BUSEMEYER J R. Quantum cognition：A new theoretical approach to psychology［J］. Trends in Cognitive Sciences，2015，19(7)：383 – 393.

［203］ BUSEMEYER J R, BRUZA P D. Quantum models of cognition and decision［M］. New York：Cambridge University Press，2012.

［204］ HAVEN E, KHRENNIKOV A, KHRENNIKOV A I U. Quantum social science［M］. New York：Cambridge University Press，2013.

［205］ TVERSKY A, KAHNEMAN D. Extensional versus intuitive reasoning：The conjunction fallacy in probability judgment［J］. Psychological Review，1983，90(4)：293 – 315.

［206］ 丹尼尔・卡尼曼.思考,快与慢［M］.胡晓姣,李爱民,何梦莹,译.北京：中信出版社,2012.

［207］ BUSEMEYER J R, POTHOS E M, FRANCO R, et al. A quantum theoretical explanation for probability judgment errors［J］. Psychological Review，2011，118(2)：193 – 218.

［208］ KHRENNIKOV A. ' Social Laser '：Action amplification by stimulated emission of social energy［J］. Philosophical Transactions of the Royal Society A：Mathematical，Physical and Engineering Sciences，2016，374 (2058)：1 – 13.

［209］ DONALD M J. We are not walking wave functions. A response to "Quantum Mind and Social Science" by Alexander Wendt［J］. Journal for the Theory of Social Behaviour，2018，48(2)：157 – 161.

［210］ BUYALSKAYA A, GALLO M, CAMERER C F. The golden age of social science［J］. Procee-dings of the National Academy of Sciences，2021，118 (5)：1 – 11.

［211］ FUKUYAMA F. The end of history？［J］. The National Interest，1989(16)：3 – 18.

［212］ BECKER T. Quantum politics：Applying quantum theory to political phenomena［M］.Westport：Praeger，1991.

［213］ 吴冠军.“全球化”向何处去？［J］.天涯,2009(06)：182 – 192.

［214］ 吴冠军.“历史终结”时代的“伊斯兰国”：一个政治哲学分析［J］.探索与争

鸣,2016(02):9 - 15+2.

[215] 吴冠军.从英国脱欧公投看现代民主的双重结构性困局[J].当代世界与社会主义,2016(06):26 - 34.

[216] 吴冠军.阈点中的民主——2016 年美国总统大选的政治学分析[J].探索与争鸣,2017(02):16 - 23.

[217] FUKUYAMA F. Political order and political decay:From the industrial revolution to the globalization of democracy[M]. New York:Macmillan,2014.

[218] MUNRO W B. Physics and politics — An old analogy revised1[J]. American Political Science Review, 1928, 22(1):1 - 11.

[219] DIZEREGA G. Integrating quantum theory with post-modern political thought and action:The priority of relationships over objects[J]. Quantum Politics:Applying Quantum Theory to Political Phenomena, 1991:65 - 97.

[220] 吴冠军.神圣人、机器人与"人类学机器"——20 世纪大屠杀与当代人工智能讨论的政治哲学反思[J].上海师范大学学报(哲学社会科学版),2018,47(06):42 - 53.

[221] 弗朗西斯·福山.我们的后人类未来:生物科技革命的后果[M].黄立志,译.桂林:广西师范大学出版社,2017.

[222] 弗朗西斯·福山.从历史的终结到民主的崩坏:弗朗西斯·福山讲座[M].台北:联经出版公司,2018.

[223] 吴冠军.家庭结构的政治哲学考察——论精神分析对政治哲学一个被忽视的贡献[J].哲学研究,2018(04):93 - 102.

[224] 吴冠军.有人说过"大他者"吗?——论精神分析化的政治哲学[J].同济大学学报(社会科学版),2015,26(05):75 - 84.

[225] BRYANT W R. Quantum politics:Greening state legislatures for the new millennium[M]. Oakland:New Issues Poetry & Prose, 1993.

[226] NORDIN I. Quantum politics[J]. Reason Papers, 1994, 19:181 - 182.

[227] 吴冠军.竞速统治与后民主政治——人工智能时代的政治哲学反思[J].当代世界与社会主义,2019(06):28 - 36.

[228] 吴冠军.速度与智能——人工智能时代的三重哲学反思[J].山东社会科学,2019(06):13 - 20.

[229] KAZEMI A A. Quantum politics new methodological perspective[J]. International Studies Journal, 2015, 12(1):89 - 102.

[230] GOSWAMI A. Quantum politics:Saving democracy[M]. Eugene:Luminare Press, 2020.

[231] FOUCAULT M. Discipline and punish:The birth of the prison[M]. New

York: Vintage, 2012.

[232] FOUCAULT M. Security, territory, population: Lectures at the Collège de France, 1977－78[M]. Berlin: Springer, 2007.

[233] FOUCAULT M, DAVIDSON A I, BURCHELL G. The government of self and others: Lectures at the Collège de France, 1982－1983[M]. Berlin: Springer, 2010.

[234] FOUCAULT M. Les mots et les choses: une archéologie des sciences humaines[M]. Paris: Gallimard, 1966.

[235] 吴冠军.绝望之后走向哪里?——体验"绝境"中的现代性态度[J].开放时代,2001(9): 47－59.

[236] FOUCAULT M. The foucault reader[M]. Paris: Pantheon, 1984.

[237] 米歇尔·福柯.什么是启蒙?[J].徐前进,译.政治思想史,2015(01): 183－195.

[238] 米歇尔·福柯.权力的眼睛——福柯访谈录[M].严锋,译.上海: 上海人民出版社,1997.

[239] 詹姆斯·米勒.福柯的生死爱欲[M].高毅,译.上海: 上海人民出版社,2003.

[240] BARAD K. Meeting the universe halfway[M]. Durham: Duke University Press, 2007.

[241] LATOUR B. Pandora's hope: Essays on the reality of science studies[M]. Cambridge: Harvard University Press, 1999.

[242] BENNETT J. Vibrant matter: A poltical ecology of things[M]. Durham: Duke University Press, 2010.

[243] LATOUR B. Politics of nature: How to bring the sciences into democracy[M]. Cambridge: Harvard University Press, 2004.

[244] KIRBY V. Quantum anthropologies: Life at large[M]. Durham: Duke University Press, 2011.

[245] 吴冠军.陷入奇点: 人类世政治哲学研究[M].北京: 商务印书馆,2021.

[246] 马春雷,路强.走向后人类的哲学与哲学的自我超越——吴冠军教授访谈录[J].晋阳学刊,2020(04): 3－10.

[247] SCHRÖDINGER E. What is life?[M]. New York: Cambridge University Press, 1992.

[248] 吉姆·艾尔-哈利利,约翰乔·麦克法登.神秘的量子生命[M].侯新智,祝锦杰,译.杭州: 浙江人民出版社,2016.

[249] BAILY C, FINKELSTEIN N D. Development of quantum perspectives in modern physics[J]. Physical Review Special Topics-Physics Education

Research, 2009, 5(1): 1 - 8.

[250] SELBY D. Global education: Towards a quantum model of environmental education[J]. Canadian Journal of Environmental Education, 1999, 4: 125 - 141.

[251] KIFT S. A decade of transition pedagogy: A quantum leap in conceptualising the first year experience[J]. Herdsa Review of Higher Education, 2015, 2 (1): 51 - 86.

[252] GODWIN A, POTVIN G, HAZARI Z, et al. Identity, critical agency, and engineering: An affective model for predicting engineering as a career choice [J]. Journal of Engineering Education, 2016, 105(2): 312 - 340.

[253] SCHWARTZ D L, BRANSFORD J D, SEARS D. Efficiency and innovation in transfer [J]. Transfer of Learning From a Modern Multidisciplinary Perspective, 2005, 3: 1 - 51.

[254] WINEBURG S. Reading Abraham Lincoln: An expert/expert study in the interpretation of historical texts[J]. Cognitive Science, 1998, 22(3): 319 - 346.

[255] BECKER G S, CHISWICK B R. Education and the distribution of earnings [J]. The American Economic Review, 1966, 56(1/2): 358 - 369.

[256] DENG Z, TREIMAN D J. The impact of the cultural revolution on trends in educational attainment in the People's Republic of China[J]. American Journal of Sociology, 1997, 103(2): 391 - 428.

[257] MATSUBARA H. The family and Japanese society after world war II[J]. The Developing Economies, 1969, 7(4): 499 - 526.

[258] 张瑞玲.农村居民代际职业流动影响因素分析——基于河南省蔡寨村的调查[J].江西农业大学学报(社会科学版),2010,9(02): 36 - 41.

[259] 郭丛斌,闵维方.中国城镇居民教育与收入代际流动的关系研究[J].教育研究,2007(05): 3 - 14.

[260] TERENZINI P T, PASCARELLA E T. Studying college students in the 21st century: Meeting new challenges[J]. The Review of Higher Education, 1998, 21(2): 151 - 165.

[261] 钱旭红.改变思维(新版)[M].上海: 上海文艺出版社,2020.

[262] HAVEN E, SOZZO S. A generalized probability framework to model economic agents' decisi-ons under uncertainty [J]. International Review of Financial Analysis, 2016, 47: 297 - 303.

[263] LIPOVETSKY S. Quantum paradigm of probability amplitude and complex utility in entangled discrete choice modeling[J]. Journal of Choice Modelling,

2018, 27: 62 - 73.

[264] RAE A I M. Quantum physics: A beginner's guide[M]. Manhattan: Simon and Schuster, 2005.

[265] BOJE D M. Dance to the music of story: Understanding human behavior through the integration of storytelling an complexity thinking[M]. Arlington: Institute for Society, Culture and Envir-onment, 2011.

[266] SHELTON C K, DARLING J R. The quantum skills model in management: A new paradigm to enhance effective leadership [J]. Leadership and Organization Development Journal, 2001, 22(6): 264 - 273.

[267] CARCE J. Finite and infinite games: A vision of life as play and possibility [M]. New York : Ballantine, 1987.

[268] CHURCHILL G A, JR. A paradigm for developing better measures of marketing constructs [J]. Journal of Marketing Research, 1979, 16 (1): 64 - 73.

[269] DROLET A, LUCE M F, JIANG L, et al. The preference for moderation scale[J]. Journal of Consumer Research, 2021, 47(6): 831 - 854.

[270] TIERNEY P, FARMER S M, GRAEN G B. An examination of leadership and employee crea-tivity: The relevance of traits and relationships [J]. Personnel Psychology, 1999, 52(3): 591 - 620.

[271] CARMELI A, REITER-PALMON R, ZIV E. Inclusive leadership and employee involvement in creative tasks in the workplace: The mediating role of psychological safety[J]. Creativity Research Journal, 2010, 22(3): 250 - 260.

[272] PEACOCK K A. The quantum revolution: A historical perspective [M]. Westport: Greenwood Press, 2008.

[273] DOWLING J P, MILBURN G J. Quantum technology: The second quantum revolution[J]. Philosophical Transactions of the Royal Society of London. Series A: Mathematical, Physical and Engineering Sciences, 2003, 361 (1809): 1655 - 1674.

[274] 文小刚.物理学的第二次量子革命[J].物理,2015,44(04): 261 - 266.

[275] 王永锋.第二次量子革命意味着什么[N].光明日报,2020 - 10 - 22(02).

[276] 潘建伟:从爱因斯坦的好奇心到量子信息科技[R].杭州:西湖大学,2020.

[277] SCHLOSSHAUER M A. Decoherence: And the quantum-to-classical transition[M]. Berlin: Springer Science & Business Media, 2007.

[278] DERSARKISSIAN M. Does wave-particle duality apply to galaxies? [J]. Nuovo Cimento Lettere, 1984, 40(13): 390 - 394.

[279] RABITZ H, DE VIVIE-RIEDLE R, MOTZKUS M, et al. Whither the future of controlling quantum phenomena？[J]. Science, 2000, 288(5467)：824 - 828.

[280] MCFADDEN J, AL-KHALILI J. Life on the edge：The coming of age of quantum biology[M]. New York：Broadway Books, 2016.

[281] TURNER M. Outgrowing einstein[J]. Symmetry：Dimensions of Particle Physics, 2004, 1(2)：3.

[282] BAGGOTT J E, BAGGOTT J. Beyond measure：Modern physics, philosophy, and the meaning of quantum theory[M]. Oxford：Oxford University Press, 2004.

[283] SCHRÖDINGER E. Discussion of probability relations between separated systems[C]// Mathematical Proceedings of the Cambridge Philosophical Society. New York：Cambridge University Press, 1935, 31(4)：555 - 563.

[284] WATSON J D, CRICK F H C. Molecular structure of nucleic acids：A structure for deoxyribose nucleic acid[J]. Nature, 1953, 171(4356)：737 - 738.

[285] KUMAR M. Quantum：Einstein, Bohr, and the great debate about the nature of reality[M]. New York：W. W. Norton & Company, 2010.

[286] GREENSTEIN G, ZAJONC A. The quantum challenge：Modern research on the foundations of quantum mechanics[M]. Burlington：Jones & Bartlett Learning, 2006.

[287] JONES N, SAVILLE N, SALAMOURA A. Learning oriented assessment[M]. New York：Cambridge University Press, 2016.

[288] 陈建翔.相拥而舞：《道德经》教育美学探微[J].教育研究,2016,37(02)：141 - 145+155.

[289] 覃京燕.覃京燕：量子思维对人工智能与创新设计的影响[J].设计,2019,32(24)：81 - 82.

[290] ZHONG H S, WANG H, DENG Y H, et al. Quantum computational advantage using photons[J]. Science, 2020, 370(6523)：1460 - 1463.

[291] 恩格斯.反杜林论[M].北京：人民出版社,1999.

[292] BAGOZZI R P, YI Y. On the evaluation of structural equation models[J]. Journal of the Academy of Marketing Science, 1988, 16(1)：74 - 94.

附录1

《管理者量子思维量表》的开发

何佳讯

我们遵循丘吉尔提出的量表开发程序,在管理情境中进行《管理者量子思维量表》的开发工作[268]。基于长期以来的量表开发经验,我们进行深入的理论研究(详见第三章第二节),建立理论性的构想维度,召开专家咨询会,确定理论构想维度。在此基础上,对每个维度写出候选测项,再召开专家咨询会,进行讨论和调整,生成初始测量题项库。然后采用问卷调查方法,收集数据进行探索性因子分析;通过数据分析精简初始量表的测项,形成正式量表;进一步地,采用新的数据样本进行验证性因子分析。最后,通过大量的工作,对量表应用的可靠性进行效度检验。这在第七章第二节中已专门进行了介绍。

S.1.1 问卷设计与测试样本

根据本研究的总体目标,设计三套问卷在管理者中开展调研。每套问卷都分为三大部分。第一部分为量子思维量表的 30 个测项,第二部分为进行效度验证的变量测项,第三部分为被试的背景资料。

三套问卷除第二部分中有关效标变量的测量题项不同外,其余部分内容都相同。这三套问卷在本章中分别称为样本 1、样本 2 和样本 3。这三个样本分别用于效度验证(在第七章第三节中有介绍)。对这三个样本第一部分的 30 个量子思维测项总分进行 ANOVA 分析,表明无显著差异

（F＝2.738，df＝2，p＝0.065），于是对三个样本（除效标变量部分）进行合并处理，得到样本 4。这个总样本用于人口统计分析的应用验证。随后对样本 1 进行探索性因子分析，将样本 2 和样本 3 合并得到样本 5 进行验证性因子分析。

样本 6 为新的数据，以西部某高校教师为测试对象，以"员工创造力"和"包容性领导力"为效标变量进行效度检验。分别从该校文科学院教师（体育学院、外语学院、民族研究院、财经学院、研究生院、马克思主义学院、教育学院、新闻与传播学院、法学院、管理学院及教务处）和理科学院教师（信息工程学院和医学部）两个层面收集数据，共计 61 份。所有 6 个样本的人口特征分布情况见附表 1－1。

附表 1－1　样本特征分布

	样本 1 （N＝321）	样本 2 （N＝133）	样本 3 （N＝199）	样本 4 （N＝653）	样本 5 （N＝332）	样本 6 （N＝61）
	研究一、四	研究五	研究六	研究三	研究二	研究七
性别（％）						
男	61.0	62.4	47.2	42.9	53.3	77.0
女	38.9	37.6	52.7	57.1	46.6	22.9
年龄（％）						
19～25 周岁	15.8	13.5	3.0	11.5	7.2	
26～35 周岁	40.8	24.1	63.8	44.4	47.8	19.6
36～45 周岁	31.7	48.9	27.6	34.0	36.1	68.8
45 周岁以上	11.5	13.5	5.5	10.1	8.7	11.4
教育（％）						
高中及以下	0.6	2.3	2.5	1.5	2.4	

	样本 1（N = 321）	样本 2（N = 133）	样本 3（N = 199）	样本 4（N = 653）	样本 5（N = 332）	样本 6（N = 61）
	研究一、四	研究五	研究六	研究三	研究二	研究七
大专	3.1	5.3	5.0	4.1	5.1	
本科	26.7	39.8	29.1	30.2	33.4	4.9
研究生及以上	69.4	52.6	63.3	64.2	59.0	95.0
职位（%）						
基层	61.9	32.3	45.7	51.0	40.3	11.4
中层	26.4	27.1	42.2	31.4	36.1	55.7
高层	11.5	40.6	12.0	17.6	23.4	32.7

S.1.2　探索性因子分析

　　开发测量量表的前提是生成和提炼测量题项。我们全面检索涉及量子思维的国内外相关文献,总结和概括相应的理论维度,召开专家咨询会,审议通过理论维度的建立。然后在此基础上写出在表面效度和内容效度上符合相应维度定义的候选测项,再召开专家咨询会,对测项进行讨论和修改。

　　经过上述工作,量子思维确定为不确定性思维、整体关联性思维、多向相容性思维、跃迁不连续思维和灵悟能动性思维五个维度。所有 5 个维度共包括 30 个测项(每个维度 6 个测项),至此完成正式量表编制和验证的准备工作。

　　第一阶段的数据分析使用样本 1,采用项目分析和探索性因子分析方法对量子思维原始的 30 个测项进行筛选,初步探明因子之间的结构和关系。数据分析使用统计软件为 SPSS17.0。样本 1 的基本情况见附表 1－1。首先进行问卷筛选,累计回收问卷 485 份,删除无效问卷(存在数据缺失或所有题目均选择同一选项)164 份,保留有效问卷 321 份,问卷回收有效率为 66.20%。其次进行量表信度分析,删除项目-总体相关系数小于 0.4 的 4 个测项,保留 26 个测项。再进行因子负荷检验,对旋转后测项的因子负荷小于 0.40 或者同时在两个因子上的负荷都大于 0.40 的做删除处理,结合语义分析,最终保留 22 个测项。最后采用正交转轴的主成分因子分析法,检验结果得到 KMO 值为 0.89,巴特利特球体检验的 $\chi^2 =$ 2 399.26(df = 231,p = 0.00),得到 5 个因子。附表 1－2 为因子分析的相关统计量。

附表 1－2　《管理者量子思维量表》的测项及因子负荷

测　　项	因　子　负　荷				
	心物交融性思维(MOBT)	多向相容性思维(MCT)	复杂关联性思维(CRT)	跃迁不连续思维(LDT)	不确定性思维(UT)
1. 在工作中我意识到自己有内在的驱动力。	**0.71**	0.12	0.11	0.06	0.19
2. 我善于以整体关联的思维开展工作。	**0.71**	0.14	0.14	0.30	0.01
3. 我认为自己在工作中有整体关联性思维。	**0.68**	0.15	0.18	0.35	0.02
4. 我有时会与自己的心灵进行交流对话。	**0.57**	−0.09	0.24	0.35	0.19
5. 矛盾冲突通常可以用包容和转化的形式解决。	**0.53**	0.26	0.13	−0.03	0.16
6. 我感觉自己有很强大的心理能量。	**0.52**	0.41	−0.02	0.15	0.05

测　　项	因　子　负　荷				
	心物交融性思维（MOBT）	多向相容性思维（MCT）	复杂关联性思维（CRT）	跃迁不连续思维（LDT）	不确定性思维（UT）
7. 和谐和包容对世界的发展是重要的。	0.10	**0.76**	0.24	0.08	0.17
8. 我通过协同的意识和办法提高工作效率和效益。	0.38	**0.70**	0.21	0.12	0.05
9. 我喜欢世界万物的多样性。	0.08	**0.65**	0.10	0.10	0.34
10. 在生活和工作中我喜欢灵活和变通。	0.17	**0.64**	0.17	0.42	−0.06
11. 世间万象存在千丝万缕的复杂关系。	0.11	0.21	**0.72**	0.13	0.08
12. 与场景联系在一起才能更好地理解事物。	0.24	0.11	**0.64**	−0.03	−0.14
13. 宇宙万象瞬息万变，充满不确定性。	0.00	0.07	**0.63**	0.26	0.41
14. 我认为主体和客体是相互影响和促进的。	0.24	0.21	**0.61**	0.02	0.06
15. 不确定性是生活和工作中的常态。	0.02	0.02	**0.61**	0.07	0.25
16. 在思考问题时我会不断地联想和发散。	0.19	0.17	0.08	**0.75**	0.00
17. 我经常意识到自己的思维是跳跃的。	0.24	0.03	0.16	**0.66**	0.08
18. 在生活和工作中我有天马行空般的想象力。	0.15	0.18	−0.08	**0.57**	0.23

测　　项	因　子　负　荷				
	心物交融性思维（MOBT）	多向相容性思维（MCT）	复杂关联性思维（CRT）	跃迁不连续思维（LDT）	不确定性思维（UT）
19. 不确定性思维有利于我们更好地与世界相处。	0.27	0.24	0.09	**0.43**	**0.43**
20. 我乐于接受事物的变化是不连续的。	0.26	0.08	0.18	0.03	**0.75**
21. 我乐于接受生活和工作中的不确定性。	0.27	0.36	0.07	0.20	**0.61**
22. 世界的未来是无限变化、难以预测的。	−0.25	0.14	0.28	**0.44**	**0.47**
初始特征值	3.06	2.57	2.52	2.41	1.91
解释的总方差贡献率%（累计 56.71%）	13.94	11.68	11.45	10.94	8.70
测项数	6	4	5	4	3
平均值	5.43	5.94	6.26	5.17	5.29
标准差	0.82	0.81	0.68	0.92	1.05
因子 Cronbach α 系数	0.79	0.79	0.72	0.70	0.63

注：（1）提取方法为主成分分析法；旋转法：具有 Kaiser 标准化的正交旋转法。旋转在 8 次迭代后收敛。因素负荷量大于 0.4 者标以黑粗体。（2）采用 Likert7 点量表，分值为 1~7。

　　根据各个因子的实际测项构成，分别命名为"心物交融性思维"（Mind-object Blending Thinking，缩写为 MOBT）、"多向相容性思维"（Multidirectional Compatibility Thinking，缩写为 MCT）、"复杂关联性思

维"(Complex Relevant Thinking,缩写为 CRT)、"跃迁不连续思维"(Leap Discontinuous Thinking,缩写为 LDT)和"不确定性思维"(Uncertainty Thinking,缩写为 UT)。5 个因子与量子思维量表总体的相关系数在 0.63 至 0.80 之间,$r_{MOBT}=0.80(p<0.01)$,$r_{MCT}=0.79(p<0.01)$,$r_{CRT}=0.76(p<0.01)$,$r_{LDT}=0.70(p<0.01)$,$r_{UT}=0.63(p<0.01)$,表明它们汇聚于共同的构念。5 个因子之间的相关系数分别为 $r_{MOBT-MCT}=0.55(p<0.01)$,$r_{MOBT-CRT}=0.43(p<0.01)$,$r_{MOBT-LDT}=0.54(p<0.01)$,$r_{MOBT-UT}=0.42(p<0.01)$,$r_{CRT-MCT}=0.45(p<0.01)$,$r_{LDT-MCT}=0.48(p<0.01)$,$r_{UT-MCT}=0.48(p<0.01)$,$r_{CRT-LDT}=0.35(p<0.01)$,$r_{CRT-UT}=0.46(p<0.01)$,$r_{LDT-UT}=0.51(p<0.01)$,为中度显著相关,表明既有良好的收敛效度,也有明显的区分效度。

S.1.3　验证性因子分析

本研究以另一个独立样本 6 为分析数据,采用最大似然估计法进行验证性因子分析,评估量子思维量表的构念效度。统计软件为 AMOS 26.0。尽管上述研究得到的五因子结构与理论建构基本一致,但由于这 5 个因子与量表总体之间具有较高的相关度,也可能这 5 个一阶因子归属于更高阶的因子,而且,在 5 个因子中是否存在多个因子合并的可能,需要通过多模型比较进行验证。

本研究共设置 6 个模型,通过理论模型与样本数据之间的拟合检验,比较不同模型的特征和优劣。对 6 个模型进行假设说明:(1)一因子模型,即所有22 个测项的协方差由一个单因子来解释;(2)二因子相关模型,假设 5 个因子中的 4 个合并为一个因子,并与剩余的一个因子相关;(3)三因子相关模型,假设 5 个因子中的 3 个合并为一个因子,并与另外两个因子相关;(4)四因子相关模型,假设 5 个因子中的 2 个合并为一个因子,并与另外 3 个因子相关;(5)五因子相关模型,即 5 个因子互相相关;(6)二阶单因子模型,即存在一个高阶因子主宰 5 个一阶因子。附表 1-3 集中对比了各模型的拟合指标。

附表 1-3 《管理者量子思维量表》各模型的拟合指标

竞争性模型	χ^2(df)	χ^2/df	RMSEA	GFI	NNFI	CFI	χ^2变化检验
一因子模型	837.52(209)	4.01	0.095	0.79	0.71	0.74	—
二因子相关模型（MOBT、UT、MCT 与 CRT 联合,LDT）	808.95(208)	3.89	0.093	0.79	0.72	0.75	28.57[***]
三因子相关模型（MCT、UT 与 LDT 联合,MOBT,CRT）	602.64(206)	2.93	0.076	0.85	0.81	0.83	206.31[***]
四因子相关模型（MOBT 与 UT 联合,MCT,CRT,LDT）	577.74(203)	2.85	0.075	0.86	0.82	0.84	24.9[***]
五因子相关模型	**511.58(199)**	**2.57**	**0.069**	**0.87**	**0.85**	**0.87**	**66.16[***]**
二阶单因子模型	522.01(204)	2.56	0.069	0.87	0.85	0.87	10.43

注：[***] 表示显著性水平小于 0.001。

　　把五因子相关模型与多因子相关模型进行比较发现,从一因子模型直到五因子相关模型,χ^2不断减小,其与自由度对应变化的检验均显著。二因子相关模型与一因子模型相比,χ^2显著减少 28.57($p<0.001$）;三因子相关模型与二因子相关模型相比,χ^2减少 206.31($p<0.001$）;四因子相关模型与三因子相关模型相比,χ^2减少 24.9($p<0.001$）;五因子相关模型与四因子相关模型相比,χ^2减少 66.16($p<0.001$）。同时,绝对指数（RMSEA、GFI）、相对指数（NNFI、CFI）的适配情形得以改善。这表明,把 5 个因子作为个别独立维度的存在要比它们合并更优。这个结果支持了五因子相关模型的区分效度。

　　把五因子相关模型与二阶单因子模型进行比较发现,与二阶单因子模型相比,五因子相关模型的 χ^2 减少了 10.43,与变化 5 个自由度相比,其变化的检验不显著(p>0.05),测量模型的其他拟合指数等同,表明二阶单因子模型与五因子相关模型旗鼓相当。构想模型的合理性得以验证。

S.1.4　信度和效度分析

首先进行信度分析。由附表 1-4 可知,5 个潜变量的组合信度介于 0.63 至 0.80 之间,高于巴戈兹(Richard Bagozzi)和李有在(Youjae Yi)推荐的大于 0.6 的要求[320]。22 个测项的标准化载荷介于 0.43 至 0.80 之间,除 MOBT5、CRT5 和 UT3 三个测项外,剩余 19 个测项的标准化载荷均大于或等于 0.54,符合"可以接受标准化载荷介于 0.5 至 0.6 之间"的要求。

附表 1-4　《管理者量子思维量表》的验证性因子分析结果:变量载荷、组合信度和平均方差抽取量

潜变量	题 项	标准化载荷	T 值	标准误差	测量误差	ρ_c	AVE
心物交融性思维	MOBT1	0.67	15.39	0.04	0.56	0.80	0.40
	MOBT2	0.70	14.10	0.05	0.52		
	MOBT3	0.72	16.47	0.04	0.48		
	MOBT4	0.54	8.94	0.06	0.71		
	MOBT5	0.43	6.91	0.06	0.82		
	MOBT6	0.68	18.54	0.04	0.54		
多向相容性思维	MCT1	0.69	12.46	0.06	0.53	0.80	0.50
	MCT2	0.80	23.35	0.03	0.36		
	MCT3	0.68	8.27	0.08	0.54		
	MCT4	0.64	11.50	0.06	0.59		

潜变量	题 项	标准化载荷	T 值	标准误差	测量误差	ρ_c	AVE
复杂关联性思维	CRT1	0.74	20.82	0.04	0.45	0.76	0.39
	CRT2	0.59	11.16	0.05	0.65		
	CRT3	0.63	11.92	0.05	0.60		
	CRT4	0.64	11.47	0.06	0.59		
	CRT5	0.48	7.89	0.06	0.77		
跃迁不连续思维	LDT1	0.69	12.01	0.06	0.53	0.70	0.37
	LDT2	0.58	8.96	0.06	0.67		
	LDT3	0.56	9.13	0.06	0.69		
	LDT4	0.59	9.29	0.06	0.65		
不确定性思维	UT1	0.68	11.18	0.06	0.54	0.63	0.37
	UT2	0.65	8.11	0.08	0.58		
	UT3	0.48	5.92	0.08	0.77		

其次,借助平均方差抽取量(AVE)评价量表的收敛效度。经计算,5 个因子的 AVE 值介于 0.37 至 0.50 之间,此项指标低于巴戈兹和李有在提出的大于 0.50 的要求。这表明测量误差高于潜变量方差对总方差的贡献。

最后,采用多种独立方法检验区分效度。除上述检验比较量子思维量表的五因子模型与因子更少的替代性测量模型之间的 χ^2 统计量变化的方法外,再采用两种方法。第一种方法是检验比较每个因子 AVE 值的平方根与因子之间相关系数,区分效度要求 AVE 的平方根大于所有相关系数值的估计。由附表 1-5 可知,对角线上因子平均抽取方差(AVE)的平方根并不全部大于 5 个因子间的相关系数,这个评价没有得到支持。第二种方法是检验量表因子两两之间的相关性,为了表明因子之间具有独立性,这种相关性应该小于1。经计算,在95%的置信水平下,心物交融性思维与多向相容性思维、复杂关联性思维、跃迁不连续思维、不确定性思维的置信区间分别为(0.58,0.82)、(0.36,0.65)、(0.57,0.83)和(0.52,0.79),多向交融性思维与复杂关联性思维、跃迁不连续思维、不确定性思维之间的置信区间分别为(0.52,0.78)、(0.52,0.82)和(0.51,0.84),复杂关联性思维与跃迁不连续思维、不确定性思维之间的置信区间分别为(0.51,0.75)和(0.41,0.80),跃迁不连续思维与不确定性思维的置信区间为(0.58,0.98)。所有的置信区间并没有包括1,这项评估支持《管理者量子思维量表》的区分效度。

附表 1-5 《管理者量子思维量表》各因子的平均方差抽取量和相关系数

	心物交融性思维	多向相容性思维	复杂关联性思维	跃迁不连续思维	不确定性思维
心物交融性思维	**0.63**				
多向相容性思维	0.71 [**]	**0.71**			
复杂关联性思维	0.52 [**]	0.65 [**]	**0.62**		
跃迁不连续思维	0.71 [**]	0.68 [**]	0.63 [**]	**0.61**	
不确定性思维	0.67 [**]	0.68 [**]	0.60 [**]	0.78 [**]	**0.61**

注:对角线上的数字为 AVE 的平方根,对角线下方数字为潜变量之间的相关系数;[**] 表示显著性水平小于 0.01。

通过上述工作,我们得到了《管理者量子思维量表》,它由 5 个维度 22 个测项构成,分别是"心物交融性思维"(6 个测项)、"多向相容性思维"(4 个测项)、"复杂关联性思维"(5 个测项)、"跃迁不连续思维"(4 个测项)和"不确定性思维"(3 个测项)。综合上述所有统计量看,本量表在未来仍有进一步完善的必要性。

The Manifesto of Quantum Thinking

The Group of Quantum Thinking, East China Normal University[1]

Quantum theory not only manifests itself in microscopic, partial cosmic, and macroscopic worlds, but also finds its applications in different forms of life and ecology. Quantum thinking, a thinking mode based on quantum theory, is more likely to be fit for human society as an ecologically special case. It is regarded as a universal but normal and real existence that reveals features of human thinking patterns, including but not limited to superposition, entanglement, uncertainty, and transition. These concepts, when clarified, will be of far-reaching significance to innovations in humanities and social sciences, school education, organization and management, economic construction, industrial development, and social governance.

Keywords: Quantum thinking, connotations and characteristics, application propsects

S.2.1 Background of the Manifesto

The establishment of quantum mechanics at the beginning of the 20th century is one of the greatest scientific revolutions in human history[2]. The first quantum revolution thus triggered promoted the unprecedented development in such fields as information, energy, materials, and life sciences, and brought about the industrial revolution represented by modern information technology, fundamentally changing the

---

[1] Group members: Xuhong Qian, Guangtian Zhu, Tao Yang, Quanmin Li, Ruijun Wu, Jian Wu, Guoxiang Huang, Jiaxun He, Yuguang Tang, Yuxin Deng, Jing Zhu, Wei Li, Chanjin Zheng, Yan Cao, Ming Xu, Lei Ma, Jinming Liu (these members are from East China Normal University), and Simiao Rong (East China University of Science and Technology). Distinguished advisory board: Sumei Cheng (Shanghai Academy of Social Sciences), Zhen Zhou (Tongji University) and Jianxiang Chen (Beijing Normal University).

[2] Kent A. Peacock, *The Quantum Revolution: A Historical Perspective*, Santa Barbara: Greenwood Publishing Group, 2007.

human lifestyles and social outlook. In recent years, with the progress in experimental technology and the in-depth study of fundamental issues of quantum mechanics such as entanglement[1], scientists have accurately detected and precisely controlled the quantum states of micro-objects, which has triggered the second quantum revolution represented by the quantum information technology[2].

The extensive and far-reaching impact produced by quantum mechanics is beyond human imagination. Superficially, both objects of millimeter-scale and inanimate planet systems mainly follow the classical laws of physics represented by Newtonian mechanics. Therefore, they were often mistaken as universal laws of all things in the universe. However, classical laws are, in fact, only a special case of quantum mechanics[3]. From the Big Bang to the universe of accelerating expansion, all these cosmological objects conform to the basic laws of quantum theory[4]. From nano-scale objects to electrons and photons, these microscopic objects accord with the basic laws of quantum theory[5]. From monad to advanced mammals, these complex organisms also comply with the laws of quantum theory to a considerable extent[6]. Even though

---

[1] Refer to Erwin Schrödinger, "Discussion of Probability Relations Between Separated Systems", *Mathematical Proceedings of the Cambridge Philosophical Society*, Vol.31, No.4, 1935, pp.555 – 563; John Stewart Bell, "On the Einstein Podolsky Rosen Paradox", *Physics*, Vol.1, No.3, 1964, pp.195 – 200.

[2] Refer to Jonathan P. Dowling & Gerard J. Milburn, "Quantum Technology: The Second Quantum Revolution", *Philosophical Transactions of the Royal Society A: Mathematical, Physical and Engineering Sciences*, Vol.361, No.1809, 2003, pp.1655 – 1674; Xiaogang Wen, "The Second Quantum Revolution in Physics", *Physics*, Vol.44, No.04, 2015, pp.261 – 266; Guangcan Guo, "The Tenth of the Main Ten Questions about Quantum: What Is the Purpose of the Second Quantum Revolution?", *Physics*, Vol.48, No.07, 2019, pp.464 – 465; Jianwei Pan, "From Einstein's Curiosity to Quantum Information Technology", *Sina Tech*, Sept. 30th, 2020, finance.sina.com.cn/tech/2020 – 09 – 30/doc-iivhuipp7290747. shtml; Yongfeng Wang, "What Does the Second Quantum Revolution Mean?", *Guangming Daily*, Oct. 22nd, 2020.

[3] Refer to H.-Dieter Zeh, "On the Interpretation of Measurement in Quantum Theory", *Foundations of Physics*, Vol.1, No.1, 1970, pp.69 – 76; Maximilian A. Schlosshauer, *Decoherence: and the Quantum-To-Classical Transition*, New York: Springer Science & Business Media, 2007.

[4] M. DerSarkissian, "Does Wave-Particle Duality Apply to Galaxies?", *Lettere al Nuovo Cimento (1971 – 1985)*, Vol.40, No.13, 1984, pp. 390 – 394.

[5] Herschel Rabitz, et al., "Whither the Future of Controlling Quantum Phenomena?", *Science*, Vol.288, No.5467, 2000, pp. 824 – 828.

[6] Refer to Erwin Schrödinger, *What Is Life*, Cambridge: Cambridge University Press, 1944; Johnjoe McFadden & Jim Al-Khalili, *Life on the Edge: the Coming of Age of Quantum Biology*, New York: The Crown Publishing Group, 2016.

no conclusion has yet been reached as to whether the cognition and consciousness in the depth of human brain strictly follow the basic laws of quantum theory in terms of physical mechanism, a consensus has basically been reached among cutting-edge research groups that the cognitive and action modes of human beings reflect, to a large extent, the characteristics of quantum thinking[1].

The development of science and technology has promoted the wide-ranging application of quantum technology, which has, in turn, brought about social and economic prosperity and development. According to Nobel laureate Leon Lederman, in the 1990s, one-third of the GDP in the United States was contributed by industries related to quantum mechanics[2]. Since the beginning of the 21st century, quantum technology has become a high ground for competition among major countries in the world, as a result of their heavy investment in the information technology research. In 2016, the European Commission published Quantum Manifesto — A New Era of Technology and began to implement the quantum flagship plan. In 2018, the United States passed the National Quantum Initiative Act. In 2020, the United Kingdom released Science and Technology Strategy 2020 and Japan issued the Quantum Technology and Innovation Strategy. In 2021, France announced the launch of National Strategy on Quantum Technologies, while Germany published the Quantum Technologies — From Basic Research to Market: A Federal Government Framework Programme. China also attaches great importance to the development of quantum technology. On October 16th, 2020, the Political Bureau of the CPC Central Committee collectively studied the research and application prospects of quantum science and technology, requesting that more effort should be made for the strategic planning and systematic layout of quantum science and technology development[3].

Predictably, the second quantum revolution will greatly accelerate. It will produce a far-reaching influence on other branches of science and technology, including humanities and social sciences, and will profoundly impact the modes of human cognitive behaviors and thinking patterns. However, current research is either limited to discussing issues of natural science at the quantum level or rigidly applying quantum

[1] Alexander Wendt, *Quantum Mind and Social Science: Unifying Physical and Social Ontology*, Cambridge: Cambridge University Press, 2015.

[2] Michael Turner, "Outgrowing Einstein", *Symmetry: Dimensions of Particle Physics*, Vol.1, No. 2, 2004, p. 3.

[3] Guangyu Yang (editor), "Deeply Understand the Great Significance of Promoting the Development of Quantum Science: Strengthen the Strategic Planning and Systematic Layout of the Development of Quantum Technology", *Guangming Daily*, Oct. 18th, 2020.

theory to the study of humanities and social sciences[1], failing to present, systematically and comprehensively, the real subversive impact of quantum theory on different disciplines. Are there any common properties of quantum thinking behind these disciplines that enable us to explore in-depth their potential sources and similarities from interdisciplinary and multiple perspectives, and to overcome disciplinary barriers for a new cognitive mode based on quantum thinking? This requires us to explore the diversity and complexity of the application of quantum theory in different fields, and to construct a brand-new quantum thinking mode that governs natural sciences and humanities as well as social sciences based on the physical background of quantum theory and the research characteristics of different disciplines.

For this reason, East China Normal University has taken the initiative to form a joint research group that consists of scholars from different fields, such as physics, chemistry, information science, philosophy, educational science, economics and management. On this basis, we aim to build a quantum theory and quantum thinking research platform that transcends time and space, disciplines, and life. To promote the value of quantum thinking, we have decided to publish this manifesto of quantum thinking that incorporates progress of cutting-edge research in quantum theory.

S.2.2　Connotations and Characteristics of Quantum Thinking

S.2.2.1　Connotations of Quantum Thinking

At the philosophical level, the greatest impact quantum theory produces on mankind is that it deepens human understanding of the real world. Such quantum phenomena as single-electron/photon interference, quantum entanglement, quantum Zeno effect, and delayed choice experiment[2] have kept subverting or reshaping people's view of the world. How is it possible that the same particle can exist in different places at the same time? Does the existence of objective things depend on the observer? These questions triggered off a long-lasting debate between scientific realism and anti-realism, which has lasted until today.

Quantum theory not only affects people's understanding of the external world, but

---

① Michael P. A. Murphy, "Analogy or Actuality? How Social Scientists Are Taking the Quantum Leap", in *Quantum Social Theory for Critical International Relations Theorists*, New York: Springer Nature, 2021.

② Jim Baggott, *Beyond Measure: Modern Physics, Philosophy, and the Meaning of Quantum Theory*, Oxford: Oxford University Press, 2004.

also urges people to rethink their own attributes. As early as 1935, Erwin Schrödinger, one of the founders of quantum mechanics, pointed out that "I would not call that (entanglement) one but rather *the* characteristic trait of quantum mechanics, the one that enforces its entire departure from classical lines of thought"①. In his book *What Is Life*②, Schrödinger clarified the role quantum effect may have played in the formation and development of life, which has facilitated the discovery of Deoxyribonucleic Acid (DNA)③. Roger Penrose, winner of the 2020 Nobel Prize in physics, proposes in his book *The Emperor's New Brain* that the human brain is not a Turing machine and that quantum theory should be employed to explain conscious activities④. This hypothesis, which aroused widespread controversy, has not been universally recognized by the academic community. But some recent research results in neuroscience indicate that life (including humans) is a magical phenomenon occurring at the junction of classical and quantum mechanics laws and that quantum properties are likely to have affected the formation of human consciousness and cognitive process. For details, please refer to *Life on the Edge: The Coming of Age of Quantum Biology* by Johnjoe McFadden and Jim Al-Khalili⑤.

The mode of quantum thinking is formed along with the development of the quantum worldview. It is a thinking mode with quantum probability. In the classical thinking mode based on Newtonian mechanics, the operation of things is considered as being able to be accurately described. Classical probability needs to be applied to event description, because people's information about the initial state and external boundary conditions of the system is far from sufficient. Given enough information, the state of motion at any moment that follows can, in principle, be predicted. However, the quantum thinking mode is strikingly different from the classical thinking mode. According to quantum theory, due to the existence of quantum probability, even if the initial state and boundary conditions of the system are already fully known, a complete

---

① Erwin Schrödinger, "Discussion of Probability Relations Between Separated Systems", *Mathematical Proceedings of the Cambridge Philosophical Society*, Vol. 31, No. 4, 1935, pp. 555–563.
② Erwin Schrödinger, *What Is Life*, Cambridge: Cambridge University Press, 1944.
③ James Dewey Watson and Francis Harry Compton Crick, "Molecular Structure of Nucleic Acids: A Structure for Deoxyribose Nucleic Acid", *Nature*, Vol. 171, No. 4356, 1953, pp.737–738.
④ Roger Penrose, *The Emperor's New Mind: Concerning Computers, Minds, and the Laws of Physics*, Oxford: Oxford University Press, 1989.
⑤ Johnjoe McFadden & Jim Al-Khalili, *Life on the Edge: The Coming of Age of Quantum Biology*, New York: The Crown Publishing Group, 2016.

and accurate prediction of the future state of motion of the system (including its position, momentum, etc.) is still impossible.

Quantum thinking is a non-localized mode of thinking. To put it simply, it is an unrestricted, unfixed mode of thinking. The advent of the information age and the intelligent age has further diversified and complicated the relation between things. Impacted by the massive amount of information available, the classical mode of thinking began to show its inherent limitations. The traditional scope of "locality" has been broken through by modern science and technology. Information can be rapidly transmitted, shared, and utilized, though the sender and receiver may be thousands of miles apart. The non-localized characteristic of quantum thinking allows people to perceive and treat issues from a comprehensive and multi-directional perspective.

Quantum thinking confirms that indelible uncertainty exists between things. No matter how precise the instrument is and how ingenious the experiment is, mutually constrained uncertainties always exist in the measurement of a pair of conjugate variables, which reminds us that in the information age, correlation is found everywhere. The extraction of a piece of information is constrained by other information, but may instantly affect the expression of other information, which, eventually, makes it impossible for the system to be completely and precisely described.

S.2.2.2 Characteristics of Quantum Thinking

The classical mode of thinking based on Newtonian mechanics emphasizes decomposition and reduction, such as question decomposition and variables separation. It focuses on the influence of principal variables on the system and treats other (secondary) factors as perturbations to the system. In contrast, the mode of quantum thinking emphasizes overall correlation. A small disturbance may profoundly affect the evolution process of the system in the later stage.

The classical mode of thinking based on Newtonian mechanics is exclusive, i.e., things can only exist in a unique state at a certain moment, either in this place or that, not both. In contrast, the mode of quantum thinking allows the superposition of states. Even mutually exclusive states may be simultaneously integrated.

The theoretical framework of Newtonian mechanics makes people believe that they are capable of accurately describing the definite state of things at any moment. However, in the system of quantum theory, uncertainty is a universal existence. In particular, we cannot simultaneously obtain the deterministic values of a pair of observable conjugate variables.

Compared with the classical thinking mode based on Newtonian mechanics, the quantum thinking mode exhibits the following core characteristics:

Firstly, the probability nature of quantum strengthens the superposition mode of thinking. In his discussion on the completeness of quantum mechanics with Albert Einstein[1], Niels Bohr proposed the idea of using probability determinism to replace causal determinism. Neither objective things nor subjective ideas need to be in a state of either black or white, or either one or the other. The quantum thinking mode requires us to look at things and their operation from multiple perspectives, even if these perspectives are mutually exclusive. Some mutually exclusive phenomena or states can also be complementary, such as the locality and universality of a certain culture. Based on such a thinking mode, we can more comprehensively understand and better grasp complex human behaviors and social phenomena in practice.

Secondly, the non-localized description of quantum stimulates the inseparable mode of thinking. The concept of wavefunction or probability density operator is introduced into quantum mechanics to describe the behavior of the system. Such a description has toppled the original processing method that is local, independent, and individual-based. Consequently, in solving problems, it is obligatory to include objects in the thinking process that contain information about what is being researched (sometimes even information about the research subject and researcher itself). The introduction of the "inseparable" mode of thinking is geared at the blind area in sampling current social science data. According to new big data thinking, it is inadequate to rely solely on traditional sampling research in future decision analysis. The use of quantum thinking helps break this local mode of thinking.

Lastly, the uncertainty relation of quantum demonstrates the unique significance of uncertainty description. In quantum mechanics, Bohr's complementarity principle makes it impossible to completely determine some conjugate physical quantities[2]. John Wheeler uses "Great Smoky Dragon" to depict some quantum phenomena whose process cannot be precisely described[3]. "Imprecise" description will not only be reflected in humanities and social sciences research, but may also become a more common research method. We need to be fully aware of the significance of non-deterministic description to information processing. In some cases, sacrificing

[1] Manjit Kumar, *Quantum: Einstein, Bohr, and the Great Debate about the Nature of Reality* (*Illustrated Edition*), New York: W. W. Norton & Company, 2011.

[2] George Greenstein & Arthur Zajonc, *The Quantum Challenge: Modern Research on the Foundations of Quantum Mechanics*, Burlington: Jones & Bartlett Learning, 2006.

[3] Jim Baggott, *Beyond Measure: Modern Physics, Philosophy, and the Meaning of Quantum Theory*, Oxford: Oxford University Press, 2004.

unnecessary "precise description" may be the key to obtaining more effective information.

It must be pointed out that "superposition", "inseparability" and "uncertainty", as listed above, are but several prominent characteristics of the quantum thinking mode; they are not strict criteria to judge quantum thinking. Judging from the perspective of quantum theory, having these characteristics means that the quantum mode of thinking enjoys a greater probability of application.

According to the classical thinking mode based on Newtonian mechanics, the characteristics of the world are as follows: boundary, partial, mechanical, inertial, uniform, precise, local, fragmented, passive, and arranged. According to the quantum thinking mode based on quantum theory, the world, however, is boundaryless, whole, flexible, multi-directional, different, possible, non-local, connected, interactive, and uncertain. Therefore, the two thinking modes represent two different world views. Based on different realities, they produce different impacts on economy, society, education, and management. Because the world in which human beings live is constrained by both classical and quantum laws, to effectively understand and act on this world, we must accept both thinking modes. Adhering to one mode alone is not recommended. According to Newton's classical thinking, the way to deal with people or things is: do not separate it if it is next to you; separate it if it is not. And things have the inertia of staying in rest or motion. The classical thinking mode reflects a certain form of existence. However, if absolutized, it may lead us to look at ecology and society in a mechanical and disconnected way. On the contrary, quantum thinking believes that it is neither advisable to separate oneself from what is next nor from what is not, because the world is an interrelated whole and things may suddenly change in a state of rest or motion. Quantum thinking treats ecology and society as an organic whole[1]. But at the same time, the relative stability of the world cannot be neglected either.

S.2.3 The Ubiquitous Nature and Application Prospects of Quantum Thinking

S.2.3.1 The Ubiquitous Nature of Quantum Thinking

The superposition thinking of quantum is reflected in various states/relationships/information superimposed on the entity under study. From the perspective of quantum

---

[1] Xuhong Qian, *Changing Thinking* (*New Edition*), Shanghai: Shanghai Art and Literature Publishing House, 2020, pp.161 - 162, 171 - 174, 178 - 180.

information, the relations can be entangled with each other, either correlated or differentiated. In the fields of economics and management, studies have shown that the realization of individual and overall self-organization is the optimal result in information communication and energy exchange. In the field of psychology, many researchers believe that superposition represents the fuzziness of psychological activities in a more intuitive way. Since the components of advanced complex skills are highly inseparable, learning these advanced skills is, essentially, to acquire the organic combination of these independent components, a phenomenon known as the emergence of advanced skills[1]. As has been shown in many Chinese researches, many descriptions in the Chinese classic *Tao Te Ching*, such as those of "absence" (无) and "presence" (有), also exhibit the similarity between Laozi's philosophy and the idea of quantum superposition[2]. Highly similarly, in quantum systems, the inseparability of system components is known as quantum entanglement, the characteristics of which are described in quantum system theory exactly through superposition.

The inseparability thinking of quantum is reflected in the combined impact on the system produced by the external environment and the subjects and objects. Human society is a complex system that keeps evolving. Its complexity consists not only in the fact that individuals, the basic elements of society, can independently cognize, make decisions, and act in an environment, but also in the various and multi-level interactions between individuals, between individuals and groups, and between groups. According to the results of empirical research and theoretical analysis, we find that the thinking mode aiming at understanding human behaviors and social phenomena based on the viewpoint of quantum information share many things in common with the traditional Chinese thinking mode represented by Laozi[3]. For example, both emphasize the correlation between people, the unity between differences, the inseparability of society, and the uncertainty of individual or social change. We are now in a new era of technology characterized by the integration of quantum computing, artificial intelligence, and blockchain. Quantum thinking can also promote drastic change in the mode of interaction between people, between people and

---

[1] Neil Jones, et al., *Learning Oriented Assessment*, Cambridge: Cambridge University Press, 2016.

[2] Jianxiang Chen, "Embrace and Dance: A Probe into the Educational Aesthetics of Tao Te Ching", *Educational Research*, Vol. 37, No. 02, 2016, pp.141 – 155.

[3] Xuhong Qian, *Changing Thinking (New Edition)*, Shanghai: Shanghai Art and Literature Publishing House, 2020, pp.118 – 121, 124 – 125.

machine, and between people and data. It can, thus, break through the technological design concept based on the Newton's classical thinking and bring about subversive changes in innovative thinking and aesthetic consciousness.

The uncertainty thinking of quantum is, to a large extent, reflected in human cognition. Research shows that human reasoning does not always conform to the laws of classical probability, but can be interpreted with the projection of quantum states[1]. By analyzing the data of dozens of large-scale questionnaires, we confirm that the quantum probability theory originally used to explain the non-commutability in measurement can better solve the problem of measurement order effect in social science and behavior research[2].

S.2.3.2　Application Prospects of Quantum Thinking

At present, the theory of quantum mechanics has been successfully used in other fields of natural science and technology in addition to physics, generating new crossover research directions and promoting the vigorous development of more disciplines[3]. With increased government investment, quantum information technology, one of frontier fields that affect scientific and technological innovation, is expected to become the engine of economic and industrial development in the future. Research in the field of quantum computing and the development of prototype "Jiuzhang" have laid a technical foundation for the invention of a large-scale quantum simulator capable of solving problems of great practical value in the future[4]. The research scope of quantum chemistry has been extended to molecular structure optimization, molecular interaction simulation, chemical reaction path prediction, complex non-equilibrium molecular systems, drug design and drug discovery, etc. Research in quantum materials has witnessed rapid development and researchers have found many new quantum materials with novel properties and physical effects, such as graphene, iron-based superconductor, topological insulator, and topological

---

① Peter D. Bruza, et al., "Quantum Cognition: A New Theoretical Approach to Psychology", *Trends in Cognitive Sciences*, Vol.19, No.7, 2015, pp. 383 – 393.

② Zheng Wang, et al., "Context Effects Produced by Question Orders Reveal Quantum Nature of Human Judgments", *Proceedings of the National Academy of Sciences of the United States of America*, Vol.111, No. 26, 2014, pp. 9431 – 9436.

③ Jonathan P. Dowling & Gerard J. Milburn, "Quantum Technology: The Second Quantum Revolution", *Philosophical Transactions of the Royal Society A: Mathematical*, *Physical and Engineering Sciences*, Vol. 361, No.1809, 2003, pp.1655 – 1674.

④ Han-Sen Zhong, et al., "Quantum Computational Advantage Using Photons", *Science*, Vol. 370, No. 6523, 2020, pp.1460 – 1463.

semimetal.

Engels once proposed that, to establish a dialectical and materialistic view of nature, we need to grasp the knowledge of mathematics and natural science[1]. However, since mathematical forms and tools vary, when using quantum thinking to re-examine the field of humanities and social sciences, we should note that a rigid copy of the mathematical description of a micro quantum system in natural sciences may not be directly applicable to human society or the ecological world. Therefore, we suggest that future research should focus on the essential ideas of quantum and the common characteristics of the research field, instead of stopping at applying the formal tools of quantum theory to the research of individual issues of humanities and social sciences.

One of the intersections where quantum theory meets humanities and social sciences is the understanding of information. Superposition and entanglement as the prominent characteristics of quantum information are also consistent with the characteristics of the human mind (and even society and culture). Many fields of study, such as humanities, social sciences, education and teaching, and economics and management, are essentially exchange of information between man, nature, and society. Therefore, in future development, a set of ontology, epistemology, and methodology based on quantum-information should be developed and adopted to facilitate the integration of quantum theory into the research of humanities and social sciences and, on this basis, to construct a value-added research guideline. In fact, some quantum social scientists, inspired by quantum information theory, are engaged in the research of human cognition and social phenomena. For example, the newly emerged "social laser" model uses the idea of quantum information field to describe and explain the phenomenon of "information tsunami" in society[2].

In the field of organization and management, individual differences in quantum thinking can be confirmed and measured. Using the method of the scientific knowledge graph, we have carried out a visual biliometric analysis on 460 academic papers related to quantum thinking in the fields of economics and management. At the same time, we have conducted a quantitative analysis on the hotspots and frontiers of quantum research in economics and management using the methods of keyword co-occurrence

---

① Friedrich Engels, *Anti-Dühring Herr Eugen Dühring's Revolution in Science*, Beijing: People's Publishing House, 1971.
② KHRENNIKOV A, "'Social Laser': Action amplification by stimulated emission of social energy", *Philosophical Transactions of the Royal Society A: Mathematical*, *Physical and Engineering Sciences*, Vol. 374, No. 2058, 2016: 1 – 13.

and co-citation network analysis. Based on the existing literature and theoretical analysis, we have established five dimensions of quantum thinking in the management scenario, including mind-object fusion thinking, multi-directional compatibility thinking, transition discontinuous thinking, complex relevance thinking, and uncertainty thinking. The five dimensions are composed of 22 scale items, which preliminarily examine the validity of applying the quantum thinking scale in the field of enterprise management. Our validation results show a positive relation between quantum thinking and the positions of managers. Higher-level managers display a higher probability of possessing a quantum thinking mode. There is also a positive relation between quantum thinking and the self-evaluation of managers or the creativity of employees. Managers with higher self-evaluation and employees with higher creativity are more likely to have a higher degree of quantum thinking.

At the micro organizational level, we suggest that emphasis should be placed on using quantum thinking to improve the basic quality and ability of management workers. Quantum thinking can motivate managers to change their business philosophy from profit-driven to value-driven, from control to empowerment, from self-interest to altruism, and from independent creation to co-creation, which can reshape a new management pattern featuring pluralism, altruism, inclusiveness, positive optimism, overall comprehensiveness, and harmonious coordination. At the macroeconomic level, attention should be paid to the complex correlation between the macro and the micro world. We advocate the perspective of integrating China's issues into the world economy and the goal that China's research achievements should contribute to the world knowledge system. In the long-term study of the interaction between world economy and Chinese economy, we should find a new path, as well as a new trend, of integration and mutual learning between Eastern and Western civilizations, and explore a sustainable approach for the harmonious coexistence of economy, society, and the natural world.

In the field of education, quantum thinking is of great value to the interpretation of the essence of education and the guiding of educational behaviors. Compared with classical theory, quantum theory may be closer to the nature of education. Students' wisdom and quality will be affected by the educational environment. However, in the same educational environment, different individuals may also differentiate into different levels of wisdom and quality. To study the quantum model of education, we can choose educational measurement as a breakthrough. In the classical educational measurement theory, students' ability at a certain time has a real value and examination as an independent link to detect the educational results does not influence the real value of students' ability. However, based on inseparability thinking, we will find that examination itself is an important part of the complete education process, which can not only measure students' abilities, but also affect the development of their abilities. Meanwhile, one of the manifestations of quantum uncertainty in the learning process is that "conjugate disciplines" or "conjugate abilities" may exist in education. Some abilities or personalities may be incompatible and the improvement of one ability may limit the development of another. Therefore, teaching students according to their aptitude and respecting students' personalities should become the basic principles of education.

We suggest using quantum thinking to explore the cultivation of students' comprehensive quality, because quantum thinking can enable students to understand, in the early stage of the formation of their world views, that the world is in dynamic development, that all things in the world are interrelated, that various viewpoints can be superimposed and coexisted, and that human development is filled with possibilities. In teaching practice, we have found that students in Grade 6 can already begin to voice their views on such quantum phenomena as "wave-particle duality", raise meaningful questions, and find a solution. The cultivation of quantum thinking in the early stage of student development will enable the new generation of young people to keep up with the development of the intelligent era and promote the continuous progress of society with a more inclusive attitude and more flexible thinking.

S.2.4　Summary

It is our belief that the publication of this manifesto will help people with a more comprehensive understanding of the inseparability between man, nature, and society, the equal importance of individual creation and collective wisdom, and the irreplaceability of each individual: we have only one world, but its meaning varies from person to person. This manifesto will also help people understand human society, history, and industrial development from a new perspective, which will further promote the progress of human civilization and the development of high technology. More importantly, it will help increase people's understanding of the concepts, research methods, and operation modes of quantum theory. The manifesto will create new research methods and unique analytical perspectives for the promotion of the quantum thinking mode at the theoretical and practical levels and provide effective plans for academic intersection and cutting-edge innovation in multiple disciplines from multiple perspectives in the quantum era. It will also offer solutions to outstanding talent cultivation as well as economic and social development and governance.

It should be noted that the quantum thinking proposed in this manifesto, for the moment, does not involve the discrimination of the physical operational mechanism in the depth of the human brain. It is, instead, a discussion on the quasi-quantum mode presented by human cognitive behaviors and thinking modes. Nothing is impossible, certainty is non-permanent, and all behaviors are traceable. The establishment of quantum thinking does not mean to replace Newton's classical thinking. In fact, after the establishment of the theory of quantum mechanics, Newtonian mechanics will still be applicable over a substantial range. Our manifesto is announced to emphasize the importance of quantum thinking, so that we can apply diversified thinking in the new era of human social development and gear our thinking modes to the tides of our times.

Let's embrace quantum thinking and welcome the advent of a new era!

Acknowledgements: We ackowledge the funding support from the Research Funds of Happiness Flower ECNU (Grant No. 2020ECNU-XFZH009). We thank Professor Shijun Tong of Shanghai New York University and East China Normal University, Professor Guorong Yang of East China Normal University, Professor Yongzhen Xie of Shandong University, for their revision of the text. Our thanks are also due to Professor Congfeng Qiao of the University of Chinese Academy of Sciences, Professor Guolin Wu of South China University of Technology, Professor Ce Gao of Shanxi University, Professor Zhenrong Sun, Professor Aoying Zhou, Professor Liyi Dai of East China Normal University as well as Professor Yufang Xu of East China University of Science and Technology, for their contributions in different forms to the present research.

附录 3

Quantum Doctrine and Thinking Across Time and Space, Disciplines, and Life [*]

Guoxiang Huang[①], Quanmin Li[②], Yuguang Tang[③], Jiaxun He[④],

Guangtian Zhu[⑤], Tao Yang[⑥], Jian Wu[⑦], Ruijun Wu[⑧], Xuhong Qian[⑨]

East China Normal University; Shanghai 200241, P. R. China.

The last century has seen brilliant achievements in the field of quantum mechanics, resulting in the first quantum revolution. Recently, quantum theory has not only been extended beyond physics to other disciplines of natural science and technology, but is also inspiring the application of the philosophy of quantum theory and quantum social sciences in education, management, economics, psychology, sociology, and other fields. A comprehensive, multilevel, interdisciplinary, and inter-epoch approach is therefore required to creatively understand the quantum world[⑩⑪]. Furthermore, the cognitive behaviors and thinking patterns of the human brain can be considered in the quantum sense, although they may not be applicable to the physical

[*] This article was published in *70 years of excellence: ECNU's ongoing commitment to cutting-edge, cross-disciplinary research* (Science/AAAS, Washington DC, 2021), pp. 19 – 21.
Tao Yang is corresponding author. Email: tyang@ lps.ecnu.edu.cn.

[①⑥⑦] State Key Laboratory of Precision Spectroscopy, East China Normal University, Shanghai, China.

[②] Department of Philosophy, East China Normal University, Shanghai, China.

[③] Faculty of Education, East China Normal University, Shanghai, China.

[④⑤] Faculty of Economics and Management, East China Normal University, Shanghai, China.

[⑧] School of Social Development, East China Normal University, Shanghai, China.

[⑨] East China Normal University, Shanghai, China.

[⑩] X. Qian, *Changing Thinking* (Shanghai Literature and Art Publishing House, Shanghai, New Edition, 2020) (in Chinese).

[⑪] X. Qian, *University Thinking: Criticism and Creation* (East China Normal University Press, Shanghai, 2020) (in Chinese).

operating mechanisms of the brain. A research group in natural and social sciences at East China Normal University (ECNU) is focusing on the second quantum revolution (SQR) and its interdisciplinary effects as well as the philosophy of quantum theory. The group is reinterpreting concepts and principles of quantum theory, which is expected to have an impact on social sciences, particularly education, economics, and management.

S.3.1　The SQR and Its Interdisciplinary Effects

The goal of the SQR is primarily to develop universal quantum computers with powerful capabilities exceeding those of classical computers, as well as absolute security and practical quantum communications, large-scale quantum simulations, and high-precision quantum measurements[1]. Research in the SQR is exploring fundamental questions in quantum mechanics (Figure S1) and may help reveal the origin of matter, since elementary particles potentially originated from quantum bits. New research has been reported on quantum simulations of complex systems and macroscopic quantum phenomena. However, the cultivation of next-generation innovators and leaders of quantum doctrine in disciplines such as quantum chemistry, quantum biology, and quantum software is still of primary importance.

In addition to the natural sciences, the quantum doctrine is being applied to the social sciences to understand and solve problems in economics, psychology, sociology, and other domains of inquiry, by using the formal models and concepts of quantum physics. With the development of the SQR, quantum doctrine will fundamentally change the way of thinking in fields beyond physics, because human thought processes possess some quantum-like characteristics, consistent with the views of ancient philosophers such as Laozi.

S.3.2　The Philosophy of Quantum Theory and Its Role in Humanities and Social Sciences

Investigations of the human mind and social phenomena constitute a new direction for social sciences, whereby concepts, principles, and formulation tools are assumed from quantum theory. With regard to the consciousness problem, scientists still lack enough empirical evidence to verify the Penrose-Hameroff orchestrated objective-

---

[1] J. P. Dowling & G. J. Milburn, Philosophical Transactions of the Royal Society of London A 361, 1655 - 1674 (2003).

reduction theory, which suggests that objective reduction events are orchestrated into conscious moments through microtubular quantum vibrations. However, if we accept the information-computation ontology of "It from Qubit," we can establish connections between quantum reality and mind-body problems. Given that humans as a species have a unique way of processing information, a key problem in establishing such connections arises in transferring quantum information to the classical model, whereby decoherence theory and quantum Darwinism are integrated into information-computation ontology to explain the real world. Unlike individualism or holism in the social sciences, our proposal introduces an information-computing view based on social reality, in which some concepts and principles of quantum theory are reinterpreted for the purpose of integration with social realism. In this view, society can be viewed as a diverse and dynamic information-computing network linked by information flow (i.e., computing processes), with individuals as agents comprising the basic information nodes of the network.

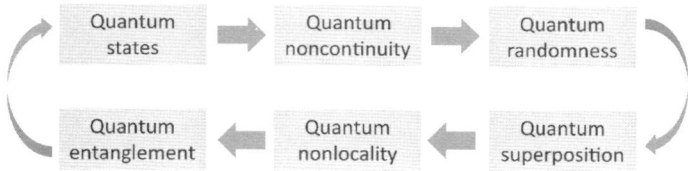

Fig. S1. Relationships between quantum states, quantum noncontinuity, quantum randomness, quantum superposition, quantum nonlocality, and quantum entanglement.

S.3.3 The application of quantum doctrine in education

Education is more aligned to quantum theory than Newtonian determinism because of its numerous uncertainties and variabilities. For example, while an appropriate educational environment increases the probability of fostering students, evidence from cognitive sciences suggests that the mode of measurement influences student cognition. According to the quantum cognition model, the mind is often superimposing many opinions. Measurement or judgment "collapses" the superimposed opinions toward specific decisions[1]. This phenomenon may also apply to measurement and evaluation in education. The classical test theory treats measurement as an

[1] P. D. Bruza, Z. Wang & J. R. Busemeyer, *Trends in Cognitive Sciences.* 19, 383 – 393 (2015).

independent action that only probes the outcome of education. However, measurement is an integral part of education that not only allows evaluations of students' abilities but also affects how students develop their abilities. Moreover, measurements of students' academic performances influence their own perception of their educational environment. We have therefore proposed a quantum test theory (QTT) to better reflect the role of measurement in education. According to the QTT, the observables are the test-takers' characteristics, such as abilities, knowledge, and personalities (Figure S2). The incompatible observables in quantum mechanics originating from the uncertainty principle may provide a method of examining the validity of QTT. Accordingly, identifying incompatible abilities or personalities can enable suitable testing measurements of these groups while simultaneously applying restrictions.

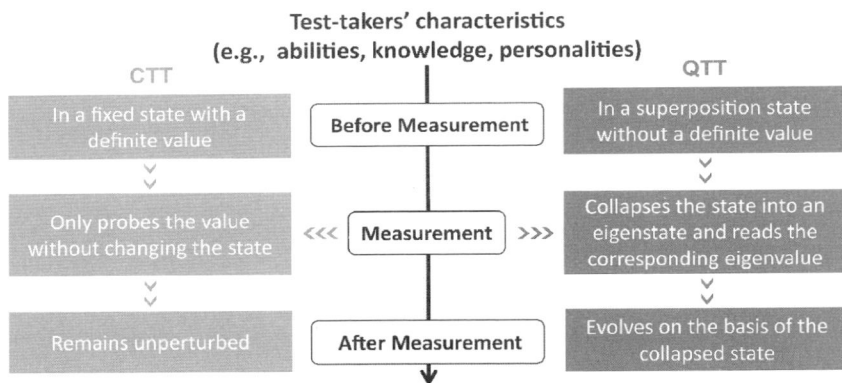

Fig. S2. Comparisons between quantum test theory (QTT)
and classical test theory (CTT).

S. 3. 4   The application of quantum doctrine in economics and management

We have used the knowledge graph method to show that the keyword co-occurrence network has quantum properties, and that themes such as quantum theory, quantum-like models, and ambiguity aversion are located close to the center of the network. Based on these data, we proposed five theoretical dimensions of quantum-thinking measurement. Uncertainty thinking indicates the occurrence and consequences of things that are uncertain. Holistic-relevance thinking is based on interconnections between concepts, which is a characteristic of integrity, relevance, context, and complexity in cognition. Multidirectional-compatibility thinking is based on the idea that the world is an inclusive co-occurrence of diverse and multidirectional possibilities. Leap-discontinuous thinking is the driving force behind creative thinking, which has the characteristics of jumping, multiplicity, divergence, and subversiveness. Psychic-active thinking indicates that human cognition encompasses self-understanding, significance, potential creativity, and subject-object integration. Among these modes of quantum thinking, multidirectional-compatibility thinking disrupts the complex state of entanglement between government plans and market behaviors, constructing a state of cogovernance with incentive compatibility. For example, applying quantum random numbers to prevent financial security risk in scenarios where customers interact with banks can effectively overcome the traditional shortcomings of using software and hardware to generate random numbers. In the context of organizational management, China's Haier Group continues to promote psychic-active thinking and quantum-management practices by advocating the idea of "everyone is a CEO," which has established Haier as an industry benchmark with far-reaching influence.

S.3.5 Conclusions

In summary, the currently used formulas, theorems, tools, and even methodologies cannot completely exemplify natural and social sciences, since they are limited by the scope of these disciplines. Merely reformulating natural and social sciences on a quantum scale or using quantum tools is inadequate, since the principles of the quantum doctrine profoundly influence the human thought process. Thus, the increasing diversity and complexity in the application of quantum theory as well as the quantum degrees of cognitive behaviors and thinking patterns should be reexamined. This research could not only enrich information, methods, and knowledge that transcend classical connotations and derivatives but also unify particle-like reduction and wave-like integration to a certain extent. With applications extending well beyond the natural sciences, the quantum doctrine is expected to have a bright future and a revolutionary impact on the social sciences.

后　记

　　"跨越时空和学科及生命的量子学说与量子思维"是华东师范大学"幸福之花"先导基金于 2020 年 9 月设立的学科交叉研究项目。本项目由钱旭红院士倡导规划,并担任总牵头人,精密光谱科学与技术国家重点实验室的吴健教授和社会发展学院的吴瑞君教授任项目执行负责人,物理系黄国翔教授、哲学系郦全民教授、教育学部唐玉光教授以及经济与管理学部何佳讯教授为四个分项目负责人,先后吸纳了教育学部朱广天副教授、政治学系吴冠军教授等骨干成员。本项目基于物理学、化学、生物学、信息科学、哲学、社会学、政治学、教育学、经济管理学等多个学科角度,从文献分析到数据库建立,从思辨层面的定性讨论拓展到实证层面的定量研究,发展量子思维测量方法,并推进到工具应用阶段,不断开拓量子学说与量子思维的多学科交叉研究。同时,为进一步加强学术原创性与前沿性,项目组多次邀请上海市社会科学院成素梅研究员、同济大学周簜教授以及北京师范大学陈建翔教授参加量子思维专题研讨会,并听取了他们的意见与建议,确保项目的顺利实施和成果创新的产出。

　　2021 年 10 月,在华东师范大学建校 70 周年的"幸福之花学科交叉发展论坛"上,项目组以"'学术之庆'开启卓越学术新起点"为主题,发表了《量子思维宣言》。为进一步推广和巩固量子思维方式的应用价值,项目组在广泛吸纳量子论相关前沿研究与项目交叉研究成果的基础上,出版了《量子思维》这本专著。

　　《量子思维》一书由钱旭红设计体例、大纲、内容,并在与其他作者充分沟通以及多次修撰之后成稿。全书共分为三篇,第一篇"基础与思想",

重点阐释了量子思维的产生及思想基础。其中,第一章"改变思维之量子思维",是钱旭红多年来有关量子思维理念的梳理与凝练,对全书其他章节的写作发挥指导作用。第二章"量子理论的形成、特征及其对科学技术领域的影响",由黄国翔、马雷、吴健、杨涛合作完成,其中有关宏观与生命中的量子现象研究,则是钱旭红与罗潇的贡献。第二篇"理论与演进",重点介绍了量子理论的发展及其在人文社会科学中应用。其中,第三章"量子理论对人文社会科学的影响",由郦全民、吴冠军、朱广天、何佳讯、邓玉欣、徐鸣主笔,吴瑞君、刘世洁参与部分内容的讨论和写作。第四章"量子思维的哲学基础和科学价值",由郦全民和朱晶撰写,主要从哲学和社会学的角度剖析了量子思维的本体论允诺与心智机制。第五章"量子思维对政治学与人类学的激进重构",由吴冠军独立完成。第三篇"实证与应用",以教育、管理两个领域为例,论证了量子思维的应用价值。其中,第六章"量子思维的教育启示",由朱广天担纲,并联合杨洁、郑蝉金和曹妍等共同完成。第七章"管理者量子思维的测量与应用评价",由何佳讯建立理论维度和量表测项,并设计整体研究,与张迪、刘世洁和胡静怡合作,通过量表开发为量子思维理论研究提供了一个新的实证结果。第八章则是项目组集体发表在《哲学分析》2021 年 10 月第 12 卷第 5 期上的《量子思维宣言》。在宣言中,我们倡议将量子思维运用到人文社会科学创新、学校教育、组织管理,甚至经济建设、产业发展和社会治理中,这也是出版《量子思维》这本专著的初衷。书稿附录包含何佳讯团队关于《管理者量子思维量表》的开发、《量子思维宣言》的英文翻译稿,以及发表在美国科学促进会(American Association for the Advancement of Science)主办的《科学》杂志上的华东师范大学 70 周年校庆专刊《卓越 70 年:华东师大持续致力于前沿跨学科研究》第 19—21 页的文章《跨越时空和学科及生命的量子学说与量子思维》。书稿的统稿工作主要由杨涛完成。

在项目研究以及专著的写作过程中,得到了上海纽约大学暨华东师范大学童世骏教授、华东师范大学杨国荣教授、山东大学谢永珍教授等专家的悉心指导。中国科学院大学乔丛丰教授,华南理工大学吴国林教授,山西大学高策教授,华东师范大学孙真荣教授、周傲英教授、戴立益教授,以及华东理工大学徐玉芳教授等也以不同形式参与了讨论,在此一并表示诚挚感谢。

"跨越时空和学科及生命的量子学说与量子思维"项目组

2022 年 9 月